高等院校土建类专业"互联网+"创新规划教材

城市历史与文化保护：规划与实践

主　编　吴　薇　户　媛
副主编　孙永生　戚路辉

北京大学出版社
PEKING UNIVERSITY PRESS

内 容 简 介

本书结合专业最新发展前沿，依据现行法律法规，在理论与实践相结合的基础上，全面、系统地阐述了城市历史文化保护的思想、理论与方法。本书内容丰富，系统性和实用性强，力图做到研究性与可读性结合；理论方法与实例解析相呼应，图文并茂；尽可能使学生既能理解城市历史文化保护的理念，又能掌握相关规划的编制方法，了解保护规划的实施与管理应用。

本书可作为高等院校城乡规划、建筑学、房地产开发与管理等专业的教材，也可作为工程技术人员和城乡规划管理人员学习相关知识的参考书。

图书在版编目(CIP)数据

城市历史与文化保护： 规划与实践 / 吴薇，户媛主编 . —北京：北京大学出版社，2023.8
高等院校土建类专业"互联网+"创新规划教材
ISBN 978 - 7 - 301 - 33630 - 4

Ⅰ．①城… Ⅱ．①吴… ②户… Ⅲ．①城市规划—高等学校—教材 Ⅳ．①TU984

中国版本图书馆 CIP 数据核字(2022)第 230556 号

书　　　名	城市历史与文化保护： 规划与实践
	CHENGSHI LISHI YU WENHUA BAOHU： GUIHUA YU SHIJIAN
著 作 责 任 者	吴　薇　户　媛　主编
策 划 编 辑	吴　迪
责 任 编 辑	吴　迪
数 字 编 辑	蒙俞材
标 准 书 号	ISBN 978 - 7 - 301 - 33630 - 4
出 版 发 行	北京大学出版社
地　　　址	北京市海淀区成府路 205 号　　100871
网　　　址	http://www. pup. cn　新浪微博：@北京大学出版社
电 子 邮 箱	编辑部 pup6@ pup. cn　总编室 zpup@ pup. cn
电　　　话	邮购部 010 - 62752015　发行部 010 - 62750672　编辑部 010 - 62750667
印 刷 者	三河市北燕印装有限公司
经 销 者	新华书店
	787 毫米×1092 毫米　16 开本　14.75 印张　354 千字
	2023 年 8 月第 1 版　2023 年 8 月第 1 版印刷
定　　　价	48.00 元

党的二十大报告中指出要"优化国土空间发展格局"。国土空间发展格局是国家发展目标、发展战略和发展方式在空间上的体现，是实现经济社会发展目标的基本载体。国土空间发展格局是否合理，决定了一个国家能否实现长期可持续发展，能否在发展中实现人与自然相协调，实现经济社会活动在空间关系上的协调。历史文化资源是国土空间规划管理的重要组成部分，对其进行合理保护与科学管控是实现国土空间高质量保护开发的重要保障，体现生态文明新时代国家治理体系改革的深层次要求。

2021年9月3日，中共中央办公厅、国务院办公厅印发了《关于在城乡建设中加强历史文化保护传承的意见》，提出"要本着对历史负责、对人民负责的态度，加强制度顶层设计，建立分类科学、保护有力、管理有效的城乡历史文化保护传承体系"。在新时期建立保护理念、构建保护体系，实现历史文化空间与"三生空间"的融合，是国家实现文化强国的历史使命的重要环节。

本书基于城市历史与文化保护领域最新的理论前沿和应用前沿，围绕三个核心问题（"为什么要保护城市历史文化？""为了保护城市历史文化，人们曾经做过什么？""基于历史经验，当代的我们又能做些什么、怎么去做？"）展开，概述了国内外城市历史文化保护的发展历程与制度演变，对历史文化名城保护中的多层级规划编制与管理，从保护理念到规划内容、方法、策略再到实施管理应用进行了阐述与分析，还介绍了当前城市历史文化保护中的一些代表性的保护规划实践。

本书共分为5章：第1章为绪论，主要介绍了城市历史文化保护的意义以及国外城市历史文化保护的发展；第 2 章为中国的历史文化保护发展历程与制度建设；第 3 章为城市历史文化保护理念与内容；第 4 章为城市历史文化保护策略与方法；第 5 章为城市历史文化保护规划与实践。本书的每一章都分为两个部分。第一部分介绍一般城市历史文化保护规划的理论、方法与实践，适合建筑学、城乡规划、房地产开发与管理等各专业本科生、专科生学习。第二部分则是专题研究环节，既可以提供给学生做延伸学习，也可以供从事建筑与城乡规划、房地产开发与管理等与建筑行业紧密相关的从业者研究学习。从基础知识到实践应用，两个部分相互支撑，可分可合。此外，本书还配有 42 个相关视频，读者可扫描书中的二维码进行观看。

本书编写团队长期从事城市历史文化保护规划的教学、科研与具体规划实践工作，具备扎实的理论基础和丰富的规划实践经验。全书由吴薇、户媛担任主编，孙永生、戚路辉担任副主编，吴薇负责全书的总体策划、构思。本书具体编写分工为：第 1 章由吴薇、戚路辉编写；第 2~3 章由吴薇、户媛编写；第 4 章由吴薇编写；第 5 章由孙永生、吴薇编写。

本书的顺利出版与多方面的支持密不可分。本书是广州大学的国家级一流本科专业建设点——建筑学专业和城乡规划专业建设的主要成果之一，受广州大学教材出版基金资助。本书在编写过程中参考了大量的专著、论文、规范、标准、政策文件等资料，对这些文献、资料的作者表示由衷的敬意与感谢。在此书完成之际，衷心感谢北京大学出版社吴迪的支持和不断督促。

城市历史文化保护所涉及的问题比较庞杂，加之编者水平有限，书中难免存在疏漏与不足之处，恳请广大读者批评指正。

编　者
2023 年 5 月

【资源索引】

目 录

第1章
绪　论

思维导图

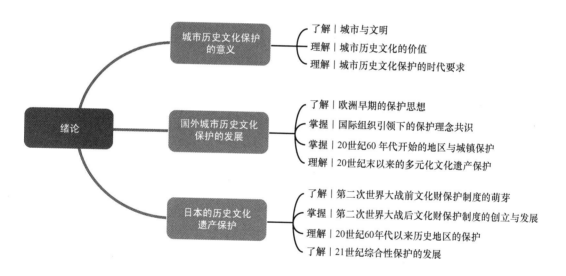

- 绪论
  - 城市历史文化保护的意义
    - 了解｜城市与文明
    - 理解｜城市历史文化的价值
    - 理解｜城市历史文化保护的时代要求
  - 国外城市历史文化保护的发展
    - 了解｜欧洲早期的保护思想
    - 掌握｜国际组织引领下的保护理念共识
    - 掌握｜20世纪60年代开始的地区与城镇保护
    - 理解｜20世纪末以来的多元化文化遗产保护
  - 日本的历史文化遗产保护
    - 了解｜第二次世界大战前文化财保护制度的萌芽
    - 掌握｜第二次世界大战后文化财保护制度的创立与发展
    - 理解｜20世纪60年代以来历史地区的保护
    - 了解｜21世纪综合性保护的发展

导言

　　城市的产生是社会发展到一定阶段的产物，它的发展变化是社会进步的具体表现。文化以城市建筑与环境为载体，在漫长的时间长河中积淀形成一个城市的历史文化，其在空间上的延续分布构成一个城市的特色。每个城市都因其不同的发展轨迹而具有独特的历史文化传统。保护城市历史文化，是历史的潮流，也是社会发展、文明进步的需要。当今的城市发展应当兼顾现代化与城市历史文化保护，体现对人的关怀，这也是当代城市先进性的评价标准。社会和城市的现代化水平越高，人们越热爱和珍惜历史文化。可以认为，现代化的内涵中已经包含对历史文化传统的尊重与保护。

目前，在中国大规模的城市更新改造过程中，许多旧的城市结构和历史文化遗产被"城市现代化"所破坏，城市的迅猛发展使得历史文化的保护已成为一项刻不容缓的任务。历史文化保护对中华文明传承和文化延续具有十分重要的战略意义。城市历史文化的保护既是塑造城市特色风貌、推动城市可持续发展的重要载体，也是彰显文化自信的有力抓手。

文化自信是更基础、更广泛、更深厚的自信，是一个国家、一个民族发展中最基本、最深沉、最持久的力量。只有对自己的文化有坚定信心，才能获得坚守正道的定力、砥砺前行的动力、变革创新的活力。我们要从历史长河中看待文化推动人类文明进步的重要地位，在时代大潮中把握文化引领社会变革的重要作用，以强烈的历史主动精神，加快建设社会主义文化强国。城市历史文化的保护作为一个重要的抓手，对于维系中华民族精神家园、维护国家文化安全、增强国家文化软实力、推进国家治理体系和治理能力现代化，意义重大、影响深远。

本书既关注城市历史文化在物质形态上的保护，也关注城市历史文化在非物质形态上的保护。本书依照三个基本问题而展开：为什么保护？保护什么？怎么去保护？本章的学习就是要回答"为什么要保护城市的历史文化？"这个问题，需要了解城市与文明的关系，从而理解城市历史文化保护的意义。通过对前人在历史文化保护历程中的理论与实践经验的学习，建立正确的保护理念。

1.1　城市历史文化保护的意义

要回答"为什么要保护城市的历史文化？"这个问题，就需要理解城市历史文化保护的意义。首先需要明确城市是人类文明的载体。城市从无到有、从简单到复杂、从低级到高级的发展历史，反映着人类社会、人类自身的同样的发展过程。我们保护城市的历史文化，隐藏在后面的深层含义就是保护并延续这些文明。其次，我们要认识城市历史文化的价值，认识价值是城市历史文化保护的依据与基础。城市历史文化的价值，就是对其进行保护的意义所在。最后，城市历史文化保护问题涉及政治、经济、社会、文化、管理等各个方面，是国家发展中的战略议题，在推动城乡建设高质量发展方面具有重要意义。

1.1.1　城市与文明

城市是人类文明的载体。何谓文明？文明是人类所创造的财富的总和。有人把文明视作文化的同义语，也有人认为"文明"专指精神文明，尤其是思想品德和情操的修养。我们指的文明，是指达到一定阶段和程度的文化。文明是使人类脱离野蛮状态的所有社会行为和自然行为构成的集合，这些集合至少包括了以下要素：家族、工具、语言、文字、宗教、城市、乡村和国家等。它既是人类社会的一种进步状态，也是社会发展到一定阶段或程度的表现。

美国学者克拉克洪（Kluckhohn）曾提出文明出现的三个表现：存在一系列至少有5000人的永久性城镇、集镇或城市；已发明、使用文字；已有纪念性的公共建筑和进行礼仪庆典活动的中心场所。其中第一个表现就是城市的出现。因此，城市与文明是紧密相连的，或者说，城市就是文明的一种表现、一种依托。

根据目前已知的材料和考古证据，人类最早的文明是在以下一些地区首先产生发展的：埃及的尼罗河流域；西亚的两河流域；欧洲南部的爱琴海地区；印度的印度河流域；中国的黄河流域；中美洲的墨西哥、危地马拉等地区；南美洲的安第斯山地区。由于各地区发展情况不尽相同，进入文明的时间也有先后之差。尼罗河流域和两河流域大约在公元前3500年便从原始社会进入文明时代；爱琴海地区、印度河流域和黄河流域则晚一些，大约在公元前2500年至公元前2000年进入文明时代；中南美洲则更晚一些，在公元前1000年左右进入文明时代。

目前考古发现的人类文明史中最早的城，大约出现在公元前3500年的苏美尔文化时期，位于两河流域幼发拉底河和底格里斯河的中下游地区，比如著名的乌尔古城和巴比伦古城，如图1.1所示。古埃及的孟菲斯城、古印度的哈拉帕城和摩亨佐·达罗城，也都是最早的城之一。中国有考古发掘证明的最早的城在河南偃师二里头，大约在公元前1750年至公元前1500年。这些城市都是某种文明的表现，是人类文明发展的产物。在城市发展的进程中，人类创造了绚丽多彩的城市生活环境和文化，并创造出许多值得研究的不同文化、不同风格、富有创造性的建筑等，这些都是人类文明成果的物质载体。

(a) 乌尔古城遗址

(b) 巴比伦古城

图1.1 人类文明史中最早的城

1.1.2 城市历史文化的价值

历史文化遗产是由复杂和多维的文化群组、社会结构、生活方式、信仰、知识系统和多层次文化所构成的，虽然每个时代对历史文化遗产价值的强调各有侧重，但总的说来，呈现出多重性、多元化的价值。如俄罗斯建筑保护专家阿列克·伊万诺维奇·普鲁金提出了历史价值、城市规划价值、建筑美学价值、艺术情感价值、科学修复价值和功能价值。美国学者利佩（Lipe）将历史文化遗产的价值概括为信息价值、美学价值、经济价值以及联想或象征价值四大方面。英国国际古迹及遗址理事会前主席伯纳德·费尔登（Bernard M. Feilden）则提出了文化价值、情感价值和使用价值三大文化价值体系。

1. 文化价值

文化价值是指客观事物所具有的能够满足一定文化需要的特殊性质或者能够反映一定

文化形态的属性。城市的历史文化遗产是"活"的历史教材，能使人们产生丰富的联想，具有文化方面的重大价值，主要包括文献价值、考古价值、美学和象征价值、建筑学价值、科学价值等。

历史文化遗产是不同历史时期的遗存，它们记录着其建成之初以及建成之后各时代积淀下来的信息，比如相关的历史背景、历史事件、历史人物等，这些都是城市历史文化的真实载体，具有重大的历史、考古以及文化人类学的价值。

很多历史性城市比别的地方保留着更多的文化标本珍品，具有弥足珍贵的历史保持力。例如雅典卫城遗址（图1.2），虽然现在只剩下一些残骸废墟，但是仍然给人留下深刻印象。这些遗迹为后人提供了研究建筑、地区、社会、文化等方面的重要历史信息，反映了城市的兴衰与变迁。

图1.2　雅典卫城遗址

【北京故宫】

许多历史文化遗产本身就是艺术杰作，在欣赏历代艺术珍品与宏大工程的同时，能给人以美的启迪，因而具有重大的艺术价值。例如北京故宫（图1.3），从建筑群体的布局到单体建筑的方位、形制、色彩、装饰等，都是对中国古代封建礼制文化的一次创造性总结，具有极高的艺术价值。

图1.3　北京故宫

【都江堰水利工程】

除此之外，一些历史文化遗产的风格形态、技术特征等都是能工巧匠用心设计与建造的，反映了人类文明史中的科学技术成就，具有极高的科学价值，为聚居学、建筑学、人类学、社会学、水利学等各个学科提供了研究素材。例如，由李冰带领修建的都江堰水利工程（图1.4），是全世界迄今为止年代最久、唯一留存、以无坝引水为特征的宏大水利工程，是科学研究与工程实践完美结合的成果，具有很高的科学价值。

图1.4 都江堰水利工程

2. 情感价值

由历史印记勾起的记忆（个体或群体）产生的情感价值，主要体现在认同感、延续性以及精神和象征的作用上。历史文化遗产所具有的永恒的纪念意义，能在人们心中激起强烈的思念之情，因而具有重大的情感价值。

对一个国家来讲，历史文化遗产就是形成一个国家和民族认同性的有力物证。一些重要的历史古迹往往成为国家和民族的象征，对人们有一种特殊的精神影响，最能触发人们对国家对民族的自信心，具有精神上的重大作用。例如万里长城（图1.5），它是中华民族的象征，是中国人不屈不挠、抵抗外族侵略的民族精神象征，是进行爱国主义和革命传统教育的活教材。

【万里长城】

图1.5 万里长城

在现实生活中，每个人对自身生活的城市都有某种体验，这些体验在人与环境的接触过程中会逐渐融入人们的感觉和记忆中，构成人们对场所的集体记忆。这些集体记忆在提高生活水平、促进人际交流、丰富人们精神生活方面起着重要作用。例如，一些标志性的城市建筑构成城市精神性的寄托。中国澳门的妈祖庙留存到今天，既是寄托地方文脉、居民情感的重要组成部分，也是与祖国联系的一种精神纽带的象征。对一个村落来说，乡村祠堂（图1.6）也是人们家乡情感的精神依托，能在人们心中引发一种强烈的情感，这些建筑完全超越了物质层面的东西，是人们就算身在异乡心也牵系的载体。

2013年12月12日召开的中央城镇化工作会议提出了要让城市融入大自然，让居民

(a) 安徽南屏村叶氏宗祠

(b) 广州从化钱岗村广裕祠

图 1.6　乡村祠堂

"望得见山、看得见水、记得住乡愁"。"望得见山、看得见水"是要保持自然生态环境，保护原有的地理风貌，尊重自然留存的山山水水。乡愁简单来说，就是"对故乡的思念之情"。"乡愁是人们对故乡里人与人之间相处的物质空间环境的记忆，以及对它存在与否的耽愁与怀念"。乡愁包含着家乡祖祖辈辈留下的人与人的亲情关系，而这些关系又凭借着那些故乡的古老建筑及建筑所形成的场所、风光特色而存在。也就是说，乡愁实际上就是我们的历史文化，它既是一种以场所感为核心的情感价值，又是一种与历史价值紧密相关的具有复杂情感色调的审美意象。乡愁一方面作为人们共有的情感记忆，体现了似水流年中建筑场所的不朽特质与历史痕迹；另一方面又与生生不息的现实联系在一起，呈现出旧与新的对话。"记得住乡愁"就是要延续我们的历史文脉，它的情感力量在推动城市历史文化传承中发挥着重要的作用。

3. 使用价值

历史文化遗产的使用价值包括功能价值以及由其历史、文化、科学和情感价值所综合体现的社会价值和经济价值。

历史文化遗产的功能价值是指遗产对象因其所具有的容纳各种社会活动的空间载体功能而具有的使用价值。历史文化遗产不仅承载着历史文化信息，从实用层面来看，历史建筑、街区、地段还是市民日常活动、交往的场所空间，是城市功能的重要组成部分。它们还担负着城市商业、休闲游憩、居住、交通等各种具体职能，是现代社会生活的重要空间载体。在城市发展过程中，为提升城市人文环境、改善城市文化面貌，需要通过历史场所这个文化桥梁，使市民能潜移默化地融入城市发展与文化品位的提升之中。

历史文化遗产的社会价值是指遗产对象因其蕴含的文化价值而产生对现代社会与文明的借鉴、怀想等各种精神作用与影响的价值。历史文化遗产作为全人类共同的遗产和创造才能的见证，不仅属于一个国家和民族，而且属于全人类；不仅属于我们这一代，而且属于子孙后代，具有重要的社会价值。

历史文化遗产的经济价值主要指因其蕴含的文化价值而具备成为具有吸引力的消费场所空间的潜力，从而激发与带动各种经济行为、产生经济效益的价值。历史文化遗产作为历史上创造的物质财富和精神财富，是现代社会环境的组成部分，是城市发展的资源之一。采用适宜的方式利用历史文化遗产，可以赋予他们经济上的意义。

一个国家和民族的重要历史遗迹，哪怕只剩下残垣断柱，也仍然是最能吸引外来游客的地方，具有永恒的魅力，例如罗马斗兽场（图1.7）。世界上具有丰富历史文化遗产的城市或地区，往往是旅游业十分发达的地方，保护好各地的历史文化遗产，还可以为振兴地方经济与地方文化发挥重要作用。古老而又美丽的世界名城巴黎（图1.8），与其他国际性大城市（如纽约、东京、伦敦等）竞争的时候，最大的优势在于其拥有悠久的历史、深厚的文化底蕴以及丰富多彩的名胜古迹。于是，巴黎在制定城市发展战略的时候就将保护古城放在第一位。只有保护，才会具有竞争的优势。现在，巴黎的整个古城保护得非常好，它的大部分经济收入来自文化旅游以及相关产业。

【塞纳河与巴黎】

图1.7 罗马斗兽场

图1.8 巴黎（塞纳河畔）

综上所述，城市历史文化遗产是建设和谐社会的重要基础，是城市竞争力的核心内容，是城市创新发展的强大动力，影响并决定着城市发展的前景和方向。在经济全球化的趋势下，独特的历史文化遗产无疑是城市参与未来竞争的王牌。城市历史文化遗产的价值，就是对其保护的意义所在。

1.1.3 城市历史文化保护的时代要求

2014年出台的《国家新型城镇化规划（2014—2020年）》提出要注重人文城市建设，强化文化传承创新，将城市建设成为历史底蕴厚重、时代特色鲜明的人文魅力空间；注重在旧城改造中保护历史文化遗产、民族文化风格和传统风貌，促进功能提升与文化文物保护相结合。

【历史文化保护的时代要求】

2016年2月，中共中央、国务院下发《关于进一步加强城市规划建设管理工作的若干意见》，要求各地"保护历史文化风貌，有序实施城市修补和有机更新，解决老城区环境品质下降、空间秩序混乱、历史文化遗产损毁等问题"，"加强文化遗产保护传承和合理利用，保护古遗址、古建筑、近现代历史建筑，更好地延续历史文脉，展现城市风貌。用5年左右时间，完成所有城市历史文化街区划定和历史建筑确定工作"。

2021年9月，中共中央办公厅、国务院办公厅印发了《关于在城乡建设中加强历史文化保护传承的意见》，要求各地区各部门结合实际认真贯彻落实。文件指出"在城乡建设中系统保护、利用、传承好历史文化遗产，对延续历史文脉、推动城乡建设高质量发展、坚定文化自信、建设社会主义文化强国具有重要意义"。为此，要求"始终把保护放在第一位"，要"确保各时期重要城乡历史文化遗产得到系统性保护"。该文件还设定了具体的目标，要求"到2025年，多层级多要素的城乡历史文化保护传承体系初步构建，城乡历史文化遗产基本做到应保尽保，形成一批可复制可推广的活化利用经验，建设性破坏行为得到明显遏制，历史文化保护传承工作融入城乡建设的格局基本形成。到2035年，系统完整的城乡历史文化保护传承体系全面建成，城乡历史文化遗产得到有效保护、充分利用，不敢破坏、不能破坏、不想破坏的体制机制全面建成，历史文化保护传承工作全面融入城乡建设和经济社会发展大局，人民群众文化自觉和文化自信进一步提升"。《关于在城乡建设中加强历史文化保护传承的意见》是对过去的传统历史文化保护工作的总结，是对新时代历史文化保护传承工作的部署，是重要的顶层设计，是下一步工作的方向。

1.2 国外城市历史文化保护的发展

国际上对历史文化保护的认识是逐步发展的，保护范围越来越广泛，内容越来越丰富，与城市发展和居民的生活愈加密切相关。在古代，人们更多关注古物珍玩的保存与赏玩。这是一种对过去时代的纪念和追寻，以及对过去时代的文化代表物品的珍视和欣赏。"古董"这个词汇很早就被运用，但局限于保存和收藏一些器物。文艺复兴时期，古希腊和古罗马建筑的艺术价值得到认可，进而促进了历史建筑的保护与修复。19世纪中叶起，保护和修复的基本理念和原则开始逐步被探索。欧洲出现了三个影响很大的关于历史建筑保护的流派，在一定条件下，它们都有各自的合理性。一直到20世纪前叶，国际上对文化遗产的保护范围主要集中在单体的保护。20世纪后半叶，逐步发展到历史地段、历史城镇和地区的整体保护。进入21世纪，国际文化遗产保护范围已经拓展到非物质文化遗产、文化遗产环境、跨区域遗产等的保护。

1.2.1 欧洲早期的保护思想

18世纪中叶，文物保护的概念从典籍、艺术品、器物等扩展到建筑的范围。法国大革命对历史建筑的保护产生了一定影响。在一些代表过去统治权力的教堂和纪念物遭到破坏的时候，人们开始认识到这些纪念物对于一个国家和民族历史文化的见证作用。在法国，一些杰出的纪念物被列为"国家纪念物"。进入19世纪，工业革命带来了技术的进步和城市的繁荣，城市建设迅猛发展，大批中世纪遗留下来的历史建筑面临被拆除的危险，人们逐渐以一种批判性的、科学的眼光看待历史，这种历史意识的转变对城市历史文化的保护具有重要影响。一个突出的表现就是，欧洲的一些艺术家、文学家、建筑师开始关注历史建筑的保护与修复，由此形成了保护观念不尽相同的三个主要流派：法国派、英国派和意大利派。

1. 法国派

19 世纪中叶，欧洲出现了一个对于遗产保护影响深远的学派——法国派，几乎成为当时整个欧洲的主流。法国派的代表人物是维奥莱·勒·杜克（Viollet Le Duc，1814—1897），他的理论与实践对欧洲的文物保护与修复影响深远。

1840 年，他在梅里美的支持下登上了法国历史建筑保护的舞台，主持修复了大量的历史建筑，包括巴黎圣母院、圣礼拜教堂、圣德尼教堂、亚眠大教堂、沙特尔主教座堂、卡尔卡松城堡、皮埃尔丰城堡等，被认为是欧洲 19 世纪建筑修复工程方面首屈一指的理论权威。

维奥莱·勒·杜克的基本修复思想是艺术至上，强调建筑风格的统一，因此被称作"风格性修复"。他认为应把建筑恢复到原来的风格，无论在外表上还是在内部结构上都应如此。因此，他特别强调负责修复工作的建筑师要精通历史上各个时代和流派的风格。他自己就是研究中世纪建筑的权威，熟悉各个时期的建筑风格，具有丰富的结构知识和古建筑维修经验。

"风格性修复"的原则是竭力搜寻初始建筑师在古迹上留下的踪迹，力争完全恢复出既往时代的形式，以完美表现那个时代的风格。维奥莱·勒·杜克曾说过："修复一幢建筑当然不是维持、维修或重建，而是将其带回到一个完整的状态，历史上可能从未有过的状态。"在这种理论指导下的现实结果往往是建筑师只顾借助史料（如绘画、雕刻等）去恢复当时的形式，片面强调风格统一的重要性，却忽略了历史存在的真实性，忽略了对历史建筑所携带的不同时期的历史、科学、文化等信息的保护。在表现历史形式与风格的激情支配下，恢复出来的形式甚至在建筑的既往时代都不曾有过。例如，维奥莱·勒·杜克在 1844 年给巴黎圣母院做修复设计时，为了追求风格的纯正统一，修理了它无数的创伤，补足了它所有的缺失，改造了它构造上的不合理之处，使它"焕然一新"，还加建了一个本来没有而他认为从构图上应该有的尖塔，用"创作"代替了"修复"，如图 1.9 所示。结果，七百年的"风雨沧桑"从它身上消失了，有人惋惜地说，巴黎圣母院失去了诗意，成为了国际博览会上的假古董。

"风格性修复"主导了法国早期的历史建筑修复，而且因为它符合欧洲的建筑传统，因此很多欧洲国家在 19 世纪下半叶都接受了这种理论，成为当时欧洲历史建筑保护工作的主流。大量的历史建筑，尤其是中世纪教堂的原始肌体被更新，材料表面的岁月痕迹被抹去或覆盖，被改造成所谓的"理想形式"。这种破坏历史建筑的修复方法在英国的"反修复"运动以及意大利的"文献性修复"和"历史性修复"中受到了批判并得到修正。

尽管如此，维奥莱·勒·杜克的功绩还是不可磨灭的。他是欧洲第一个努力建立历史建筑保护的科学理论的人，主张修复工作必须建立在对建筑进行深入研究的科学基础上。他说："在修复工作开始之前，首要的是确切查明每个部分的年代和特点，根据它们拟定一个有可靠文献为依据的逐项实施计划，或者是文字的，或者是图像的。"他还主张修复后的建筑必须能适应当代的功能要求。他的主张和建议对历史建筑的修复工作很有意义，为这项工作走向科学化做出了贡献。

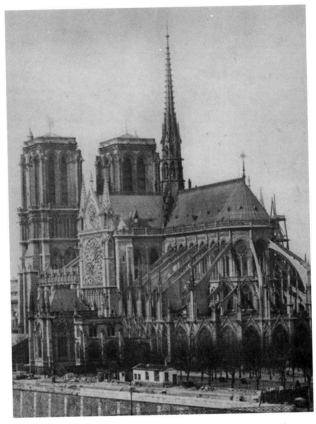

图 1.9 维奥莱·勒·杜克主持修复的巴黎圣母院

2. 英国派

虽然以维奥莱·勒·杜克为代表的"风格性修复"在欧洲影响极大，但是这种只注重风格统一、强调历史建筑的艺术价值和纪念性的修复还是遭到了一些批判。19 世纪中叶，在英国兴起了以文学艺术历史评论家约翰·拉斯金（John Ruskin，1819—1900）和建筑师威廉·莫里斯（William Morris，1834—1896）为代表的"反修复"运动，被称作英国派。

约翰·拉斯金认为历史建筑是古代匠人在一个特定的历史时期完成的独一无二的创作，不应该用新的物质手段干预它的现有状态，因为当代的干预会带走历史的痕迹而使历史失真。他在《建筑七灯》一书中写道："所谓的修复其实是最糟糕的毁灭方式，一种给被破坏掉的东西描绘下虚假形象的破坏。一切修复都只是造出一些没有意义的假东西来。"他提倡用给予建筑经常性的维护来代替修复。·

建筑师威廉·莫里斯也是"反修复"运动的一员，他于 1877 年创立了"古建筑保护协会"，这是英国第一个全国性的历史建筑保护组织，其目的是防止古建筑被推倒重建和遭受"修复"的破坏。

威廉·莫里斯认为所谓修复就是把古建筑历经风雨的面层破坏掉，而破坏了历经风雨的面层之后，古建筑不过就是一个毫无生命的假古董而已。他主张用"保护"来代替修复。就算是修复，也不能改变古建筑的本体和装饰的原貌。为了加固或遮盖而用的所有措施，都要一眼就能看得出来，而决不能伪装成什么。任何必需的修复都不可使历史见证失真，必须明确区分。这些思想成为现代西方保护理念中"原真性"原则的基础。

3. 意大利派

意大利派崛起较晚，它汲取了欧洲18—19世纪以来有关历史建筑保护理论和方法中的合理因素，理论上也更为周到、严密。它的代表人物是建筑师卡米诺·波依托（Camillo Boito）、卢卡·贝尔特拉米（Luc Beltrami）和古斯塔沃·乔瓦诺尼（Gustavo Giovannoni）。

（1）卡米诺·波依托与"文献性修复"。

卡米诺·波依托被视为19世纪70年代以来意大利历史建筑保护理论的带头人，其理论观点被称为"文献性修复"，被贯彻到意大利的文物保护法中，奠定了意大利历史建筑保护理论的现代基础。卡米诺·波依托认为：历史建筑应被视为一部历史文献，它的每个部分都反映着历史。他说："过去遗留下来的建筑遗产，不仅具有建筑研究价值，更有重要的历史文献作用，向我们解释和描绘着人们世世代代经历过的各种历史事实，是人类文明史和民俗史的重要部分，是珍贵的资料。"从这个概念出发，他指出"尊重历史建筑的现状，不仅要尊重原先的建筑物，也要尊重历史上陆续增添或改动的部分，它们都是真实性的重要部分。就算是建筑在它存在过程中产生的缺失，也是一种历史痕迹，不应该被轻易更改"。

卡米诺·波依托以罗马的提图斯凯旋门（Arch of Titus）（图1.10）为例来说明他的修复理论。他指出，提图斯凯旋门在各个历史时期都进行过修复和增补，这些历代被增补的东西如同历史文献里面的批注一样，同样具有文献意义，应该予以保留。拆除这些修补实际上等于抹去了这座凯旋门曾经所经历的历史踪迹。因此，在修复中，建筑缺失的部分用一种略为不同的石材与原有部分微妙地区分开来，使得细心的参观者能将添加部分与原有部分区分开，但远距离观察仍然保持了整个作品的统一性。修复部分清晰地表明了该建筑的历史演变。

图1.10 罗马的提图斯凯旋门（Arch of Titus）

维奥莱·勒·杜克的"风格性修复"与卡米诺·波依托的"文献性修复"相比较，前者强调表现历史建筑形式的完美性，后者注重历史形式存在的真实性。

（2）卢卡·贝尔特拉米与"历史性修复"。

"文献性修复"的进一步发展是卢卡·贝尔特拉米倡导的"历史性修复"。"历史性修复"在建筑形式处理上追求近乎苛刻的史实性，但其认为在严格尊重历史原真性的基础上，不必拘泥于传统的建造方式和材料，在结构和材料上可以大胆采用新结构、新材料，以求在当代修复中达到历史、结构、形式及材料的统一。卢卡·贝尔特拉米认为："历史性修复"的实质是在严格尊重历史的态度下，更准确、更真实地反映历史面貌，而不应拘泥于建造方式和建筑材料的传统性。

卢卡·贝尔特拉米是一位注重实践的建筑师，他最知名的修复作品是威尼斯圣马可广场的钟塔（图1.11）。1902年7月，钟塔因结构问题倒塌后按照"原址原样"的原则进行重建，钟塔的立面形式和细部均脱模于原塔，材料则大胆采用了砖和混凝土。

卢卡·贝尔特拉米的"历史性修复"与当时欧洲流行的建筑复古思潮中的折中主义思潮有着很大的关系。他用当代材料与结构技术"整新如旧"式的修复究竟是保存了史料的原真性，还是制造了假古董，一直被历史建筑保护学术界广泛讨论着。

图1.11 威尼斯圣马可广场的钟塔

（3）古斯塔沃·乔瓦诺尼与"科学性修复"。

随着建筑遗产的大规模发掘与修复，原有的理论越来越难以解决日益增多的棘手问题，如何处理好历史、真实、形式、材料与当代性的关系，变得更加困难。面对这一现实，古斯塔沃·乔瓦诺尼在20世纪30年代提出了"科学性修复"理论。他认为："修复的目的，无论是修复时代的创伤，使它们更加坚固；抑或重新给予它们一种新的生存能力，都属于一个完完全全的现代概念。"他把建筑保护与修复置于广阔的社会与时代背景中，提出问题的角度更广更深。例如，他不同意将历史城镇当作博物馆，认为在历史保护和使用价值间存在着某种平衡；他认为保护一般性建筑遗产（比如住宅）比保护珍宝型建筑遗产（例如教堂、宫殿等）更为重要。

古斯塔沃·乔瓦诺尼把历史建筑的修复按照工作方式分为以下4类。

①加固性修复，就是使现状更坚固耐久。

②组合性修复，基本方法是维持原结构与材料特性，按历史发展层理中最合理的形式进行修复。修复采用"中性附加物"（指现代建筑材料与建造方法）来重新组合现存的支离破碎的构件。这种"中性附加物"的概念为历史建筑活化利用中如何实现新旧共存打开了新思路。此后，历史建筑活化利用的实践中大量出现了以玻璃、金属等现代建筑材料为代表的中性附加物；现代形体构成也作为中性附加物的延伸介入建筑遗产的活化利用中。

③离解性修复，即剥除伪饰和毫无意义的装饰物。例如，古斯塔沃·乔瓦诺尼命令拆除罗马万神庙（图1.12）上面两座文艺复兴时期加建的钟塔。

④创造性修复，是指基于严谨地考证和系统地研究后进行建筑肌体的增补创造，以求完善建筑遗产的生命形式与质量。

(a) 修复前　　　　　　　　　　　　　　　　　　(b) 修复后

图 1.12　罗马万神庙

在许多情况下，古斯塔沃·乔瓦诺尼同意使用现代方法和材料，如水泥、混凝土、钢材等。但是，他坚持新方法、新材料的使用不能超过建筑的历史层理所能承受的量度。他的这些观点在整个欧洲有着广泛的影响力。

1.2.2 **国际组织与机构引领下的保护理念共识**

国际社会对于历史文化的保护既有来自和平时期的建设性破坏引起的自觉保护，也有来自战争对文化遗产带来的损毁和流失等严重后果的被动保护。早期的保护行动是 19 世纪开始的以法国、英国、意大利等为代表的对历史建筑的局部保护，到 20 世纪 60 年代逐渐扩展到全世界范围内对建筑群、街区与城市的整体保护。"文化遗产是全人类的财富，保护文化遗产不仅是每个国家的重要职责，也是整个国际社会的共同义务"成为一种国际共识。

从 19 世纪开始，经过 100 多年的探索与实践，国际组织与机构在文化遗产保护及利用上做出了突出贡献，制定了包括国际宪章、公约、建议等具有纲领性与法规性的文件，这些文件建构了文化遗产的保护理论、明确了文化遗产保护技术要领，并在制度上提供了历史文化遗产的法制保障。

1. 与历史文化遗产保护相关的国际组织与机构

这些国际组织与机构主要包括：联合国教科文组织世界遗产委员会、国际文物保护与修复研究中心等相关类型的政府间公共组织机构；世界自然保护联盟、国际古迹遗址理事会、国际工业遗产保护委员会等专家组成的专业性非政府组织等。

世界自然保护联盟（IUCN）于 1948 年在法国枫丹白露成立，总部位于瑞士格朗，是世界上规模最大、历史最悠久的全球性非营利环保机构，也是自然环境保护与可持续发展领域唯一作为联合国大会永久观察员的国际组织。其主要使命是影响、鼓励和帮助全世界的科学家和社团保护自然资源的完整性和多样性，包括拯救濒危的植物和动物物种，建立国家公园和自然保护地，评估物种和生态系统的保护现状等，并且确保任何自然资源的使用都是平衡的、在生态学意义上可持续的。

国际文物保护与修复研究中心（ICCROM）成立于 1959 年，是联合国教科文组织创设的一个独立的国际科学机构，它的基本宗旨是保护古代建筑、历史遗迹和世界艺术珍品，以及为此而进行的专业队伍的培训和修复工作的改进。它通过教育培训、信息交流、调查研究、技术合作以及公众宣传等方式致力于文化遗产的保护工作。同时，作为一个咨询机构，向世界遗产委员会提供技术性建议。

国际古迹遗址理事会（ICOMOS）于 1965 年在波兰华沙成立，是世界遗产委员会的专业咨询机构。它由世界各国的文化遗产专业人士组成，是古迹遗址保护和修复领域唯一的国际非政府组织，在审定世界各国提名的世界文化遗产申报名单方面起着重要作用。中国于 1993 年加入国际古迹遗址理事会，成立了国际古迹遗址理事会中国委员会（ICOMOS China），即中国古迹遗址保护协会。

联合国教科文组织在 1976 年成立了文化遗产和自然遗产的保护委员会（WHC 和 OWHC），即世界遗产委员会，负责《保护世界文化和自然遗产公约》的实施。委员会每年召开一次会议，主要决定哪些遗产可以录入《世界遗产名录》，对已列入名录的世界遗产的保护工作进行监督指导。中国于 1985 年加入《世界遗产公约》，成为缔约方。1999 年 10 月 29 日，中国当选为世界遗产委员会成员。

国际工业遗产保护委员会（TICCIH）于 1978 年在瑞典斯德哥尔摩成立，由工业遗产领域的各类专家组成，是世界遗产委员会的咨询机构之一。

2. 早期的保护宪章

（1）《雅典宪章》。

1933 年 8 月，国际现代建筑协会（CIAM）第 4 次会议在希腊雅典通过了关于城市规划理论和方法的纲领性文件——《城市规划大纲》，这是城市规划领域第一个获得国际认可的纲领性文件，后来被称作《雅典宪章》。《雅典宪章》中将城市历史文化保护作为一个章节独立提出，其主旨思想是"有历史价值的古建筑均应妥善保存，不可加以破坏"。《雅典宪章》的主要内容包括：①确实能代表某一时期的建筑物，可以引起普遍兴趣，可以教育人民者；②保留其不妨害居民健康者；③在所有可能条件下，将所有干线避免穿行古建筑区，并使其交通不增加拥挤，也不妨碍城市有机的新发展。《雅典宪章》的意义在于提高各国对古建筑价值的认识及提高保护意识，从而推动城市历史文化保护这一国际运动的广泛开展。

（2）《威尼斯宪章》。

20 世纪 60 年代以后，人们开始反思大规模推倒重建及现代主义建筑运动给城市发展所造成的不良影响，历史文化保护成为人们关注的焦点。1964 年，第二届历史古迹建筑师及技师国际会议（ICOM）在意大利威尼斯通过了《保护文物建筑及历史地段的国际宪章》（即《威尼斯宪章》）。这是一个关于文化遗产保护的纲领性和基础性的文件，它肯定了历史文物建筑的重要价值和作用，将其视为人类的共同遗产和历史的见证。它的重要意义如下。

① 扩大了历史文物建筑的概念。

《威尼斯宪章》指出："历史文物建筑，不仅包括单个建筑物，而且包含能够见证某种文明，某种有意义的发展或某种历史事件的城市或乡村环境。这不仅适用于伟大的艺术品，而且也适用于随时光流逝而获得文化意义的过去一些较为朴实的作品。"

② 强调了保护的完整性问题。

《威尼斯宪章》指出"保护一座历史建筑，意味着要适当地保护一个环境""一座历史建筑不可以从它所见证的历史和它所产生的环境中分离开来"。必须把历史建筑所在的地段当作专门注意的对象，要保护它们的整体性，要保证用恰当的方式清理和展示它们。《威尼斯宪章》规定保护依附于纪念物实体的历史信息，也就是开始重视对具有历史、文化特征的环境的保护，为后来历史地段和历史城镇的保护奠定了基础。

③ 是第一部涉及建筑遗产保护原真性问题的国际宪章。

《威尼斯宪章》的开篇就强调了历史建筑保护及其真实信息传达的重要性："世世代代人民的历史文物建筑，饱含着从过去的年月传下来的信息，是人民千百年传统的活见证。人民越来越认识到人类各种价值的统一性，从而把古代的纪念物看作共同的遗产。为子孙后代而妥善地保护它们是我们共同的责任。我们必须一点不走样地把它们的全部信息传下去。"《威尼斯宪章》关于"原真性"的概念，强调"修复"，而非"重建"，尽可能使用传统技术等概念和原则，在今天的城市遗产保护中仍然适用。

1964 年以后，国际上颁布的许多宪章文件都是对《威尼斯宪章》的深化。例如 1994 年颁布的《关于原真性的奈良文件》，对《威尼斯宪章》提出的"原真性"问题进一步深化和细化。《威尼斯宪章》向人们展示了近百年来各个国家在城市历史文化保护方面的理论与实践成果，它促成了 20 世纪 60—70 年代以后世界范围内保护理念共识的达成。

（3）《保护世界文化和自然遗产公约》。

1972 年，联合国教科文组织第 17 届大会在法国巴黎通过了《保护世界文化和自然遗产公约》（1975 年生效），旨在将文化和自然遗产保护国际化，以帮助落后和贫困的国家保护它们的文化和自然遗产。公约提出了"文化遗产"和"自然遗产"的明确定义以及规定，经世界遗产委员会讨论通过后，符合世界遗产标准的文物古迹、建筑群、遗址等都可列入《世界遗产名录》，从而获得国际性技术与经济的援助。

文化遗产包括文物古迹、建筑群和遗址。文物是指从历史、艺术或科学角度看，具有突出、普遍价值的建筑物、碑雕和碑画，具有考古性质成分或结构的铭文、洞穴及其综合体。建筑群是指从历史、艺术或科学角度看，在建筑式样、分布均匀或与环境景色结合方面具有突出、普遍价值的单体或连接的建筑群。遗址是指从历史、美学、人种学或人类学角度看，具有突出、普遍价值的人造工程或自然与人的联合工程以及考古遗址地带。

文化遗产有 6 项遴选标准：①代表一种独特的艺术成就，一种创造性的天才杰作；②能在一定时期内或世界某一文化区域内，对建筑艺术、纪念物艺术、规划或景观设计方面的发展产生过重大影响；③能为一种已消逝的文明或文化传统提供一种独特的或至少是特殊的见证；④可作为一种建筑或建筑群或景观的杰出范例，展示人类历史上一个（或几个）重要阶段；⑤可作为传统的人类居住地或使用地的杰出范例，代表一种（或几种）文化，尤其在不可逆转之变化的影响下变得易于损坏；⑥与具有特殊普遍意义的事件或现行传统或思想或信仰或文学艺术作品有直接和实质的联系。

自然遗产包括自然景观、动物及植物生态区和自然区域。自然景观是指从美学或科学角度看，具有突出、普遍价值的由地质和生物结构或这类结构群组成的自然面貌。动物及植物生态区是指从科学或保护角度看，具有突出、普遍价值的地质和自然地理结构以及明确规定的濒危动植物物种生境区。自然区域则是指从科学、保护或自然美角度看，具有突出、普遍价值的天然名胜或明确划定的自然地带。

自然遗产有 4 项遴选标准：①构成代表地球现代化史中重要阶段的突出例证；②构成

代表进行中的重要地质过程、生物演化过程以及人类与自然环境相互关系的突出例证；③独特、稀少或绝妙的自然现象、地貌或具有罕见自然美的地带；④尚存的珍稀或濒危动植物物种的栖息地。

1992 年，联合国教科文组织世界遗产委员会第 16 届会议又提出把"文化和自然双重遗产"纳入《世界遗产名录》中，只有同时部分满足或完全满足《保护世界文化和自然遗产公约》第 1 条和第 2 条关于文化和自然遗产定义的遗产才能被认为是"文化和自然混合遗产"，又称复合遗产、双重遗产。

【乐山大佛】 截至 2020 年 1 月，全球共有 39 项世界文化和自然双重遗产，中国占其中 4 项，分别是泰山、黄山、峨眉山—乐山大佛和武夷山，如图 1.13 所示。

(a) 泰山　　(b) 黄山

(c) 峨眉山—乐山大佛　　(d) 武夷山

图 1.13　中国的世界文化和自然双重遗产

1998 年，联合国教科文组织通过决议设立"非物质文化遗产"评选，以便保护文化的多样性，激发创造力。这是跟《保护世界文化和自然遗产公约》中保护物质文化遗产并列的项目，一般也被视为世界遗产的整体内容。也就是说，狭义的世界遗产包括自然遗产、文化遗产、文化和自然双重遗产三项分类；广义的世界遗产则分为两类：物质文化遗产和非物质文化遗产。

从 1972 年至今，《保护世界文化和自然遗产公约》逐渐成为国际遗产保护领域最具普遍性的国际法律文书，世界遗产所涵盖的遗产类型也在不断丰富完善。从最初的单体建筑拓展到历史地段、历史城区；从城镇内部的文化遗产拓展到自然环境中的文化景观；从孤立的文物、地段、城区、景观拓展到跨区域的文化线路；现在，人们对建筑遗产的关注又逐步拓展到工业遗产、乡土建筑、20世纪遗产等。

1.2.3 20世纪60年代开始的历史地区与城镇保护

自20世纪60年代国际社会保护理念的共识形成之后，人们在城市历史文化保护的实践中不断积累经验，逐步发展并完善城市历史文化保护的理论体系，保护对象也从历史建筑扩大到历史地区与历史城镇。

1. 法国的《马尔罗法》

国际上最早开展历史地区的保护立法与实践工作的国家是法国。1962年，法国颁布了《马尔罗法》（又称《历史街区保护法令》），将有价值的历史街区划定为历史保护区。这是欧洲保护立法中最重要和最有影响的一个，很多国家纷纷效仿它制定了本国的历史地区保护法规，掀起了保护区法规建设的高潮，例如丹麦、比利时、荷兰分别于1962年、1963年、1965年在各自国家颁布的《城市规划法》中划定了保护区；英国于1967年颁布的《城市文明法》中将有特别建筑和历史意义的地段划为保护区。

《马尔罗法》是现代首次真正将建筑遗产与城市发展相结合的一部法律，让法国有了"保护区"。在1962年之前，法国有关历史文化遗产保护的法律主要是针对历史建筑及其周边地区的保护。但是，基于许多历史性城镇的特色与价值在于城市肌理和组成城市肌理的建筑与空间的整体性，因此1962年颁布的《马尔罗法》明确了将历史文化遗产的范围向这种整体的历史环境扩展，提出了"保护区"的指定制度——由国家根据建筑、艺术、历史、人文等方面的标准进行鉴定后，强制确定保护区用以保护一种具有历史和美学特征的整体环境。保护区往往是不同类型的旧城中心、古老的区域或城市中仍保留的具有古老郊区特征的地区。如位于塞纳河右岸的马雷地区（Marais）因其作为一个整体所显示出的建筑、城市和遗产价值，被确定为巴黎的一个保护区，如图1.14所示。保护区的建设管理与城市其他地区是分开的，直接隶属于法国国家文化部建筑遗产司，常务部门是"保护区国家委员会"，并由设于每个省的"省级建筑与遗产服务中心"（SDAP）管理保护区内建设的日常审批。

图1.14 巴黎马雷保护区内的广场与街道

2.《内罗毕建议》

欧洲有关城市整体保护的概念，从20世纪70年代逐渐成熟起来，继而辐射到世界范围。1976年11月，联合国教科文组织第19届会议在肯尼亚内罗毕召开，通过了《关于历史地区的保护及其当代作用的建议》（又称《内罗毕建议》）。

《内罗毕建议》注意到"整个世界在扩展和现代化的借口之下，拆毁和不合理、不适当的重建工程正给历史遗产带来严重的损害"，从而提出"作为不可替代的全人类遗产的组成部分，历史地区及其周围环境应得到积极的保护，使之免于各种损坏"。这里的历史地区包括"史前遗址、历史城镇、老城区、老村庄、老村落以及相似的古迹群"。保护历史地区在社会、历史和实用方面具有普遍价值：历史地区是各地人们日常环境的组成部分，是过去生活的历史见证，提供了与社会多样性相对应所需的生活背景的多样化；自古以来，历史地区为文化、宗教及社会活动的多样性和财富提供了最确切的见证；当存在建筑技术和建筑形式的日益普遍化造成整个世界的环境单一化的危险时，保护历史地区能对维护和发展城市特色文化和社会价值做出突出贡献。

《内罗毕建议》也提出了关于历史环境问题的5个观点：①历史环境是人类日常生活环境的一部分；②历史环境是过去存在的表现；③历史环境给我们的生活带来多样性；④历史环境能将文化、宗教、社会活动的丰富性和多样性最准确如实地传给后人；⑤保护、保存历史环境与现代生活的统一，是城市规划、国土开发方面的基本要素。

3.《华盛顿宪章》

1987年10月，国际古迹遗址理事会（ICOMOS）第8届全体大会在美国华盛顿召开，通过了《保护历史城镇与城区宪章》（又称《华盛顿宪章》）。这是一部对城市保护进行全面说明的文件，总结了自20世纪60年代以来各国环境保护的理论与实践，阐述了城市保护的意义和作用，并进一步将历史地区的概念拓展到了历史城镇与城区。历史城镇与城区的保护成为国际共识。

该宪章在《序言与定义》中指出："所有城市社区，不论是长期逐渐发展起来的，还是有意创建的，都是历史上各种各样的社会的表现。本宪章涉及的历史地区，不论大小，其中包括城市、城镇以及历史中心或居住区，也包括其自然的和人造的环境，除了它们的历史文献作用之外，这些地区体现着传统的城市文化的价值。"

关于历史地区保护的内容，该宪章指出以下5点：①街道的格局和空间形式；②建筑与绿化、广场空地的空间关系；③历史性建筑的面貌，包括体量、形式、风格、材料、色彩及装饰等；④地区与周围环境的关系，包括自然、人工环境的关系；⑤地区在历史上的功能作用。

《华盛顿宪章》的产生是基于当时世界各国正在进行大规模的建设，城市的历史地区正在受到冲击，面临着被毁灭的威胁，所以它特别注意由于建设而带来的破坏。为减少这种破坏，该宪章提出从城市整体层面上统筹历史城镇与城区内历史保护与居民生活、开发建设、交通组织等之间的关系，如控制历史地区的交通、建立缓冲地带、有计划地设置停车场等来保护历史建筑及其周围环境，强调保护和延续历史地段人们的生活。

该宪章还提到了保护与现代生活之间的矛盾问题，指出要保持历史地区的活力，适应现代生活的需求。"保护历史城镇与地区意味着对这种城区的保护、保存、修复、发展，以及和谐地适应现代生活所需采取的各种步骤"。"使这些地区适应现代化的生活，要求悉心装备或改进城市公共基础设施"。同时该宪章也要求"发挥历史地区的新的功能和作用必须符合其传统的特色。"

关于保护的原则和方法，该宪法强调保护工作必须是城镇社会发展政策和各项计划的组成部分，要有居民的积极参与，要采取立法措施，保证保护规划的长期实施。

《华盛顿宪章》作为对《威尼斯宪章》的补充，已经成为世界文化遗产的共同保护准则，同时也标志着城市历史文化保护已与城市规划紧密结合。

1.2.4 20世纪末以来的多元化历史文化遗产保护

20世纪90年代以后，历史文化遗产保护的理论及方法日益完善和成熟，保护范围进一步拓展，保护领域更加丰富。从乡土建筑遗产、历史性木结构、文化旅游等特定问题的研究，到工业遗产、水下遗产、历史性城市景观以及非物质文化遗产等都有覆盖，文化多样性的特征也备受关注。

1. 特定文化遗产保护

【客家土楼】

1999年10月，国际古迹遗址理事会在墨西哥通过《关于乡土建筑遗产的宪章》，将保护概念扩大到乡土建筑遗产，指出"乡土建筑遗产在人类的情感和自豪感中占有重要的地位。它已被公认为是具有特色和吸引力的社会产物。它看起来是非正式的，但却是有秩序的。它既有实用功能，同时又具有趣味性和美感。它是当代生活的焦点，同时也是社会历史的记录"。乡土建筑遗产（图1.15）是"一个社会文化的基本表现，是社会与其所处地区关系的基本表现，同时也是世界文化多样性的表现"。

(a) 中国福建的客家土楼

(b) 意大利阿尔贝罗贝洛小镇的"特鲁利"

(c) 日本白川乡的民宅

图1.15 乡土建筑遗产

2017年12月，国际古迹遗址理事会与国际景观设计师联盟（IFLA）共同制定了《关于乡村景观遗产的准则》，准则中指出：乡村景观是人类遗产的重要组成部分。世界各地的乡村景观具有丰富的多样性，代表着不同的文化和文化传统，为人类社会提供了多种经济和社会效益、多重功能、文化支撑和生态服务系统。

除了关注乡土建筑遗产的保护，世界文化遗产保护在1999年的另一成就是国际古迹遗址理事会颁布了《国际文化旅游宪章》，首次考虑到旅游者的需求，实现旅游者的期望和当地社区的愿望，鼓励当地社区和旅游者参与到遗产保护和管理工作中，并为此制定详细务实的发展战略和计划，在保护的基础上对遗产地和相关文化活动进行展示。

为了使水下文化遗产免于商业开发的破坏，联合国教科文组织于2001年颁布《保护水下文化遗产公约》，建议缔约国对水下文化遗产进行科学探测、保护和研究。

20 世纪 90 年代以来，随着德国鲁尔区的复兴（图 1.16），以及瑞士温特图尔苏尔泽工业区和苏黎世工业区改造、英国伦敦码头区等工业遗产地改造项目实践的开展，工业时代的文化遗存——产业类历史建筑及地段成为受广泛关注和研究的热点。

(a) 19 世纪中期的德国鲁尔区　　　(b) 废弃厂房改造的活动中心　　　(c) 鲁尔区的典型城市——埃森市

图 1.16　德国鲁尔区的复兴

【德国鲁尔区】

2003 年，在俄罗斯下塔吉尔举行的国际工业遗产保护委员会（TIC-CIH）全体代表大会上通过了《关于工业遗产的下塔吉尔宪章》（简称《下塔吉尔宪章》）。该宪章明确了工业遗产的概念，详细阐述了工业遗产的保护内容，并对保护过程中可能出现的问题提出了前瞻性的认识，这是第一份国际性的关于工业遗产保护的共识文件，明确了工业遗产保护的价值，强调工业遗产是城市历史文化遗产的组成部分。2010 年 8 月，国际工业遗产保护委员会（TICCIH）、国际技术史委员会（ICOHTEC）与国际联合劳动博物馆协会（WORKLAB）在芬兰坦佩雷联合主办了以"工业遗产再利用"为主题的联合会议，议题涵盖了工业遗产保护及更新的各种方式方法，同时还鼓励与会者从不同学科、不同角度（如社会、文化、区域和环境问题等）对工业遗产进行研究。2011 年，国际古迹遗址理事会第 17 次大会通过了关于工业遗产遗址地、结构、地区和景观保护的共同原则——《都柏林原则》，在工业遗产保护的基础上，特别强调了"区域和景观"，将工业遗产保护的"完整性"问题提升到一个新的高度，其中被工业遗产保护所忽视的环境与非物质文化遗产等问题在《都柏林原则》中都得到强调。

2. 非物质文化遗产保护

关于遗产保护的国际理论不断发展，其中非常重要的就是关于"非物质文化遗产"的概念。国际上关于非物质文化遗产的保护起源于日本。1950 年，日本颁布的《文化财保护法》提出无形文化财的概念，规定要保护传统音乐、戏剧和工艺技术等。

1972 年，联合国教科文组织在通过《保护世界文化和自然遗产公约》时，部分缔约国已经对保护非物质文化遗产表示关注。1982 年，在墨西哥城举行的世界文化政策大会上发表宣言，提出"非物质文化遗产"的概念，并将其与物质文化遗产共同列入人类文化遗产。这引起了联合国教科文组织的重视和进一步推动。

1989 年 11 月，联合国教科文组织第 25 届大会在法国巴黎通过了《关于保护传统和民间文化的建议》，这是关于非物质文化遗产保护的第一份国际准则。

1998 年 10 月，联合国教科文组织第 155 届执行局会议通过了《联合国教科文组织"人类口头和非物质遗产代表作宣布计划"条例》，号召各国政府、非政府组织和地方社团等采取行动对那些被认为是民间集体保管和记忆的口头及非物质文化遗产进行鉴别、保护和利用，从而形成了一种强调对特定文化氛围的空间内自发传承的生活知识、艺能与技能，以及社区共享的文化传统的关注与保护的观念。

2001年5月，联合国教科文组织公布了首批人类口头和非物质遗产代表作，标志着保护世界非物质文化遗产工作进入实质性阶段。同年11月，联合国教科文组织还发布了《世界文化多样性宣言》，从文化多样性的角度，强调应把文化视为某个社区或某个社会群体特有的精神与物质、智力与情感方面不同特点的总和。

2003年11月，联合国教科文组织第32届大会在法国巴黎通过了《保护非物质文化遗产公约》，该公约成为国际上关于非物质文化遗产保护最重要的文件之一。《保护非物质文化遗产公约》正式将与传统思想、民间工艺、地方习俗相关的文化遗产纳入国际文化遗产的保护范畴，要求各国清点现有的非物质文化遗产，并列出需要抢救的和有重要意义的遗产项目，为传承非物质文化遗产的社区和群体提供了认同感。这为我们全面深入地理解城市文化遗产的保护、传承与利用提供了一种新的视角：对物质文化遗产的保护需要从非物质文化遗产的角度加以重新认识。

3. 文化遗产环境保护

2005年5月，在联合国教科文组织的支持下，世界遗产中心等专业机构在奥地利维也纳联合召开了关于"世界遗产与当代建筑：管理历史性城市景观"的国际会议。会议通过了《保护具有历史意义的城市景观备忘录》（简称《维也纳备忘录》），特别关注当代开发建设对具有遗产意义的城市整体景观的影响，提出了历史性城市景观的概念，指出保护文化遗产还应注重其背景环境的保护。该备忘录将"具有历史意义的城市景观"定义为："自然和生态环境内任何建筑群、结构和开放空间的整体组合，其中包括考古遗址和古生物遗址。在经过一段时期之后，这些景观构成了人类城市居住环境的一部分，从考古、建筑、史前学、历史、科学、美学、社会文化或生态角度看，景观与城市环境的结合及其价值均得到认可。这些景观是现代社会的雏形，对我们理解当今人类的生活方式具有重要价值。"

2005年10月，联合国教科文组织在第15届世界遗产公约缔约国大会上通过了《保护历史性城市景观的宣言》，在更高的层面上强调了作为遗产背景的历史景观的重要性。针对历史性城市景观中当代建筑的关键难题，宣言指出"一方面要顺应发展潮流，促进社会经济改革和增长，另一方面又要尊重前人留下的城市景观及其大地景观布局""决不能危及由多种因素决定的历史性城市的真实性和完整性"。

2005年10月，国际古迹遗址理事会（ICOMOS）在中国西安召开第15届大会并通过了关于保护历史建筑、古遗址和历史地区的环境的《西安宣言》，进一步强调了"环境"与"遗产"的一体化特征。《西安宣言》对《维也纳备忘录》中的背景环境做了进一步阐释，将文化遗产的保护范围扩大到遗产的环境景观以及环境所包含的一切历史的、社会的、精神的、习俗的和经济的活动。《西安宣言》认为文化遗产的环境的涵义有三点：①环境的自身物质实体和人们对这个环境的视觉印象；②文化遗产与周边自然环境的相互作用；③遗产环境的文化背景及与该遗产相关的社会活动、习俗、传统知识等非物质文化遗产形式。在这里，保护文化遗产环境的概念有了很大的变化：由原来的保护周围的物质环境，扩大到保护周边的自然环境，再扩大到保护其文化背景及相关的非物质文化遗产。

21

近年来，相关国际组织还不断召开会议，探讨落实"遗产—景观—环境"与历史性城市一体化保护的方法和途径。2011 年 11 月，联合国教科文组织第 36 届大会通过了关于城市遗产和城市保护的《关于历史性城市（镇）景观的建议书》。该建议书指出："城市遗产对人类来说是一种社会、文化和经济资源，其特征是接连出现的文化和现有文化所创造的价值在历史上的层层积淀以及传统和经验的累积，这些都体现在其多样性中。"

4. 跨区域遗产保护

由于跨区域的文化交流、商业活动、交通运输等，不同区域范围内的各类遗产共同形成了超越各自价值的整体价值，从而形成跨区域遗产。当前国际上广受关注的文化线路遗产即属于跨区域遗产。

1994 年，在西班牙马德里召开的文化线路世界遗产专家会议上首次定义了文化线路的内涵，即"由多种有形要素组成的，这些要素在文化上的显著性来自于跨国或跨区域之间的交流和多维度的对话，展示了沿线区域在时空上的互动"。1998 年，国际古迹遗址理事会（ICOMOS）在西班牙特内里费成立了国际古迹遗址文化线路科技委员会（CIIC），标志着以"交流和对话"为特征的跨地区或跨国家的文化线路作为新型遗产理念为国际文化遗产保护界所认同。2003 年，世界遗产委员会在《世界遗产公约操作指南》的修订稿中加入了文化线路的类型，将其与文化景观、历史城镇、运河遗产共同列为世界文化遗产的特殊类型。

2014 年，在卡塔尔多哈召开的第 38 届世界遗产大会上，审议批准了中国与吉尔吉斯斯坦、哈萨克斯坦联合提交的"丝绸之路：长安—天山廊道路网"文化遗产申请项目入选《世界遗产名录》，成为首例跨国合作、成功申遗的项目。丝绸之路是人类历史上用于商业、政治或者其他文化交往的线路，同时也是一种跨区域的大尺度线性景观，是典型的跨区域文化遗产。它经过的路线长度大约 8700 千米，包括各类共 33 处遗迹。其中，中国境内有 22 处考古遗址、古建筑等遗迹。

纵观相关国际理论的发展，我们可以发现，世界历史文化遗产的保护经历了一个由开始仅是保护可供人们欣赏的建筑艺术品，继而保护各种能作为社会、经济发展的见证物，再进而保护与人们当前生活息息相关的历史地区和城市的过程。人们对于历史文化遗产保护的概念随着城市化进程的发展而发展，在城市化的不同阶段出现了不同的问题及矛盾焦点，也就出现了不同的应对策略。总体来说，"文化遗产"的概念从建筑到城市，从物质环境到文化景观，其范畴在不断扩大的同时，"保护"与"发展"之间的距离也在不断缩小。

1.3 专题研究：日本的历史文化遗产保护

日本的历史文化遗产保护始于 19 世纪的明治时期，以 1871 年 5 月颁布的《古器旧物保存方》为起始点，经历了从立足于"崇古求美""单一保存"的点状保护，到关注历史环境整体的面状保护，再到推行"综合协同"的全面保护；从应对问题、防止破坏、促进利用和综合推进等诸多阶段，逐步实现了文化遗产有效保护活化利用、地区历史环境整体保护和传统文化的全面复兴。

1.3.1 第二次世界大战前文化财保护制度的萌芽

明治维新后，日本实行全面欧化，在社会制度和日常生活习俗急剧变革的进程中，出现了受"废佛毁释"之风影响的破坏旧物的浪潮，当时包括佛教寺庙在内的许多传统文化遗产都面临着严重的威胁。因而在 1871 年 5 月，明治政府颁布了《古器旧物保存方》，第一次以政令的形式要求各地保存古字画、古籍、陶器、漆器等 31 种类古旧器物，并编制、提交古器旧物清单及收藏人详细名单。《古器旧物保存方》颁布以后，伴随着民族意识的抬头，日本政府又颁布了一系列法令，成为文化财保护制度创设的基础。

1.《古社寺保存法》

1897 年 6 月，在大规模普查的基础上，日本颁布了《古社寺保存法》，标志着日本传统文化遗产保护工作早在 19 世纪末，就已经步入法制化管理轨道。该法律关注对传统寺庙所属庙宇及庙中宝物的保护，指出建筑物及宝物中具有重要历史价值与美术上具有典范意义的物品应被指定为"特别保护建造物"和"国宝"来进行保护。同时规定宝物所在寺庙有责任保护好这些国宝级文物，也有转交博物馆保存的义务，严禁随意处置或转让。政府也有责任出资维修已经破损的寺庙建筑。

2.《史迹名胜天然纪念物保存法》

1919 年 4 月，日本颁布了《史迹名胜天然纪念物保存法》，旨在使日本文化遗产及自然遗产能得到更为妥善的保护。该法律针对史迹、名胜、天然纪念物制定了保护措施，确立了国家"指定保护"的制度，并由此开始了与土地关系密切的文化财保护。从 1920 年开始，一直到 1950 年《文化财保护法》颁布之前，由政府指定的名胜古迹及天然纪念物共 1580 处，其中部分名胜古迹是在推土机的推铲下抢救和保护下来的。该法"在紧急情况下，地方长官可对文物进行临时性假指定"的法律条文，在抢救濒危遗产的过程中发挥了特殊作用。

3.《国宝保存法》

1929 年 3 月，日本政府为避免旧幕府体制崩溃后出现原贵族家庭的宝物流失，以及基于城郭、寺庙建筑等传统建造物亟待修缮等状况，颁布了《国宝保存法》（同时废止了《古社寺保存法》）。该法律将"需要特别保护的建筑物及具有国宝资格的文物"统称为"国宝"，范围从"古社寺建筑及宝物"扩大到国有、公有以及私有的各类建（构）筑物和可移动的物品，还开展了对城郭、宫殿、住宅、茶室等古建筑的全面调查和研究。该法律同时规定国宝的输出与转让必须经过文部大臣的许可。除对宝物进行必要的维修外，在对宝物进行改动之前，必须经过文部大臣的许可。《国宝保存法》公布后，很快便收到了成效，登录国宝的数量大幅攀升，文物流失的情况也得到了初步遏制。

1.3.2 第二次世界大战后文化财保护制度的创立与发展

在第二次世界大战期间，依据《国宝保存法》指定的近 200 处国宝建筑因遭到空袭而毁灭。1949 年 1 月，法隆寺金堂遭受火灾，日本最古老的木构建筑以及壁画被烧为灰烬；

1950 年 7 月，京都鹿苑寺金阁被大火烧毁。这些受损和破坏事件导致了 1950 年 8 月《文化财保护法》的快速颁布与施行。

1.《文化财保护法》的发展

《文化财保护法》是在以往诸多法律条文的基础上发展起来的一部综合性国家大法。它整合了《古社寺保存法》《史迹名胜天然纪念物保存法》《国宝保存法》三部法律的主要内容，确立了日本有关文化财指定、管理、保护、利用、调查的基本制度体系。它将文化财定义为全体国民的珍贵的财产，它们对于正确理解日本的历史和文化不可或缺，同时也是未来文化不断发展的重要基础。

1954 年，《文化财保护法》进行了第一次修订，充实了无形文化财、地下文化财、民俗文献史料相关的保护内容与机制。对于无形文化财的保护，由于保护对象"看不见、摸不着"，因此将无形文化财的体现者——该项技术的保有者一并列入文化财而加以确认。自 1955 年开始，日本就对掌握戏剧、音乐等古典表演艺术和以工艺技术为对象的"重要无形文化财"的民间艺人进行了确认工作，将他们指定为"人间国宝"。同时，该法还要求对重要无形文化财中价值较高者进行田野调查，并以田野报告的方式记录该遗产的历史与现状、传承方式等。后来，作为一种制度，对无形文化财的田野记录在日本一直被坚持了下来。这些举措对于保护日本传统无形文化遗产发挥了重要作用。除此之外，《文化财保护法》还设立了专门的民俗文化财保护制度。将民俗资料从有形文化财与无形文化财的体系中专门分离出来成为一个专门的类别，表达了对代表日本本土、一般性的历史文化保护的重视。对于有形民俗文化财实行指定重要民俗文化财制度，在管理、修缮及公开展示等方面采取和重要文化财大致相同的运作方式。而对于那些无形民俗文化财的保护，则是选出其中价值较高者，以田野报告的方式将它们记录下来。

1968 年，《文化财保护法》再次修订，成立了专门负责文化财保护的国家行政机构——文化厅，同时还建立了文化财保护审议会制度，这是日本行政管理制度中一个颇具特色的方面。文化财保护审议会是文化厅的咨询机构，通常由相关领域的专家组成，对法规、规划、政策措施、资金预算等重大事项进行调查、咨询和审议。进行指定或取消国宝、重要文化财等特定事务的处理，必须事先向文化财保护审议会咨询。

1975 年 7 月，《文化财保护法》进行了一次重大修订，保护对象从过去的单体建筑，扩展到因受机动交通发展和高层建筑开发影响而不断遭到破坏的传统风貌地区。修订的主要内容包括增设"传统建造物群"为新的一类文化财，并为此设立了"传统建造物群保存地区制度"，明确了对传统建造物群的整体保护。修订后的该法规定"与周围环境一体并形成了历史性景观的传统建造物群中具有较高价值者"为"传统建造物群"。为了保护传统建造物群以及与这些建造物形成一体并构成其整体价值的环境，由市町村划定所辖范围内具有一定价值的传统建造物群为"传统建造物群保存地区"，并制定保护条例，编制保护规划实施保护。在国家层面，是由文部科学省负责在市町村指定的"传统建造物群保存地区"中选定具有较高价值、保存较为完整的地区为"重要传统建造物群保存地区"，对其保护事业给予必要的财政援助及技术指导。地方政府、公共团体对此保护事业也给予必要的协助。

1975 年设立的"传统建造物群保存地区制度"，在历史环境的整体保护方面迈出了一大步，通过地方城市规划划定保存地区，并实施相应的控制管理规划，来保护传统建造物群以及与之构成整体的历史环境。这种保护已经不再局限于对"一间一座"传统住房的保护，而是对它们和周边环境实施一体性保护。这一点与法国对历史街区的整体保护相似。"传统建造物群保存地区制度"的建立为历史环境的整体保护形成了一套相当规范的工作制度，包括保存对策调查、保存条例制定、保存地区划定、保护规划编制、重要传统建造物群保存地区的选定等。

2004年，《文化财保护法》又一次通过修订，增设"文化景观"为新的保护类型，明确指出：文化景观是在地域内由人的生活生产以及当地风土所联合形成的对理解国民生活生产不可或缺的景观地。地方公共团体在景观地区中确定保护对象"文化景观"，国家根据地方的申请可以选定为"重要文化景观"。至此，依《文化财保护法》保护的内容体系包括有形文化财、无形文化财、民俗文化财、纪念物、文化景观、传统建造物群六大类别，如图1.17所示。

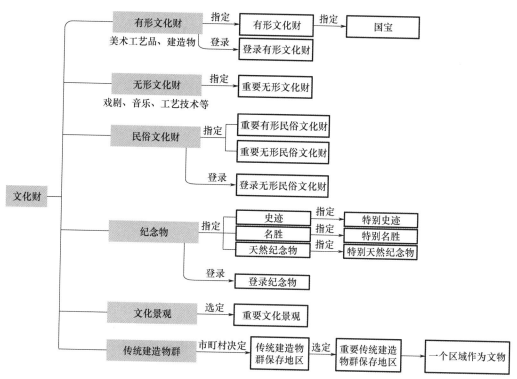

图1.17 文化财保护的内容体系

2.《文化财保护法》的贡献

《文化财保护法》尽管只是一部日本关于文化遗产保护的法律法规，但对后来整个国际社会的文化遗产保护法律法规的制定，对于人们观念的更新，都曾发挥过重要作用。它的贡献主要表现在以下三个方面。

（1）非物质文化遗产理念的提出。

日本文化财的两分法（即将文化财划分为有形文化财与无形文化财的做法），极大地拓展了文化遗产的保护范围，为人类另一部分遗产——看不见、摸不着的非物质文化遗产的保护和弘扬树立了典范。

（2）在文化遗产保护过程中对"人"的关注。

在日本《文化财保护法》中，政府将艺能表演艺术家、工艺美术家的认定提到了相当高的地位。从认定的对象上看，主要包括个别认定、综合认定和保护团体认定三种形式。个别认定是指对于某个技艺传承者的个人资格的认定；综合认定是指对那些具有多重文化属性之民俗活动的综合性认定；保护团体认定则是指对那些由一个以上的文化财持有者的集团认定。这一系列具有较强操作性的措施的颁布，为无形文化财的保护起到了良好的促进作用。《文化财保护法》非常强调保护传统文化持有者的重要性，明确地将那些具有高度技能，能够传承某项无形文化财的人命名为"人间国宝"，赋予他们以相当高的社会地位的同时，在经济上也给予必要的补助。这些措施，为日本培养能乐、木偶净琉璃戏、宫廷音乐等方面的后继者，提供了重要帮助。

（3）对文化财传承的高度重视。

《文化财保护法》明确规定文化财持有者同时也应该是文化财的传承人。如果文化财的持有者将自己的技艺秘不传人，则无论他的技术有多高超，都不会被政府指定为"人间国宝"或"重要无形文化财的持有人"。《文化财保护法》也非常注重整个社会群体在文化财保护过程中的重要性。除国家给予必要的物质奖励和精神奖励外，还强调各级地方政府、民间组织和个人的参与，并明确地规定了各方的权利与义务，从而提高了日本国民的全民保护意识，培养了文化财保护与传承方面的人才。除此之外，《文化财保护法》还强调对文化遗产的活化利用，在活化利用的过程中形成并促进传承。通过文化财的活化利用，例如文化财的对外公开展示，使更多的人了解日本本土的历史和文化，最大限度地发挥文化财的认知作用和教育作用。

1.3.3 20世纪60年代以来历史地区的保护

1.《古都保存法》

20世纪60年代初，日本制定的"经济高速发展政策""全国综合开发规划"等促进了经济的急速发展。大规模的粗放式开发建设和巨大的城市化浪潮使得传统村落、历史街区等迅速消逝，文化财的周边环境被急剧改变。1964年京都塔的建设、奈良拆除位于奈良公园的奈良县厅舍等问题的出现就说明京都、奈良、镰仓等古都的历史环境已陷入困境。鉴于《文化财保护法》针对单体建筑的保存方法已无法应对这样复杂的局面，为了保护历史上重要古都的历史环境，成片保护传统风貌及自然景观，日本政府于1966年6月颁布了《关于位于古都的历史风土保存的特别措施法》（又称《古都保存法》）。

制定《古都保存法》的目的是更好地保护位于"古都"内的"历史风土"。风土是一个地方特有的自然环境、气候、气象、地质、地力、地形、景观、物产和风俗、习惯的总称，除此之外，还包含了因风土制约而形成的一种生活方式。依照《古都保存法》的定义，"历史风土"则是指"在国家历史上有意义的建造物遗迹等与周围的自然环境已成为一体，具体体现并构成了古都的传统与文化的土地状况"。

作为法定保护对象的"古都"，需要在"城市性质、历史风土、开发压力"三方面具备相应的必备条件，包括：①曾经是日本历史上重要的政治中心城市，或一定历史时期重要的代表性文化中心城市；②文化资源保存丰富，且与周边较大范围的自然环境形成一体，成为必须传承后世的"历史风土"；③由于城市化或其他开发建设行为有可能侵犯"历史风土"的隐患，有必要采取积极的维持、保护对策的城市。

《古都保存法》的主要内容包括保护地区划定、保护规划编制、建设行为许可、土地征购以及财政补偿机制等。为切实保护古都的历史风土，需要通过城市规划划定历史风土地区及其保护区。该法律规定，对历史风土保存地区的核心部分可在城市规划中划为"特别保存地区"，对历史文化遗产与周围自然环境一起进行整体的保护；在"特别保存地区"内实施严格的现状冻结控制方式，并享受免除固定资产税的优惠待遇。

《古都保存法》的创立使得日本历史文化保护的重点由点状的文化财保护转向更为关注文化财及周边历史环境整体的保护。但是，《古都保存法》的保护对象仅限于日本"古都"，而且其主要目的是保存这些城镇古迹及周边的自然环境，使其避免受到开发建设的影响。而对于指定城镇以外的一般城镇以及城镇历史建筑和历史环境的整体保护，该法并不适用。也就是说，《古都保存法》的主要局限性在于它缺乏"普适性"，除"古都"之外，更大范围的历史环境保护仍然无法可依。

2. 地方历史环境保护运动

尽管《古都保存法》还局限于保护京都、奈良等重要古都，但日本政府保护历史风土的法律政策措施，对各地开展的历史保护运动起到了积极影响。针对一般城镇的历史街区和传统聚落（村落）保护，是由民间历史保护运动推动的。20世纪60年代发生在妻笼宿的、由市民主导的历史环境保护运动，触发了日本全国各地历史环境保护运动的组织化开展。

妻笼宿，位于日本长野县木曾郡的南木曾町，在历史上曾经是重要古道——中山道的驿站。为了保护整体的历史环境，当地居民自发达成协议并由当地政府公布了《妻笼宿居民宪章》，对妻笼宿和旧中山道沿途的景观资源，贯彻"不出售、不出租、不破坏"三大原则，划定自妻笼宿可以瞭望到的周围地区和旧中山道沿途为整体保护地区。为履行此宪章，当地居民还成立了"爱妻笼协会"，在宪章的指导下，对建筑物进行修理，对停车场、服务性道路等进行整治，使得妻笼宿完整呈现了江户时代的风貌，如图1.18所示。

图1.18 妻笼宿

1973年，妻笼宿还制定了《妻笼宿整体保护条例》，根据各地区的特点，分别划定了驿站景观、村落景观、自然景观的整体保护地区，规定整体保护地区现状范围的建设必须向町丁长申请得到许可才行。

妻笼宿发自原住居民的运动成为日本保护历史地区的先驱。《古都保存法》中未涵盖的历史地区和历史村落的保护工作在一些城镇通过制定条例的方式先后开展起来。以此为契机，地方公共团体纷纷开始制定景观条例以保护和形成良好的城镇与街区环境景观。

1968年，金泽市制定的《金泽市传统环境保存条例》（现已改为《金泽市传统环境保存及美好景观形成相关条例》）是日本最早的地方保护条例。在都道府县层面，以1969年宫崎县制定的《沿街修景美化条例》为最初的实践，随即很快扩展到各地。20世纪60年代末，这些城镇通过制定地方保护条例，对不属于《古都保存法》保护对象但构成城镇自身历史文化的传统街区和历史景观环境进行了保护。

冈山县仓敷市的街区保存复兴活动也是一个典型的实践。它以历史环境整体保护为目标制定的"仓敷川畔美观地区计划"，不仅使得仓敷完好地保存了传统聚落的历史风貌，同时通过街道美化、新建建筑、传统建筑的活化利用等多种方式给城市发展注入了新鲜血液。例如仓敷旅馆、仓敷民艺馆等文化和商业设施的建设，如图1.19所示，在保持历史聚落的同时，达到了历史景观保护与开发的平衡，成为当时地方复兴的典范。

(a) 仓敷旅馆　　　　(b) 仓敷美观地区的街道　　　　(c) 仓敷民艺馆

图1.19　日本冈山县仓敷市景观

1972年，受地方和民间历史环境保护运动的影响，日本文化厅设想将历史地区景观作为新的文化财类别进行保护，为此，针对各地历史地区的保存状况在全国开展了"第一次聚落保存调查"。过去那种单一的、点状的文化财保护，转变为通过保护视觉环境与日常生活环境来关注城市保护相关问题的探索。这种根植于公共参与，以市民为主体，在景观控制、环境教育等方面展开的历史地区环境保护运动是一个非常重要的环节。与过去以保护神社、寺庙等纪念物为中心的文化财保护最大的不同之处在于，保护不能忽视历史地区内的居民生活，这也是历史地区与历史环境保护中不能否认的现实问题。

1.3.4　21世纪综合性保护的发展

20世纪80年代，日本经历了快速的城市化、工业化阶段之后，城市的风貌发生了很大变化。户外广告的泛滥、大量的高层或超高层建筑和工业区的建设、大型市政设施的出现破坏了历史城镇的空间肌理和美好景观，许多地方的历史环境和特色景观消失，引发了人们景观价值意识的觉醒。伴随着历史环境保护运动的全面开展，日本各地开展了多样化的探索，逐渐注重对城镇魅力的发掘和对美好景观空间的营造。特别是20世纪90年代泡沫经济破灭后，日本各地的城镇规划建设确立了"循序渐进推进城市建设，全面复兴传统文化"的指导思想，城乡特色景观与传统地域文化的保护受到更多的重视，历史环境保护的对象也进一步扩展，囊括了所有城镇和乡村地区。日本对历史文化的保护也步入到一个以"历史""文化""自然"为目标的综合性联动发展的阶段。

1.《景观法》

2003 年 7 月，日本国土交通省制定了《美丽国家建设大纲》，提出了建设有魅力国土景观的总体战略和方针。该大纲指出，过去的高速发展只重视经济性、效率性、功能性，在城乡建设方面缺少对美的关怀，致使全国到处可见杂乱、无个性、单调的景观。为改变这种状况，必须保护历史上形成的美好景观、风景，或是创造出新的具有地域特色的景观，为此必须对相关建设行为实施必要的设计引导和管控。

2004 年 6 月，日本国会通过了《景观法》《伴随〈景观法〉施行相关法律修订的法案》和《〈城市绿地保护法〉等法律的部分修订法案》（又称《景观绿三法》），试图通过立法和行政的手段提升日常生活环境品质，同时保护传统的地域文化。

《景观法》主要关注城镇和乡村的景观环境保护与塑造，是一部以"促进城乡美好景观的形成、创造个性丰富的生活环境以及富有活力的地域社会"为目标的国家大法，适用于日本全境所有城镇和乡村地区。首先，该法律明确了"美好的景观是全体国民的共同资产"的基本理念。然后，从内容上针对景观规划、景观重要建造物指定与管理、景观地区中建筑形态设计的限制、景观协议和景观维护机制相关的程序与规范等做了规定。除此之外，还确定了国家和地方公共团体在形成各种美好景观方面的责任与权限。例如，地方可以依据《景观法》制订相关的景观规划、控制相关地区内的开发建设活动，以塑造和保护现有的美好环境景观，整治和改善不良的景观。保护可用的手段包括有权对建筑形态、色彩、外观等设计意向和建筑高度等加以限制与引导等。

与《景观法》施行相关，2004 年《文化财保护法》又一次通过修订，增设了"文化景观"为新的保护类型。

2.《历史风致法》

进入 21 世纪后，伴随着日本社会经济的发展，日本各地的历史文化保护又面临一些新的问题，最令人关注的就是历史建筑的"空屋"现象。由于日本城市人口的持续负增长，社会老龄化程度加剧，城市居民减少，大量历史建筑因为缺少"人"的居住而失去了使用价值，从而走上了"被转让、拆除、继而再开发"之路，最终使得基于大量连片的历史建筑群而形成的传统城市特色景观被破坏或消逝。更令人悲伤的是伴随着这些历史建筑消失的同时，存在于历史空间中的传统技能也失去了相应载体，拥有传统技术的人士也相继离开或逝去，给城镇中具有历史风情与生活情趣的美好环境带来了巨大的打击。基于历史文化保护所面临的新局面和新问题，2007 年，日本文化厅制定了《历史文化基本构想》；2008 年 5 月又颁布了《关于地域的历史风致维护和改善的法律》（又称《历史风致法》），旨在保护和改善地方的"历史风致"。

"历史风致"是一种整体的历史环境，包含物质与非物质两方面的内容：一是由城郭、神社、佛阁等具有较高历史价值的建筑，加上周边环境所形成的历史街区等物质空间环境；二是在这样的物质空间环境中进行能反映日本固有历史和传统文化的生产、生活活动所形成的人文环境。这两方面融为一体就形成了"历史风致"。

《历史风致法》是日本第一部将历史性建成环境与非物质文化遗产整合在一起，促进积极保护和全面改善城乡生活环境品质，整合历史环境保护和地域文化复兴政策的综合性法律。该法律确定了历史风致维护和改善的基本方针，维护和改善规划的认定，形成历史风致建筑的指定和管理等方面的相关规定。

《历史风致法》的贡献主要表现在以下三个方面。

(1)《历史风致法》实现了国土交通省、文部科学省、农林水产省三省共同维护管理地域历史风致的协同机制。

遗产保护与城市规划、社区营造的综合和协调，在行政管理和法制上是一项新创举。政府部门之间的合作必须经过多方协调和妥协最终达成一致性目标。

(2)《历史风致法》在保护对象和保护内容上有所创新。

从过去的历史风土地区、传统建造物群保存地区到现在的历史风致；从单一的历史性建成环境，到有形和无形文化遗产相结合的综合性整体保护，体现了保护理念的创新与发展。

(3)《历史风致法》建立了一套完善的保护系统。

《历史风致法》规定由市町村调查选择指定保护对象，或由所有者向市町村提出方案，经过商议、确认和指定为保护对象后，对历史风致建筑进行改建或再开发行为的时候就必须采取报批、劝告和指导等措施，以确保历史风致不受破坏且能够得到逐步改善。此外，国家对与之相关的事业也将给予一定的资金补助和技术支持。

《历史风致法》自 2008 年 11 月施行以来，得到众多地方城市的响应，从保护成绩卓然的古都京都、奈良，到偏僻的山村渔港，城镇和乡村的地方政府都对自己辖区的历史文化资源进行发掘和整理，编制了涉及内容广泛的历史风致保护规划，并积极向国家主管部门提出申请。

3. 日本遗产

2013 年，日本文化厅参照世界遗产登录保护制度的模式，开始将代表地方历史文化魅力和特色，能够讲述日本传统历史文化故事的项目认定为"日本遗产"（Japan Heritage）。"日本遗产"保护不仅注重传统历史文化故事的传播，而且强调对具有魅力的、无论是有形还是无形的文化遗产所构成的多样化的文化财群体进行综合性的活化利用，在政策、资金和技术等方面提供支持。

与过去的各类文化财保护项目相比，"日本遗产"更关注保护项目的历史文化关联性、地区的综合性价值，以及在讲述传统文化故事方面的状态。"日本遗产"分为两大类：一类是地区型（Local Category），即在一个城镇或乡村内可以将故事叙述完整的项目；另一类是集合型（Collective Category），即在多个城镇或乡村才可以将故事叙述完整的项目。如果项目是得到国土交通省认定的"历史风致维护和提升规划"项目，可以直接申报"日本遗产"中地区型类别项目。此外，部分被公布为"日本遗产"的项目，也在积极争取申报世界遗产。

4. 社区营造

21 世纪后，日本各地在通过历史文化保护带给地方活力以及构筑更美好的生活环境和魅力城镇建设等方面的社区参与活动也相当活跃。国家为了促进和规范市民参与历史文化保护和社区营造，也在法律制定和政策鼓励上有相应的举措。早在 1998 年 3 月 25 日，日本国会就通过了《特定非营利活动促进法》（又称《NPO 法》），通过赋予从事特定非营利活动组织（Non-Profit Organization，NPO）或团体的特别法人资格，以促进包括各类志愿者活动在内的、市民自由开展的、有利于社会的非营利活动组织的健康发展。现如今，由社区组织、公益机构和NPO法人等主导的"社区营造"活动方兴未艾。这些活动以地方现存的资源环境条件为基础，从身边居住环境的渐进式改善出发，多元主体共同携手，将历史环境保护和特色景观塑造纳入到社区发展战略中，强调公众参与，已成为可持续发展的具体行动。

在日本，过去那些为人们所熟悉的、以技术取向为主的规划方法，已经转向关心本地居民感受，从社区参与角度出发，以保护地方文化特色、维护生活环境风致、提升城乡生活品质为目的的综合性创新实践行动。

从日本的经验中，人们对于历史文化遗产有了一个更为全面、更为透彻的认识，同时也更为深刻地理解了"人"在文化遗产传承过程中的重要性。

本 章 小 结

历史文化遗产具有多重价值，包括文化价值、情感价值和使用价值。

19世纪中期，欧洲就开始关注历史建筑的保护与修复，形成了保护观念不尽相同的3个主要流派。经过百年探索实践，以国际组织与机构为核心的文化遗产保护达成全球化共识。从保护对象上看，过去只有杰出的、在历史上或艺术史上占有重要地位的所谓伟大的建筑作品和艺术品才得到考虑，而现在许多由于时光的流逝而获得文化意义的一般建筑，各历史时期的构造物以及能作为社会、经济发展的见证物的对象也被列入历史文化的保护范围。从保护范围上看，从点的保护扩大到地段、街区乃至城市的所谓整体保护。从保护深度上看，从对物质空间环境方面的保护，演进为对物质与非物质两者融合加以综合保护的阶段。此外，在保护方法及手段上，也由过去单一的文物考古和建筑修复，演进为多学科共同参与的综合行为，采用的各种技术手段也更具有多学科、综合性和多样化的特点。

1950年制定的《文化财保护法》奠定了现今日本历史文化遗产保护的基石。此后伴随着社会经济的发展，有关历史保护的法制建设和政策措施呈现出与时俱进、不断拓展完善的态势。

思考与讨论题

1. 请结合你的家乡或者长期生活的城市，谈谈有哪些可以记得的乡愁？这个城市在保护和传承历史文化过程中又面临哪些挑战与问题？

2. 请介绍一个你熟悉的历史性城市或历史街区，并谈谈它所具有的价值。

3. 在一百多年来的城市历史文化的保护过程中，请问哪部保护宪章是直接涉及历史城镇和街区保护的？请阐述它的现实意义。

第2章

中国的历史文化保护发展历程与制度建设

思维导图

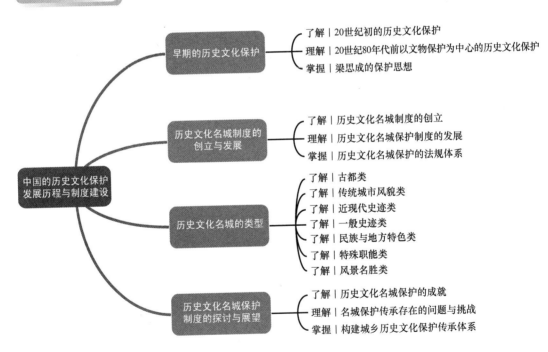

中国的历史文化保护发展历程与制度建设

- 早期的历史文化保护
  - 了解 | 20世纪初的历史文化保护
  - 理解 | 20世纪80年代前以文物保护为中心的历史文化保护
  - 掌握 | 梁思成的保护思想

- 历史文化名城制度的创立与发展
  - 了解 | 历史文化名城制度的创立
  - 理解 | 历史文化名城保护制度的发展
  - 掌握 | 历史文化名城保护的法规体系

- 历史文化名城的类型
  - 了解 | 古都类
  - 了解 | 传统城市风貌类
  - 了解 | 近现代史迹类
  - 了解 | 一般史迹类
  - 了解 | 民族与地方特色类
  - 了解 | 特殊职能类
  - 了解 | 风景名胜类

- 历史文化名城保护制度的探讨与展望
  - 了解 | 历史文化名城保护的成就
  - 理解 | 名城保护传承存在的问题与挑战
  - 掌握 | 构建城乡历史文化保护传承体系

导言

　　中国是一个历史悠久、文化深厚的文明古国，历史文化遗产十分丰富。小至金石陶瓷、书画微雕，大至亭台楼阁、宫殿庙宇，以及整个历史性的城镇村庄等，无不记载着中国灿烂悠久的历史。

纵观历史，中国一直存在着对建筑遗产"革故鼎新"和城市文脉长期延续不衰两种现象。一方面，在历史上多次的朝代更迭中，前朝建设的城市与建筑常被视为过去统治的象征而被当朝者不容，称之为"革故鼎新"，如项羽烧毁秦咸阳城"大火三月不灭"。在中国漫长的都城建设史中，仅有唐代和清代沿用了前朝的宫殿。另一方面，在古代世界四大文明古国中，只有中国的文明绵延流传下来。中国在从奴隶制向封建制转型的过程中，未曾出现过城市衰落及文化中断的历史现象，这是城市历史文化传统能保持绵延不断的重要原因。中国古代城市历史文化延续不衰，体现在城市规划制度及城市格局的稳定延续上。虽历经改朝换代，大破大立，但新建城市的格局及其所反映的社会组织结构却未遭破坏。自周王朝时期形成的"营国制度"，其城市建设体制、礼制及规划制度一直深刻地影响着中国古代的城市建设。除此之外，在"重农抑商、重经史轻技艺"的背景下，自下而上自发形成的城市，由于经济发展十分缓慢，呈现出超稳定结构，至今依然保存较好，如平遥古城、丽江古城等。

一直到清代，中国关于历史文化遗产的保护都还只涉及古董、金石、典籍等"可移动文物"的保护。至清末民初，为防止古物遭战争破坏、被掠夺或流失海外，中国才初步建立了保护法规制度。

2.1　早期的历史文化保护

清末，由于西方列强军事和文化的入侵，中国的古代文物惨遭破坏与劫掠。为保护这些古物不致流失海外，1906 年，清政府拟定了《保存古物推广办法》，这可能是中国正式颁布的第一部有关文物保护的法规，可惜未能得到有效实施。20 世纪初，在"西学东渐"的影响下，西方现代保护理念逐步在国内得到发展。

2.1.1　20 世纪初的历史文化保护

19 世纪末 20 世纪初，一些外国学者来到中国，抱着猎奇与掠夺的目的，开始对中国的古建筑进行调查研究，致使大量珍贵文物流失海外。在此背景之下，20 世纪 20 年代，中国开启了对于古建筑保护的调查与研究。

按照目前学术界比较普遍的看法，中国对于城市历史文化的保护始于 20 世纪 20 年代的现代考古科学研究。1922 年，北京大学成立了考古学研究所，后又设立了考古学会。这应该是中国历史上最早的文物保护学术研究机构。1926 年，考古学会进行了首次考古发掘，在山西夏县西阴村发现了与仰韶文化同期的历史文化遗存。

1928 年，国民政府颁布了《名胜古迹古物保存条例》，规定名胜古迹分湖山、建筑、遗迹三大类，古物则包括 10 个小类，同时还规定了相关名胜古迹的保护对策。至此，中国现代文物保护的概念基本形成。

1929 年，中国营造学社成立。作为一个民间学术研究机构，营造学社的主要工作包括：运用现代科学方法对古代建筑实例进行调查、研究和测绘；搜集、整理和研究文献资料，编辑出版《中国营造学社汇刊》《清式营造则例》等专业期刊；进行广泛宣传，唤起社会各界对古建筑保护的重视。

1930 年 6 月，国民政府颁布了《古物保存法》，并成立中央古物保管委员会，这是由当时的中央政府设立的第一个国家级文物保护管理机构，由蔡元培任主任委员。《古物保存法》则是我国历史上由中央政府公布的第一个文物保护法规。次年又公布了《古物保存法施行细则》，共 19 条，对文物的含义、保存要求、文物的发掘以及保护古建筑等都做了规定。《古物保存法》与《古物保存法施行细则》一起形成了我国第一套文物保护的法规体系。但是由于政局动荡，该法规基本没有得到执行，各地的文物基本处于无人管理的状态。

1935 年，国民政府又颁布了《暂定古物的范围及种类大纲》，规定"古物"包括古生物、史前遗物、建筑物、绘画、雕塑等 12 类，还将"建筑物"细分为城郭、关塞、宫殿、衙署、书院、宅第、园林、寺塔、祠庙、陵墓、桥梁、堤闸及一切遗址。同年，当时的北平市政府编辑出版了《旧都文物略》，内容包括"城垣略""宫殿略""坛庙略""园囿略""坊巷略""陵墓略""名迹略""河渠关隘略""金石略""技艺略""杂事略"等。从"古物"到"文物"，而且"文物"的内容包含了不可移动文物、可移动文物，甚至还包含了"技艺""杂事"等非物质文化遗产要素，显示了当时的保护理念已经发展到一定高度。只可惜 1937 年后时局激变，随着战争的爆发，大量的文物遭到破坏，珍贵文物流失现象非常严重。

1948 年，清华大学梁思成主持编写了《全国重要文物建筑简目》，共 450 条，它是1961 年国家公布第一批全国重点文物保护单位的基础。

2.1.2 1982 年以前以文物保护为中心的历史文化保护

20 世纪 50—60 年代，我国初步形成了以文物保护为中心的历史文化保护体系。从1950 年至"文化大革命"前，针对战争造成的大量文物被破坏以及文物流失的现象，政府先后颁布了《禁止珍贵文物图书出口暂行办法》《关于保护文物建筑的指示》《古文化遗址及古墓葬之调查发掘暂行办法》等一系列的法令、法规，并设立了中央和地方相关管理机构和考古研究所，初步形成了中国历史文化遗产保护体系。

1953 年，中国开始进行第一个五年计划，大规模基本建设过程中的文物保护问题受到关注。在实践中确立了我国基本建设与文物保护相协调的"两重两利"的方针：重点保护、重点发掘；既对文物保护有利，又对基本建设有利。

1956 年，国务院颁布了《关于在农业生产建设中保护文物的通知》，首次提出"保护单位"的概念，这可以说是我国文物保护单位保护制度的开始。该通知要求在全国范围内进行"历史和革命文物遗迹"普查，这是中华人民共和国成立以后的第一次全国文物普查。

1961 年 11 月，国务院颁布了《文物保护管理暂行条例》，这是中华人民共和国成立以后的第一部全面、综合的文物保护法规，奠定了我国文物保护法律体系的基础。该条例在1956 年的基础上进一步明确了文物保护单位保护制度，并确定了以历史、科学、艺术价值作为认定文物保护单位的标准。随后，在具体实践操作过程中，形成了文物保护的"四有"制度：有保护范围、有标志说明、有专人管理、有科学记录档案。同时，国务院下发了《关于进一步加强文物保护和管理工作的通知》《关于公布第一批全国重点文物保护单位的通知》，在梁思成主持编写的《全国重要建筑文物简目》的基础上，公布了首批全国重点文物保护单位180处，实施了以命名"文物保护单位"来保护历史文物的制度。

然而，1966年开始的"文化大革命"使刚刚建立起来的文物保护制度遭受了极大的破坏，以"破四旧"为代表的一系列运动使大量文物遭受了前所未有的人为毁坏，随之形成的一种忽视文化、忽视传统的"破旧立新"的社会倾向在以后的岁月中产生了长期的不良影响。

直至20世纪70年代中期，国务院颁布了一系列通知和条例，恢复、调整了原有的文物法规与保护制度，文物保护工作才开始逐步恢复。1976年颁布的《中华人民共和国刑法》明确了对违反文物保护法者追究刑事责任，在基本法中确立了有关文物保护法规的地位。

20世纪80年代初，随着对外部世界认识的不断拓展，以《威尼斯宪章》为代表的国际文物保护的理念与原则开始被引入中国文物保护领域。通过一系列国际交流活动，人们对西方文物保护理论和实践有了一定的了解，促进了对中国自身文物保护原则和实践的反思，也推动了对文物建筑历史价值的关注。

1980年5月，国务院批转了《国家文物事业管理局、国家基本建设委员会关于加强古建筑和文物古迹保护管理工作的请示》，指出当前文物保护中存在的最主要问题就是"对古建筑改旧创新"，以及在文物保护单位和文物古迹周围修建风貌上很不协调的新建筑。文件建议文物保护部门对本地区文物破坏情况和目前古建筑使用情况做一次全面的调查了解，"在调查的基础上调整、补充、重新公布各级文物保护单位名单"，"各级人民政府在制定生产建设规划和城市建设规划的时候，要通盘安排，因地制宜，合理布局"，"重要古建筑必须坚持原地保存的原则"。

1982年，国务院颁布了《中华人民共和国文物保护法》，这是20世纪80年代中国文物保护最重要的事件之一，奠定了国家文物保护法律制度的基础，标志着我国文物保护制度的创立。该法律要求保护各类文物；要根据它们的历史、艺术、科学价值，分别确定为不同级别的文物保护单位，并提出了文物"保护范围"和"建设控制地带"的概念。该法律规定：各级文物保护单位要"划定必要的保护范围，做出标志说明，建立保护档案"，并"设置专门机构或专人负责管理"。同时要求"核定为文物保护单位的革命遗址、纪念建筑物、古墓葬、古建筑、石窟寺、石刻等在进行修缮、保养、迁移的时候，必须遵守不改变文物原状的原则"，并且"根据文物保护的实际需要，可以在文物保护单位的周围划出一定的建设控制地带"。实践证明，这部法律对于提高全民族的文物保护意识，加强文物保护工作，都起到了重要的作用。

2.1.3　梁思成的保护思想

在众多历史人物中，建筑理论家、建筑师、建筑教育家梁思成（图2.1），不仅是用现代科学方法研究中国古代建筑的第一人，也是"中国历史文物保护的开拓者"。

1948年11月，梁思成主持编写的《全国重要建筑文物简目》，后来成为国家公布第一批全国重点文物保护单位的基础。1949年5月，梁思成开始主持北京的城市规划。1983年，在中国建筑史研究领域具有"奠基"意义的研究成果——《营造法式注释》（卷上）正式出版。1984年，美国的麻省理工

【梁思成】

图2.1 梁思成

学院出版社出版了梁思成的英文著作《图像中国建筑史》。1987年，梁思成贡献了毕生心血的《中国古代建筑理论及文物保护的研究》获得了国家自然科学一等奖。

1. 研究中国建筑的原因

梁思成在发表于《中国营造学社汇刊》的"为什么研究中国建筑"一文中指出"中国建筑既是延续了两千余年的一种工程技术，本身已造成一个艺术系统，许多建筑物就是我们文化的表现，艺术的大宗遗产。除非我们不知尊重这古国灿烂文化，如果有复兴国家民族的决心，对我国历代文物，加以认真整理及保护时，我们便不能忽略中国建筑的研究""以客观的学术调查与研究唤醒社会，助长保存趋势，即使破坏不能完全制止，亦可逐渐减杀。这是珍护我国可贵文物的一种神圣义务"。

对中国建筑的研究是为了认识中国建筑的价值，同时也是防止破坏的一种措施。面对当时"中国生活在剧烈的变化中趋向西化，社会对于中国固有的建筑及其附艺多加以普遍的摧残"的情形，针对破坏和忽视文化遗产的原因，梁思成做了深刻的剖析："一、在经济力量之凋敝，许多寺观衙署，已归官有者，地方任其自然倾圮，无力保护；二、在艺术标准之一时失掉指南，公私宅第园馆街楼，自西艺浸入后忽被忽视，拆毁剧烈；三、缺乏视建筑为文物遗产之认识，官民均少爱护旧建的热心。"

2. 文物建筑的保护和修缮

关于文物建筑的保护和修缮，梁思成当年在相关文章论述中所反映的历史保护学术思想也相当完整和全面，主要思想如下。

（1）在文物建筑的修缮与重修中，一般应以"整修如旧"为原则。

对于文物建筑的修缮与重修，重要的是保持其原有的"品格"和"个性"，应给人以"老当益壮"而不是"返老还童"的感觉。梁思成认为"把一座文物建筑修得焕然一新，犹如把一些周鼎汉镜用擦铜油擦得油光晶亮一样，将严重损害到它的历史、艺术价值"。

（2）文物建筑的修缮"不应涂脂抹粉，做表面文章"。

文物建筑的修缮主要是使其坚实，继续承受风雨岁月的考验，而不是"涂脂抹粉，做表面文章"。梁思成认为有些文物建筑犹如一位老人，已经"风烛残年"、危在旦夕，修缮文物建筑首要的原则是针对其病情，采取有效措施，解决它的安全问题。"各地文物保管部门的主要工作之一就是及时发现这类急需抢救的建筑和它们的'病疾'，及时地修缮，防止其继续破坏下去，去把它稳定下来"。

（3）谨慎对待文物建筑重修。

在选择保护措施时，应当经过必要的实验以证明这些措施不会对文物建筑的历史价值、艺术价值造成损害，才能开始着手实施。

（4）保护文物建筑的周围环境。

一切建筑都不是脱离了环境而孤立存在的东西，它们对人们的生活、周边环境、城乡的面貌等都会产生一定的影响。我们保护文物建筑，不应仅仅保护个别的一殿、一堂、一塔等单体建筑，还必须保护它周围整体的环境。梁思成说："我们不仅不能坐视也不能忍受一座或一组壮丽的建筑物遭受到各种直接或间接破坏，使他们委屈在不协调的周围环境里，受到不应有的宰割。"

（5）现代维修措施与保护文物建筑。

应本着"有若无、实若虚、大智若愚"的态度去处理好现代维修措施与保护文物建筑本身所具有的关系，避免凸显今天的保护工作成果。梁思成说："我们所做的一切维修部分，在文物跟前应当表现得十分谦虚，只做'小配角'，要努力做到'无形'中把'主角'更好地衬托出来，绝不应该喧宾夺主影响'主角'的地位。"

3. 历史名城的保护

关于历史名城的保护，尤其是北京古城（图2.2）的保护，梁思成认为："北平的整个形制既是世界上可贵的孤例，同时又是艺术的杰作，城内外许多建筑物又个个都是在历史上、建筑史上、艺术史上的至宝，是富有历史意义的艺术品。它们综合起来是一个庞大的'历史艺术陈列馆'。我们除非否认艺术，否认历史，或否认北平文物在艺术上历史上的价值，则它们必须得到我们的爱护与保存是无可疑问的。"尤为重要的是，梁思成认为："北平市之整个建筑部署，无论由都市计划、历史，或艺术的观点上看，都是世界上罕见的瑰宝。至于北平全城的体形秩序的概念与创造——所谓形制气魄——实在都是艺术的大手笔，也灿烂而具体地放在我们面前。"

图 2.2 北京古城（局部）

但更要注意的是："虽然北平是现存世界上中古大都市之'孤本'，它却不仅是历史或艺术的'遗迹'，它同时也还是今日仍然活着的一个大都市，它尚有一个活着的都市问题需要继续不断地解决。"显然，梁思成并没有将北京这个大都市仅当成"化石"放入博物馆冻结保存这样的设想，而是在保护的基础上，要适应市民日常生活环境，要给予市民正常的居住、交通、工作、娱乐及休闲上的便利。

除了北京城之外，中国很多古代城市都是按规划建设的，有些城市虽然看不出明显的规划意图，但自发形成的布局和路网系统也能反映出时代的特征和地方特色，包含着城市的历史信息。它们有着值得保存的建筑个体和城市整体的配合关系，有着值得保护的规划格局或空间部署的秩序，有着值得保护的文物环境。保护单个文物建筑是不够的。

梁思成的这些观点，成为 20 世纪 60 年代以后我国文物保护工作共同遵守的指导性原则。

2.2　历史文化名城制度的创立与发展

在 20 世纪 80 年代以前，我国对历史文化保护的认识基本局限在文物或遗址的范围内，对历史性城市的整体价值认识不足。对于历史性城市的建设与改造没有一套完整的规划设想和行之有效的法令、条例，甚至在一段时间内处于无计划、无控制的状态，结果造成了城市空间特色和历史环境的破坏与消逝，致使我国的历史文化遗产保护进入一个更为严峻的时期。于是，在 20 世纪中后期经历了从单一体系到多层次体系的转变，从对文物古迹的单一保护，发展成为对历史文化名城的保护，后来在此基础上增加了历史街区、历史文化名城名镇名村和传统村落保护的内容，形成了多层次的历史文化保护体系。2019年之后进入国土空间全域全要素的全面保护阶段。

2.2.1　历史文化名城制度的创立

历史文化名城保护的概念最早可追溯到 1948 年梁思成对保护北京城的论述，提出将"北京城全部"作为一个项目列入《全国重要文物建筑简目》。在中华人民共和国成立之初，他和陈占祥共同提出保护古都北京，另外开辟新的行政中心的规划，可惜未被接受与采纳，使得北京古城在还较少受到工业化冲击的情形下未能获得及时有效的保护。而且，当时北京城墙的拆除、"破旧立新"的改造思路被全国各地纷纷效仿，结果造成了许多古城整体特色和历史文化环境的破坏。

1. 制度创立时期的城市状况

改革开放之后，随着经济迅猛发展和城市化运动的开展，城市迎来规模空前的开发建设热潮。日久积累的基础设施老化、居住条件困窘、卫生设施缺乏等一系列问题显得更加突出，人们来不及思考城市历史文化保护的问题，物质环境的改善、经济价值的获取成为发展的第一需要。一方面，城市建设者对城市历史文化遗产的价值普遍缺乏认知；另一方面，城市规划管理机制自身尚处于恢复重建阶段，规划对建设的指导作用十分有限，更不要说发挥保护城市历史文化遗产的作用。因此，全国各地在城市建设中陆续出现了一些问题：有些重要的古建筑被机关、工厂、企业等占用；有些古建筑和文物古迹附近随便兴建与环境不协调的新建筑；有些地区或单位不遵守《文物保护管理暂行条例》中所规定的保持现状或恢复原状的原则，对古建筑进行"改旧创新"。

在旧城改造的过程中，保护与发展的矛盾日益突出，引起了全国政协、国家建委、文物局等部门的高度关注。1978—1982 年，全国政协每年都派出多名政协委员赴各地对文物保护工作进行考察与调研，并在连续几届的全国政协会议上，就如何保护城市中的文物，如何解决保护与发展的矛盾展开讨论。1980 年 5 月，国务院批转了《国家文物事业管理局、国家基本建设委员会关于加强古建筑和文物古迹保护管理工作的请示报告的通知》，建议各省、自治区、直辖市人民政府加强对文物工作和城市建设工作的领导，在调查研究、摸清情况的基础上，调整、补充、重新公布各级文物保护单位名单，并且按照政策法令法规的要求，落实保护管理的具体措施，在制定生产建设规划和城市建设规划的时候，要通盘安排、因地制宜、合理布局。

与此同时，随着改革开放的深入和国际交流的频繁，国外城市历史环境保护的观念逐渐被国内专家学者接受，进而提出了保护"历史文化名城"的设想。1981年，在北京大学侯仁之、国家建委郑孝燮、故宫博物院单士元的提议下，全国政协起草了一份专题报告，要求尽快公布一批文物古迹丰富的历史性城市。

2. 历史文化名城的提出

1981年12月，国家建委、国家文物局、国家城建总局向国务院提交了《关于保护我国历史文化名城的请示》。1982年2月，国务院批转了这一请示，指出："保护一批历史文化名城，对于继承悠久的文化遗产，发扬光荣的革命传统，进行爱国主义教育，建设社会主义精神文明，扩大我国的国际影响，都有着积极的意义"，"历史文化名城是我国古代政治、经济、文化的中心，或者是近代革命运动和发生重大历史事件的重要城市。在这些历史文化名城的地面和地下，保存了大量的历史文物和革命文物，体现了中华民族的悠久历史，光荣的革命传统与光辉灿烂的文化。"这是第一次在国家文件中提出"历史文化名城"这一概念，而且公布了北京、广州、西安等24个城市为首批国家历史文化名城。虽然提法还相当笼统，但选定的第一批24个历史文化名城具有相当的代表性、杰出性及公认性。

1982年11月，全国人大常委会通过了《中华人民共和国文物保护法》，明确了历史文化名城的法定地位，其中规定："保存文物特别丰富、具有重大历史价值和革命意义的城市由国家文化行政管理部门会同城乡建设环境保护部门报国务院核定公布为历史文化名城。"这一定义强调了历史文化名城的两个特点：有重大历史价值和革命意义；保存有大量文物。

"历史文化名城"这一概念是作为我国对历史文化遗产的一种宣传教育方式和政府的保护策略而提出的，具有明显的本国特色和实践意义。确定历史文化名城的目的主要有两个：一是宣传教育，历史文化名城作为一种荣誉，唤起城市居民对自身生活环境中的历史文化遗产的认知、尊重与保护意识；二是作为一项保护策略，在城市的总体规划中增加名城保护的专项规划，使得历史文化遗产的保护纳入地方政府的计划。从法律角度来看，"历史文化名城"是由国家（或地方政府）确认的，具有法定意义的历史性城市中的杰出代表；从保护角度来看，是我国城市中首先需要建立完整的历史文化遗产保护体系，把"保护"这一主题纳入城市建设每一过程；从政策角度来看，是必须在城市总体规划中制定保护专项规划，并使历史文化遗产保护渗透到地方政府制定的各项经济、法律、行政政策之中。

3. 历史文化名城与保护规划

1983年2月，当时的城乡建设环境保护部、城市规划局和文化部文物局为推动历史文化名城规划与保护工作的开展，印发了《关于加强历史文化名城规划工作的几点意见》，指出"历史文化名城这一基本概念，反映了城市的特定性质，作为一种总的指导思想和原则，应当在城市规划中体现出来，并对整个城市形态、布局、土地利用、环境规划设计等方面产生重要的影响"；"把历史文化名城保护好、规划好、建设好，是城市规划工作的一项重要任务"。要求通过城市规划管理保护城市的文物古迹和传统风貌，并明确了历史文化名城规划的原则、内容和方法。提出由各省、自治区、直辖市的城建部门和文物、文化部门负责编制历史文化名城保护规划（以下简称名城保护规划），要求于一年内完成。文化遗产保护成了规划工作者的一项必要的工作内容。历史文化名城保护开始与城市规划密切结合。大批规划师开始学习文化遗产保护知识，参与有关保护规划设计，成为文化遗产保护新的生力军。1984 年，中国城市规划学会历史文化名城保护规划学术委员会成立。文化遗产保护对城市规划提出的专业要求，也丰富了城市规划的学科领域，促进了学科的发展。

4. 多批次的历史文化名城

1986 年 12 月，国务院又公布了上海、沈阳等 38 座城市为第二批国家历史文化名城。在《国务院批转城乡建设环境保护部、文化部关于请公布第二批国家历史文化名城名单报告的通知》（国发〔1986〕104 号）中，对名城设置的等级、历史文化名城的定义和审定原则、名城保护规划的主要内容和审批程序等提出了明确的意见。第二批国家历史文化名城改为自下而上的评选审定，从审定标准可以较为准确地理解历史文化名城的概念，它不同于文物古迹，除了要有丰富的文物古迹外，还要有保存较好的古城格局和风貌特色，并且有代表城市传统风貌的历史街区。

1994 年 1 月，国务院公布了哈尔滨等 37 座城市为第三批国家历史文化名城。此后，国务院又在 2001 年后进行了多次增补，截至 2022 年 3 月，我国的国家历史文化名城已达 140 座，如表 2-1 所示。

表 2-1　国家历史文化名城分布情况表（截至 2022 年 3 月）

序号	省（自治区、直辖市）	历史文化名城	小计
1	北京	北京	1
2	天津	天津	1
3	河北	正定、山海关、邯郸、保定、蔚县、承德	6
4	山西	太原、大同、祁县、平遥、新绛、代县	6
5	内蒙古	呼和浩特	1
6	辽宁	沈阳、辽阳	2
7	吉林	长春、吉林、集安	3
8	黑龙江	哈尔滨、齐齐哈尔	2
9	上海	上海	1
10	江苏	南京、无锡、宜兴、徐州、常州、苏州、常熟、南通、淮安、扬州、高邮、镇江、泰州	13
11	浙江	杭州、宁波、温州、嘉兴、湖州、绍兴、金华、衢州、临海、龙泉	10
12	安徽	寿县、安庆、桐城、歙县、亳州、绩溪、黟县	7
13	福建	福州、泉州、漳州、长汀	4

序号	省（自治区、直辖市）	历史文化名城	小计
14	江西	南昌、景德镇、赣州、瑞金、抚州、九江	6
15	山东	济南、青岛、临淄、烟台、蓬莱、青州、曲阜、邹城、泰安、聊城	10
16	河南	郑州、开封、洛阳、安阳、浚县、濮阳、南阳、商丘	8
17	湖北	武汉、襄阳、钟祥、荆州、随州	5
18	湖南	长沙、岳阳、永州、凤凰	4
19	广东	广州、佛山、雷州（公布名称为海康）、肇庆、惠州、梅州、中山、潮州	8
20	广西	柳州、桂林、北海	3
21	海南	海口	1
22	重庆	重庆	1
23	四川	成都、都江堰、自贡、泸州、乐山、阆中、宜宾、会理	8
24	贵州	遵义、镇远	2
25	云南	昆明、会泽、通海、丽江、建水、大理、巍山	7
26	西藏	拉萨、日喀则、江孜	3
27	陕西	西安、咸阳、韩城、延安、汉中、榆林	6
28	甘肃	天水、武威、张掖、敦煌	4
29	青海	同仁	1
30	宁夏	银川	1
31	新疆	吐鲁番、库车、喀什、伊宁、特克斯	5

2.2.2 历史文化名城保护制度的发展

早在 1982 年国务院公布第一批国家历史文化名城时，就要求"特别对集中反映历史文化的老城区，要采取有效措施，严加保护，要在这些历史遗迹周围划出一定的保护地带，对这个范围内的新建、扩建、改建工程应采取必要的限制措施"。这一时期，虽然还没有形成历史文化保护区的概念，但已经注意到文物建筑以外地区的保护问题。

1. 增加城市历史街区的保护

随着改革开放的不断深入，历史文化名城的保护需要在城市整体和单体文物建筑之间寻找新的保护立足点。1985 年 3 月，由王景慧执笔的《西南三省名城调研情况报告》中就指出："许多历史上很重要、名声较大的城市，其城市特点、传统风貌已经破坏严重，当前把尚可收拾的抢救下来是完全必要的。但对许多城市来说，从整个城市着眼，保护特定风貌已经很困难，所以建议除了历史文化名城，再定一个历史性传统街区的名目，实事求是地缩小范围，可能会更有助于抢救保护，保护工作与现代化建设的矛盾也会使得整个名城保护较易处理，使那些整体上已不够名城条件，局部却有很好的历史文化遗存的地方也能得到恰当的保护。"

1986 年《国务院批转城乡建设环境保护部、文化部关于请公布第二批国家历史文化名城名单报告的通知》中提出"要保护文物古迹及具有历史传统特色的街区"，并建议"对一些文物古迹比较集中，或能较完整地体现某一历史时期的传统风貌和民族地方特色的街区、建筑群、小镇、村寨等，也应予以保护。各省、自治区、直辖市或市、县人民政府可根据它们的历史、科学、艺术价值，核定公布为当地各级历史文化保护区加以保护"。基于此，历史文化名城中成片历史文化街区，因规模适中，具有保护的实际可操作性，从而成为新的保护立足点。

出台关于历史文化保护区的政策的主要原因在于：第一，历史文化名城的概念是"保存文物特别丰富，具有重大历史价值和革命意义的城市"，这个概念重视个体传统遗产保护，轻视城市整体历史环境保护，保护内容不全面。第二，没有明确界定历史文化名城的保护范围，造成保护规划实施、名城管理和资金保障上的诸多不便。第三，保护与发展的矛盾并没有得到解决。由于历史街区的现状条件与现代化生活的要求相去甚远，面对大规模旧城改造的冲击，名城保护的工作更为艰难。

1995 年 3 月，建设部将屯溪老街确定为历史文化保护区规划、管理的综合试点。1996年 6 月，建设部城市规划司、中国城市规划学会、中国建筑学会，在安徽省黄山市屯溪联合召开了历史街区保护（国际）研讨会，明确指出"历史街区的保护已成为保护历史文化遗产的重要一环。它以整体的环境风貌体现着它的历史价值，展示着某一时期的典型的风貌特色，反映着城市发展的脉络"。会议还以屯溪老街为例探讨了我国历史文化保护区的设立、保护区规划编制、规划实施、与规划相配套的管理法规的制定、资金筹措等方面的理论与经验。

1997 年 8 月，建设部印发《转发〈黄山市屯溪老街历史文化保护区保护管理暂行办法〉的通知》，指出"历史文化保护区是我国文化遗产的重要组成部分，是保护单体文物、历史文化保护区、历史文化名城这一完整体系中不可缺少的一个层次，也是我国历史文化名城保护工作的重点之一"，明确了历史文化保护区的特征、保护原则与方法等，成为全国各城市编制历史文化保护区保护规划的重要依据，也为各地制定历史街区管理办法提供了范例。

2. 历史文化街区的法定概念

2002 年 10 月修订后的《中华人民共和国文物保护法》正式提出"历史文化街区"的法定概念，规定"保存文物特别丰富并且具有重大历史价值或者革命纪念意义的城镇、街道、村庄，由省、自治区、直辖市人民政府核定公布为历史文化街区、村镇，并报国务院备案"。

2005 年，国家《历史文化名城保护规划规范》（GB 50357—2005）不仅明确了"历史文化街区"的概念，还规定历史文化街区的用地面积应不小于 1 公顷，文物古迹和历史建筑的用地面积宜达到保护区内建筑总用地的 60％以上。2008 年国务院颁布的《历史文化名城名镇名村保护条例》明确了"历史文化街区"的法律定义，是"保存文物特别丰富、历史建筑集中成片、能够较完整和真实地体现传统格局和历史风貌，并具有一定规模的区域"。

　　历史文化街区的概念是从历史文化保护区演变过来的，而历史文化名城保护早期的制度设计是"保存有较为丰富、完好的文物古迹和具有重大的历史、科学、艺术价值"的城市由国家公布为历史文化名城进行重点保护；"文物古迹比较集中，或能较完整地体现出某一历史时期的传统风貌和民族地方特色的街区、建筑群、小镇、村寨等"，由各省、自治区、直辖市或市、县人民政府公布为历史文化保护区进行保护。因此，历史文化街区保护与历史文化名城保护具有相同的重要性。"在历史文化街区范围内除了文物古迹，应当分布有大量历史建筑和其他未列级的文物资源。历史文化街区的划定与保护，既要考虑历史文化遗存的真实性，街区风貌的完整性，还要考虑居民生活的延续性"。将历史街区保护有机地融合到城市规划之中，有利于摆脱过去在城市环境中孤立对待文物建筑保护的做法。

　　3. 历史文化名镇名村和传统村落的保护

　　历史文化村镇，同样是历史文化遗产保护体系中的重要组成部分。20 世纪中叶以来，历史小城镇、古村落的保护就逐渐受到国际社会的广泛关注。我国也早在 1986 年的国务院相关文件中就规定地方各级人民政府可以公布"历史文化保护区"，明确将具有传统风貌和民族地方特色的镇、村列为保护对象。2000 年，皖南古村落西递、宏村入选《世界遗产名录》，标志着我国传统村落的保护工作受到国际保护组织的认可，也带动了全国范围其他传统村落的保护工作。

　　在此基础上，从 2003 年起，住房和城乡建设部、国家文物局共同组织评选，在全国选择一些保存文物特别丰富并且具有重大历史价值或革命纪念意义，能够较完整地反映一些历史时期的传统风貌和地方民族特色的镇、村，分期分批公布为中国历史文化名镇或中国历史文化名村。2008 年颁布的《历史文化名城名镇名村保护条例》明确规定：国务院建设主管部门会同国务院文物主管部门可以在已批准公布的历史文化名镇、名村中，严格按照国家有关评价标准选择具有重大历史、艺术、科学价值的村镇，经专家论证，确定为中国历史文化名镇或中国历史文化名村。国家层面的名镇、名村名目开始正式出现。

　　2012 年，为抢救性地保护古村落，住房和城乡建设部、文化部、国家文物局、财政部联合印发《关于开展传统村落调查的通知》，提出了传统村落的保护制度。对村落形成较早，拥有较丰富的传统资源，具有一定历史、文化、科学、艺术、社会、经济价值，应予以保护，并提出符合传统建筑风貌完整、选址和格局保持传统特色、非物质文化遗产活态传承三个条件之一，即可认定为传统村落。希望通过利用传统村落保护名单的公布，尽快加强传统村落的保护。2013 年，住房和城乡建设部、国家文物局印发《关于组织申报第六批中国历史文化名镇名村的通知》，指出价值较高的传统村落也将纳入中国历史文化名村的保护范围，对于传统村落的抢救性保护以及更好地传承和延续历史文化遗产具有积极意义。同年，住房和城乡建设部印发《传统村落保护发展规划编制基本要求（试行）》，提出传统村落应整体进行保护，将村落及与其有重要视觉、文化关联的区域整体划为保护区加以保护；村域范围内的其他传统资源亦应划定相应的保护区。可以说，历史文化名镇名村和传统村落的保护是对历史文化名城保护体系的有力补充。

4. 新时代新要求——国土空间全域全要素的保护

党的二十大报告中指出："推进文化自信自强，铸就社会主义文化新辉煌。"这是着眼全面建设社会主义现代化国家、全面推进中华民族伟大复兴提出的重大论断和重要任务，进一步凸显了文化建设在中国特色社会主义事业全局中的重要地位。历史文化资源保护与传承作为推进文化自信自强的重要方面，也是国土空间规划管理的重要组成部分，体现生态文明新时代国家治理体系改革的深层次要求。

2018 年 10 月，中共中央办公厅、国务院办公厅印发《关于加强文物保护利用改革的若干意见》，要求"国土空间规划编制和实施应充分考虑不可移动文物保护管理需要"。

2019 年 5 月，自然资源部印发《关于全面开展国土空间规划工作的通知》，要求构建"体现地方特色的自然保护地体系和历史文化保护体系"，明确"各类历史文化遗存的保护范围和要求"。

2021 年 9 月，中共中央办公厅、国务院办公厅印发《关于在城乡建设中加强历史文化保护传承的意见》，提出"要本着对历史负责、对人民负责的态度，加强制度顶层设计，建立分类科学、保护有力、管理有效的城乡历史文化保护传承体系；完善制度机制政策、统筹保护利用传承，做到空间全覆盖、要素全囊括，既要保护单体建筑，也要保护街巷街区、城镇格局，还要保护好历史地段、自然景观、人文环境和非物质文化遗产"。

国土空间规划顶层制度框架的创新和改革，意味着我国进入了高质量发展新阶段，历史文化空间作为彰显城市特质的核心标识，有助于构筑国家文化安全的底线，对其进行合理保护与科学管控是实现国土空间高质量保护开发的重要保障。对于历史文化名城保护而言，进入到全域全要素的全面保护阶段，在新时期转变保护理念、重构保护体系，实现历史文化空间与三生空间的融合，是国家实现文化复兴历史使命的重要环节。

2.2.3　历史文化名城保护的法律法规体系

我国历史文化名城保护的相关法律法规体系是国家或地方颁布施行的用以界定相关概念、明确相关措施、确定各方权责的法律法规、地方性规章、行业规范等的总和。

这一体系的演变，是伴随着中华人民共和国成立后城市历史文化保护体系的丰富以及保护实践的不断深入而成熟的，目前已基本建立起历史文化名城名镇名村保护法规体系，形成以《中华人民共和国文物保护法》《中华人民共和国城乡规划法》《中华人民共和国非物质文化遗产法》《中华人民共和国文物保护法实施条例》《历史文化名城名镇名村保护条例》（"三法两条例"）为骨干，由相关部门规章、地方性法规共同组成的法律法规体系，初步建立了一系列的配套技术标准和管理制度。

从保护的法律法规层次来看，主要分为全国性保护法律、法规和规范性文件，地方性法规及规范性文件。纵观全国性城市历史文化保护法律法规的制定，在 20 世纪 80 年代主要集中在文物保护、城乡规划方面；进入 21 世纪以后，国家层面逐渐增加了针对历史文化名城名镇名村保护的法律法规文件。

1. 文物保护方面的法律法规

在没有专门的城市历史文化保护法律法规之前，文物保护的法律法规一直是我国城市历史文化保护的重要法规依据。

1961年，国务院颁布了《文物保护管理条例》，并公布了第一批180处全国重点文物保护单位，开始实施了以命名"文物保护单位"来保护文物古迹的制度。

1982年，全国人民代表大会通过并颁布《中华人民共和国文物保护法》，正式建立了我国的历史文化名城保护制度。2002年，修订后的《中华人民共和国文物保护法》在历史文化名城保护制度的基础上建立了历史文化街区、村镇保护制度，我国的文物保护单位、历史文化街区（村、镇）、历史文化名城3个层次的保护体系正式确立。2003年5月，国务院根据《中华人民共和国文物保护法》制定了《中华人民共和国文物保护法实施条例》，并分别于2013年、2016年、2017年进行了修订，保证了相关法律法规的具体实施。

2003年，中国接受《保护非物质文化遗产公约》后，明确了国际公约所确定的非物质文化遗产这一遗产类型，将非物质文化遗产保护工作上升到国家层面。2011年，全国人民代表大会通过了《中华人民共和国非物质文化遗产法》，确定了非物质文化遗产保护的对象、原则、方法及政府责任，为非物质文化遗产的保护和传承提供了有力保障。

2. 城乡规划方面的法律法规

历史文化保护是城乡规划的重要内容，我国历年来制定的城乡规划的法律法规都有关于历史文化保护的要求。

1984年1月，国务院颁布《城市规划条例》，提出城市规划应当切实保护文物古迹，保持与发扬民族风格和地方特色。旧城区的改建，必须采取有效措施，切实保护具有重要历史意义、革命纪念意义、文化艺术和科学价值的文物古迹和风景名胜。历史文化名城的规划，应当继承与发扬其优秀的历史文化特点和传统风貌，并根据确定的保护对象的历史意义、文化艺术和科学价值，划定保护区和一定范围的建设控制地带，制定保护规划和保护措施，作为城市总体规划的重要内容。

2004年2月，建设部颁布《城市紫线管理办法》，首次明确提出了对历史文化街区的保护控制要求，将国家历史文化名城和省、自治区、直辖市人民政府公布的历史文化街区，以及历史文化街区以外经县级以上人民政府公布的历史建筑划定保护界线，称为"城市紫线"，其中规定历史文化街区的保护范围应当包括历史建筑物、构筑物和其风貌环境所组成的核心地段，以及为保护该地段的风貌、特色完整性而必须进行建设控制的地区。对城市紫线范围内的活动、建设项目应该采取的程序等也做出了明确的规定。

2005年10月，建设部颁布《城市规划编制办法》，要求城市历史文化遗产保护被纳入城市总体规划的强制性内容，包括：历史文化保护的具体控制指标和规定；历史文化街区、历史建筑、重要地下文物埋藏区的具体位置和界线。历史文化名城的城市总体规划，应当包括专门的历史文化名城保护规划。历史文化街区应当编制专门的保护性详细规划。

2008年1月，全国人民代表大会颁布《中华人民共和国城乡规划法》，提出历史文化名城名镇名村的保护以及受保护建筑物的维护和使用，应当遵守有关法律、行政法规和国务院的规定，这为随后《历史文化名城名镇名村保护条例》的制定奠定了法律基础。

3. 历史文化名城名镇名村保护的专门政策法规

从历史文化名城名镇名村保护的专门政策法规的制定来看，20世纪80—90年代，主要集中在历史文化名城公布方面；进入21世纪以后，开始了历史文化名镇名村的公布工作，并逐步加强了历史文化名城名镇名村专门保护法规和保护规划规范的制定。

1982—1994 年，国务院公布了三批历史文化名城，并提出了相应的保护要求。2002—2014 年，建设部和国家文物局先后公布了 6 批历史文化名镇名村，极大地推动了乡村文化遗产的保护。随着历史文化名城保护的深入开展，保护规划日益成为保护实施的重要手段。

2005 年 7 月，建设部和国家质检总局联合颁布了国家标准《历史文化名城保护规划规范》（GB 50357—2005）。该规范是为确保我国历史文化遗产得到切实保护，使历史文化遗产的保护规划及其实施管理工作能够科学、合理、有效地开展而制定的。该规范在总结实践经验和科研成果的基础上，主要对历史文化名城保护规划的体系、保护范围，历史文化名城、历史文化街区与文物保护单位的保护内容、保护重点、保护方法等方面进行了深入研究；第一次从标准规范层面规定了历史文化名城和历史文化街区保护规划的编制要求，对确保保护规划的科学合理和可操作性，对各地制定相应的保护规划和管理措施，起到了规范性和指导性作用。

2008 年 7 月，国务院正式颁布《历史文化名城名镇名村保护条例》，对历史文化名城的申报批准、保护规划、保护措施等方面进行了全面系统的规定，成为我国第一部历史文化名城名镇名村保护的专门法规。2017 年 10 月，国务院对《历史文化名城名镇名村保护条例》进行了修订。

《历史文化名城名镇名村保护条例》作为历史文化名城保护管理基本依据的国家行政法规，在以下方面做出了比较详尽的规定。

（1）明确历史文化名城、名镇、名村应当整体保护，保持传统格局、历史风貌和空间尺度，不得改变与其相互依存的自然景观和环境。

（2）强化政府的保护责任。历史文化名城、名镇、名村所在地县级以上地方人民政府应当根据当地经济社会发展水平，按照保护规划，控制人口数量，改善历史文化名城、名镇、名村的基础设施、公共服务设施和居住环境。

（3）在保护范围内从事建设活动，应当符合保护规划，不得损害历史文化遗产的真实性和完整性，不得对其传统格局和历史风貌构成破坏性影响；明确了在保护范围内禁止进行和需要加强管理的各项活动。

（4）禁止在保护范围内进行开山、采石、开矿等活动；进行其他影响传统格局、历史风貌和历史建筑的活动，应当制定保护方案，经城市、县人民政府城乡规划主管部门会同文物主管部门批准，并依法办理相关手续。

（5）明确对核心保护范围的保护要求。对核心保护范围内的建筑物、构筑物，区分不同情况，采取相应措施，实行分类保护，并要求核心保护范围内的历史建筑，应当保持原有的高度、体量、外观形象及色彩等。同时，对核心保护范围内的建设活动明确了审批程序，要求审批机关组织专家论证，并将审批事项予以公示，征求公众意见。

（6）应当对历史建筑设置保护标志，建立历史建筑档案；任何单位或个人不得损坏或者擅自迁移、拆除历史建筑等。

2018 年 11 月，以《历史文化名城名镇名村保护条例》为主要依据，在《历史文化名城保护规划规范》的基础上修改完善后，住房和城乡建设部颁布了国家标准《历史文化名城保护规划标准》（GB/T 50357—2018），对历史文化名城保护的相关概念内涵、范围界定标准、保护控制要求、保护规划编制等都做出了规定。新标准增补、细化了部分内容，更新规范了部分表述。

2021 年 8 月，中共中央办公厅、国务院办公厅印发了《关于在城乡建设中加强历史文化保护传承的意见》，标志着我国历史文化名城保护制度进入新的阶段。与此同时，住房和城乡建设部还出台了一系列的部门规章、技术规范与重要文件，从而使历史文化遗产保护的权威性和科学性得到了进一步发展。

4. 地方性法规与规章

地方性法规与规章也是历史文化名城保护法规体系的重要组成部分。大多数的历史文化名城都颁布了本地的历史文化名城保护条例及地方政府规章，以指导名城保护工作的开展。

在名城保护层面，丽江市早在 1994 年就颁布了《云南省丽江历史文化名城保护管理条例》；昆明市在 1995 年颁布了《昆明市历史文化名城保护条例》；福州市在 1997 年颁布了《福州市历史文化名城保护条例》；广州市在 1999 年颁布了《广州市历史文化名城保护条例》，并在 2016 年进行了修订；北京市在 2005 年颁布了《北京市历史文化名城保护条例》，并在 2021 年进行了修订。此外，山东、浙江、江苏、河南、云南等省也颁布了本省的历史文化名城保护条例。如浙江省在 1999 年颁布了《浙江省历史文化名城保护条例》，2012 年又颁布了《浙江省历史文化名城名镇名村保护条例》。

在历史街区和历史建筑保护层面，上海市在 2003 年颁布了《上海市历史文化风貌区和优秀历史建筑保护条例》。武汉市也在 2003 年颁布了《武汉市旧城风貌区和优秀历史建筑保护管理办法》，2014 年又颁布了《武汉市历史文化风貌街区保护规划和修建性详细规划编制技术规定（试行）》。无锡市在 2008 年颁布了《无锡市关于加强历史文化街区（名镇）保护和利用的实施意见》。2008 年，杭州市房产管理局在出台《杭州市历史文化街区和历史建筑保护方法》和《杭州市历史建筑保护利用规定》的基础上，起草了《关于历史文化街区历史建筑保护工作中若干问题的通知》，编制了《杭州市历史建筑保护修缮技术规程》；2010 年 12 月，杭州市政府又出台《杭州市工业遗产建筑规划管理规定（试行）》。广州市在 2014 年颁布了《广州市历史建筑和历史风貌区保护办法》和《传统风貌建筑普查、认定、管理工作的指导意见》。北京市有关部门针对北京旧城环境整治的工作需要，制定了相关配套政策和技术要求，主要包括《关于落实 2008 年旧城内历史风貌街区整治工作的指导意见》《北京旧城房屋修缮与保护技术导则》等文件。

2.3 历史文化名城的类型

历史文化名城的保护，需要有适合各个名城独有特色的规划与实施方案，旨在使每一座名城都能保持和形成自身独特的个性与魅力。将城市的共同特性和问题归类总结，可以针对同类情况采取相同措施，针对不同类型区别对待，这就是对历史文化名城进行分类的目的。需要明确的是，分类并不是终极目的，而是基础、过程和手段。不同的研究目标可以制定不同的分类标准，归纳出不同的类型，从而采用不同的保护与更新的方法，维护和发展城市的历史文化特色与风貌。

从我国目前名城所形成的特色和性质来分类，可划分为七种类型：古都类、传统城市风貌类、近现代史迹类、一般史迹类、民族与地方特色类、特殊职能类和风景名胜类。

2.3.1　古都类

我国的封建王朝统治长达两千多年，历经多次改朝换代，留存下来的曾经作为王朝都城的名城有多座，如北京、西安、开封、洛阳、南京、安阳、咸阳、邯郸等，这些城市以古都风貌为特点，具有较多的作为古都时代的历史文化遗存物。例如北京，作为明清两代的都城，帝王统治与居住的宫殿、坛庙、陵墓、苑囿等集中于此，规模宏大、富丽辉煌。

此外，中国封建王朝的改朝换代受万象更新、革故鼎新思想的影响，往往对原有建筑进行损毁，因而在一些古都的地面上较少留下当时的建筑，很多成为遗址或存埋于地下。例如洛阳、西安、开封、咸阳等，作为古都时的地上文物建筑遗存不多，主要以地下遗存为主。

【开封】

开封，作为北宋时期的都城，是当时中国政治、经济、军事、科技与文化的中心，也是当时中国最繁华的大都市之一，一幅《清明上河图》详细描绘了当时开封繁荣的街市景象（图2.3）。然而，由于战争和黄河泛滥，开封北宋时期的地面遗存（图2.4）现今只有铁塔与繁塔，而皇城、城墙、城门以及州桥、虹桥等都存埋于地下。

图2.3　《清明上河图》中开封繁荣的街市景象（局部）

咸阳，位于陕西省关中平原腹地，九㟙山之南、渭水之北，因山水俱阳而得名"咸阳"，曾是历史上周、秦、汉、唐等多个朝代的都城或京畿重地。公元前350年，秦孝公推行商鞅变法，在此建都城，此后一直到秦始皇统一全国，咸阳作为战国时期与秦王朝的都城长达百余年。从西汉至隋唐，咸阳因毗邻古长安，一直是兵家必争之地。明清时期，咸阳是西北地区重要的商品集散地之一。长期的历史积淀为咸阳留下了丰富的历史文化遗存和人文资源，主要有以汉唐帝陵为代表的古墓葬，以秦咸阳宫遗址为代表的大遗址，以及众多的古建筑等，如图2.5所示。1994年，咸阳被公布为国家历史文化名城，"秦都、帝陵、明清城"构成了咸阳历史文化名城的三大要素。

(a) 铁塔

(b) 繁塔

图 2.4 开封北宋时期的地面遗存

(a) 茂陵

(b) 昭陵

(c) 乾陵

(d) 文庙牌坊

(e) 文庙大成殿

(f) 大佛寺石窟

图 2.5 咸阳的历史文化遗存

2.3.2 传统城市风貌类

这类城市，如平遥、镇远、韩城、榆林、常州、商丘等，一般较完整地保留了某一历史时期或几个历史时期积淀下来的完整的城市建筑环境，包括格局、城墙、街巷、建筑群等。传统的城市建筑环境可以折射出某一时代的政治、经济、文化、军事等诸方面深层次的历史结构。这类城市，由于发展缓慢或者采用另辟新城的模式发展整个城市，因而不仅文物古迹保存较好，而且格局、城墙、街巷、建筑群等均完整地保存着历史积淀下来的风貌特色，能使人感受到强烈的历史氛围。

平遥古城（图 2.6），位于山西省中部，地处黄河中游、黄土高原东部

【平遥古城】

的太原盆地西南，距今已有2700多年的历史，1997年12月作为文化遗产被列入《世界遗产名录》。它的城墙保存完整，城内东西、南北大街十字相交，构成城市的主要轴线。街道两旁店铺林立（图2.7），建筑多为低层的砖木结构。整座古城，由于没有大型建设活动的介入，不仅文物古迹保存较好，街道等也没有拓宽，基本保持着明清时期的格局与风貌。

图 2.6　平遥古城（局部）

图 2.7　平遥古城的街道

镇远古城是一座历史悠久的苗乡古城，位于贵州省东部武陵山区，因地处湘黔驿道与沅江水路的交汇处，地势险要，是扼守西南驿道的要塞，素有"滇楚锁钥，黔东门户"之称。它依山傍水，风貌独特。舞阳河穿城而过，北岸为旧府城，南岸为旧卫城。蜿蜒于卫城河沿及府城石屏山上的两座古城，气势雄奇，威严地俯视着镇远古城，被人们誉为"苗岭长城"。难得的是整座城市还基本保持了传统风貌，保存着水陆并行、前街后河的格局（图2.8）。民居建筑依舞阳河横排成列，向两边山麓层叠展开，建筑风格沿袭了苗族民居的风格特点，形成了镇远古城独特的风景（图2.9）。古城中还有青龙洞、天后宫、四宫殿、吴王洞等众多遗存，它们和大片的古民居院落、古巷道、古码头、古关隘、古塔等组成了一幅幅色彩斑斓的多元文化图。

【镇远古城】

图 2.8　镇远古城水陆并行、前街后河的格局

图 2.9　镇远古城（局部）

2.3.3 近现代史迹类

　　这类城市，包括延安、遵义、上海、天津、重庆、广州、青岛、哈尔滨等，它们是中国近代许多革命事件的发生地，许多建筑和建筑群体都记载着中国人民革命斗争的历程，反映着历史的某一时间或某一阶段的时代特征。

　　上海，是中国共产党的诞生地，保留了许多革命纪念建筑，如图 2.10 所示的中共一大会址、中国社会主义青年团中央机关旧址、中共二大会址、陈云故居、平民女校、左翼作家联盟会址等。此外，上海外滩的近代建筑群体（图 2.11），以及市区内众多建于 20 世纪 20—30 年代的各种流派和各国风格的建筑，也反映着上海近代的建设发展历程。

(a) 中共一大会址

(b) 中国社会主义青年团中央机关旧址

(c) 中共二大会址

(d) 陈云故居

(e) 平民女校

(f) 左翼作家联盟会址

图 2.10　上海的革命纪念建筑

图 2.11　上海外滩的近代建筑群体

延安，位于陕西省北部，地处黄河中游、黄土高原的中南地区，是中国新民主主义革命的圣地。作为全国爱国主义、革命传统和延安精神的三大教育基地，延安是全国革命根据地城市中旧址保存规模最大、数量最多、布局最为完整的城市，留下了大量的革命旧址（图2.12），有着"中国革命博物馆城"的美誉。

(a) 杨家岭革命旧址

(b) 枣园革命旧址

(c) 王家坪革命旧址

(d) 陕甘宁边区政府之高等法院旧址

(e) 陕甘宁边区政府之医院旧址

(f) 延安大礼堂

图 2.12　延安的革命旧址

2.3.4　一般史迹类

许多历史文化名城，在某一历史时期曾经辉煌一时，由于战争破坏、经济衰落或者近年来大规模的城市建设，大量的文物古迹、历史街区和建筑等遭到破坏；但城市中也还保存着一定的历史遗迹，分散在全城各处，成为城市历史文化与传统的体现。一般史迹类的城市，历史上有些是地区的中心城市，也有些是一般的州、府、县，文化延续性较强，城市历史文化遗存数量较多，但中心不突出，历史文化遗产主要以分散在城内各处的文物建筑为主，如济南、吉林、成都、武汉、淮安、保定、漳州等。

成都，位于西南地区最大的平原——成都平原东部，是一座景色秀丽、气候宜人的城市；建城迄今已有 2300 多年，历史悠久，是国务院首批公布的 24 个历史文化名城之一。随着城市发展与旧城更新的推进，成都市历史城区的格局尚存，虽风貌不再，但历代留下来的名胜古迹（图2.13）很多，其中属于全国重点文物保护单位的有武侯祠、杜甫草堂和永陵等。

2.3.5　民族与地方特色类

我国是一个统一的多民族国家，一些少数民族聚居的城市具有明显的民族特色，如拉

(a) 武侯祠 　　　　　　　　　　(b) 杜甫草堂 　　　　　　　　(c) 文殊院

(d) 青羊宫 　　　　　　　　　　(e) 大慈寺 　　　　　　　　　(f) 永陵

图 2.13　成都的名胜古迹

萨、喀什、大理、丽江等。不同地域和多民族的文化特征，对于增强民族自尊与凝聚力，增添市民对家乡的热爱，有巨大的精神作用。

【拉萨的宫殿与藏传佛教建筑】

　　　　拉萨，位于西藏高原中部、喜马拉雅山脉北侧，是西藏自治区的首府，西藏的政治、经济、文化和科教中心，同时也是藏民族文化的发祥地和藏传佛教圣地。作为首批国家历史文化名城，拉萨以风光秀丽、历史悠久、风俗民情独特、宗教色彩浓厚而闻名于世。城市中有许多富有特色、建造精美的宫殿与藏传佛教建筑（图 2.14），如布达拉宫、大昭寺、卢布林卡等都是全国重点文物保护单位。城市中还有众多的民居建筑群，造型粗犷、色彩鲜明，具有强烈的藏族特色，再加上城市周围的高山峻岭，形成了风格独特的高原城市风貌（图 2.15）。

图 2.14　拉萨的宫殿与藏传佛教建筑

图 2.15　拉萨城市风貌（局部）

　　还有一些城市具有独特的地方风格，由于所处的地理环境和历史文化传统的影响，在城市的格局、建筑群的组合布局、建筑的造型色彩方面都呈现出独具一格的特色。

　　潮州，位于广东省东部，北靠梅州，南濒南海，东邻漳州，西接揭阳、汕头，是粤东地区的政治、经济、文化中心。它是历史悠久的"南国古郡"、山川灵秀的"岭海名邦"、人文荟萃的"海滨邹鲁"，拥有悠久的历史、丰富的文物、完整的古城和影响深远的潮州文化，在城市格局、建筑风格、文化艺术、民俗民风等方面都有自己的特色。潮州城中的兴宁巷、甲第巷等几条街巷仍保留着完整的传统格局，民居建筑群无论是布局、造型与装饰，都已形成一套规范的民间建筑样式，再加上丰富多彩的潮州音乐、戏曲、菜肴等，使城市呈现出独特的地方风格（图 2.16）。

图 2.16　潮州城市景观

2.3.6　特殊职能类

　　有些城市，因海运交通、边防、手工业等特殊职能曾经在历史上占据极为突出的地位，并因这些职能产生独具特色的城市环境，在一定程度上成为这些城市的特征，如景德镇、自贡、武威、张掖、南通、临海等。这类城市原来得以发展的特殊职能，在历史上都曾有过重大的作用，虽然在今日可能已经成为历史的陈迹或已经被新的功能所取代，但这些城市原来所具有的功能与作用，都是我国古代科技、文化的标志与结晶，是宝贵的历史文化资源，也赋予了城市独特的风貌特色。

景德镇，别名"瓷都"，是以制瓷产业为主导发展的特殊职能类城市的代表。景德镇早在汉代就开始生产陶瓷，自元代开始至明清时期都是宫廷用瓷生产地，陶瓷工业非常繁荣。目前景德镇仍保留有大量的古窑房、作坊、瓷土矿遗址等文化遗存（图2.17）。

图2.17　景德镇陶瓷文化遗存

寿县，古为寿春，地处安徽省中部，控扼淮淝，古为南北要冲之地，也是淝水边抗洪防涝卓有成效的城市。这座历史悠久的古城有着全国保存最为完好的宋代城墙，古人赞其"若匹练之横亘也，砻生铁之焰祷也"。城内原建有涵道，与城外相通。涵口之上筑有月坝，与城墙等高，既利于城内积水的排出，又能在洪水季节堵阻外水倒灌入城。洪水泛滥时，只要关上城门，滴水不入。同时，还可以通过涵口来观察水位，比较城内外水位差。这一整套防水措施，是古代水利科学的结晶，如图2.18所示。

【寿县水利记】

图2.18　寿县古城墙与水利设施

泉州，古称"刺桐"，是一座写满海洋记忆的港口城市（图2.19），已有1300多年的历史，是宋元时期中国的海洋商贸中心。10—14世纪时期，泉州在繁荣的国际海洋贸易中蓬勃发展，成为各国商旅云集、多元文化交融的"东方第一大港"。它以位于江口平原的城区为运行中枢，东南面的辽阔海域是其对外联系的门户，西北面的广袤山区是其产业基地，水陆复合的运输网络连通其间，呈现出港口、城市与腹地联动发展的整体繁荣景象。泉州的历史文化遗存包括了行政管理机构与设施遗址、多元社群宗教建筑和造像、文化纪念地史迹、陶瓷和冶铁生产基地，以及由桥梁、码头、航标塔组成的水陆交通网络等，完整地体现了宋元时期泉州富有特色的海外贸易体系与多元社会结构，如图 2.20 所示。

【泉州】

图 2.19　泉州城市鸟瞰

(a) 南外宗正司遗址

(b) 清净寺外景

(c) 文兴码头

(d) 草庵全景

(e) 金交椅山窑址龙窑Y2

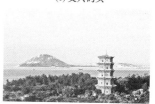
(f) 六胜塔与岱屿门主航道

图 2.20　泉州的历史文化遗存

2.3.7　风景名胜类

自然环境对城市特色的形成具有决定性作用，建筑群体与山水环境的叠加可以呈现出鲜明的特色，如桂林、丽江、承德、镇江、苏州、乐山、天水、都江堰等城市。这些城市拥有优美的自然景色，风景点与城市的建设发展紧密结合，形成了独特的城市风光。而且，它们不同于一些山岳、湖泊等自然风景区，往往还具有很多丰富的人文景观，带来强烈的人文氛围，给人以精神的陶冶。

桂林，由于岩溶地形的自然变迁，形成了山奇水秀之风貌［图 2.21（a）］，赢来"桂林山水甲天下"之美誉。古人留下的许多摩崖石刻［图 2.21（b）］，既是宝贵的文物，又加深了风景文化的内涵，使得桂林成为中外闻名的旅游胜地。

(a) 桂林山水

(b) 摩崖石刻

图 2.21　桂林山水与摩崖石刻

以上 7 种历史文化名城的类型是根据这些城市的历史形成、自然和人文地理、城市物质要素和功能结构等方面进行对比分析而划分的，这种划分方式可能使得有些城市兼具几种类型的特点。如杭州，曾作为吴国、越国、南宋的都城，可以划归为古都类名城；杭州西湖又是国家级风景名胜区，有名胜古迹 70 余处，因而杭州又可划归为风景名胜类名城。这样的情况很多，划分时可以按其主次来确定。需要明确分类不是最终结果，而是一种手段与方法，分类的目的是在制定城市历史与文化保护策略时有重点与针对性。

2.4　专题研究：历史文化名城保护制度的探讨与展望

回顾历史文化名城保护制度建立 40 年来的发展历程，我国的名城保护制度在大规模旧城改造导致历史环境大规模破坏之前起步，在快速城镇化进程中保护了大量的珍贵遗产，形成了富有中国特色的保护理论和方法。

2.4.1　历史文化名城保护的成就

从我国在 1982 年就由国务院公布北京等 24 座城市为第一批国家历史文化名城来看，

我国历史文化名城保护工作的起步并不算太晚。而且，相较于发达国家，我国相当多的城市因为经济发展滞后等原因影响，老城区基本上得以保存，因此对于城市历史环境和传统风貌的保护应该说是正当其时。经历了史上规模最大、速度最快的城市化进程和大规模旧城改造之后，历史城区整体格局和景观风貌或多或少还有所保留、并能够反映一定的历史文化特征的城市，绝大多数还是那些被公布的国家历史文化名城。也就是说，历史文化名城保护制度，在保护文化遗产和维持城市风貌特色方面发挥了积极作用，名城保护取得了一定的成就。40年来各级政府和社会各界共同努力，风雨如磐、砥砺前行，探索出一条富有中国特色的历史城镇（村）保护之路。

1. 逐步确定了以历史文化名城保护为主体的保护体系

自1982年公布第一批24座历史文化名城开始到2022年，国务院已公布了140座国家级历史文化名城，各省公布省级历史文化名城190座。在此基础上又建立了历史文化名镇名村保护制度，住房和城乡建设部会同国家文物局公布了中国历史文化名镇312个，中国历史文化名村487个，把6819个村落列入中国传统村落保护名录。与此同时，各省市陆续开展了省级历史文化名城、名镇、名村的保护工作，如云南省还开展了省级历史文化名街的申报和审批工作。通过对各级历史文化名城、名镇、名村以及历史文化街区的公布，我国已经逐步确立了以历史文化名城为主体的保护对象。

在过去40年里，从重视古都、著名城市的保护逐渐过渡到多元类型的城镇村的保护，在快速城镇化的过程中保护了大量珍贵的历史文化遗产。保护的层次也在不断完善，从最早的名城，到历史文化街区、历史地段、历史建筑，形成了全面系统的保护。

2. 建立了名城保护法律法规体系

我国形成了以"三法两条例"为骨干的历史文化名城保护法律法规体系，为历史文化名城的保护奠定了法律基础。在该法律法规体系下，国家各有关部门也颁布了一系列的部门规章、技术规范与重要文件等，使历史文化遗产保护的权威性和科学性得到了进一步发展。各级地方政府也结合当地实际情况，在"三法两条例"上位法的框架下，出台了地方性保护条例以及指导意见等，逐步建立、充实了我国的名城保护法律法规体系。

3. 形成了具有中国特色的保护理论体系

经过多年理论研究和实践探索，通过学习国际历史文化遗产保护的经验，我国的历史文化名城保护形成了具有中国特色的保护理论体系，建立了历史文化名城名镇名村、历史文化街区、文物保护单位（历史建筑）3个层次的保护框架和保护理论。

在国际宪章、公约中关于"真实性""整体性"和"可持续利用"等理论基础上，我国的历史文化名城保护积极开展理论探索与实践，继而提出了"保护历史的真实性、保护风貌的完整性、维护生活的延续性"的保护理论。2008年颁布实施的《历史文化名城名镇名村保护条例》中就明确提出了"历史文化名城、名镇、名村的保护应当遵循科学规划、严格保护的原则，保持和延续其传统格局和历史风貌，维护历史文化遗产的真实性和完整性，继承和弘扬中华民族优秀传统文化，正确处理经济社会发展和历史文化遗产保护的关系"的要求，将保护理论通过条例加以落实和强化。

4. 开展了保护规划的编制和实施

名城保护40年以来，现在绝大多数的历史文化名城都已编制、上报和审批了名城保护规划和历史文化街区保护规划，并将保护规划的成果纳入城市的总体规划和控制性详细规划之中。通过审批的保护规划，除了"三法两条例"所规定的法定保护内容如历史文化街区、文物保护单位和历史建筑等外，其他新出现的保护对象也被纳入法定保护的框架和体系之中，保护范畴不断扩大，保护类型和数量持续增长。2016年年底，为贯彻落实中共中央、国务院关于历史文化街区划定和历史建筑确定工作的部署，落实中央城市工作会议精神，住房和城乡建设部全面部署、统筹推进，用5年左右的时间，完成了全国历史文化街区划定和历史建筑确定工作。截至2022年2月，全国共划定历史文化街区超过1200片，确定历史建筑约5.7万处。

在保护规划的实施中，全国形成了一批可复制、可推广的保护利用经验。如苏州从大格局四角山水的保护，到历史文化城区里面的高度控制、街巷风貌控制，一直到苏州博物馆等新建建筑，都严格遵守古城保护的原则进行设计。又如北京的崇雍大街、永新古城、湖州小西街等一大批可复制、可推广的宝贵经验，形成了从全城到历史文化街区、历史地段、历史建筑、文化氛围，从物质文化遗产到非物质文化遗产全系统保护体系的构建。

5. 设立了历史文化名城专项资金

1997年，国务院批准设立了国家历史文化名城保护专项资金，专项用于补助国家历史文化名城中的民居建筑维修以及基础设施改善，且《国家历史文化名城保护专项资金管理办法》规定国家专项资金实行无偿分配、专款专用，各地方在申请专项资金的同时必须安排落实相应配套资金，以便充分发挥专项资金的使用效益。

2009年，我国设立了国家级风景名胜区和历史文化名城保护补助资金，并颁布了资金使用管理办法。该办法规定，国家级历史文化名城申请资金的用途为历史文化街区保护规划编制和历史文化街区核心保护范围内历史建筑的修缮。历史文化名城补助资金的申请需由项目所在地县级以上城乡规划主管部门会同当地财政部门向省级建设行政主管部门和财政部门申报。省级财政部门会同同级建设行政主管部门审核、汇总上报财政部和住房和城乡建设部。

国家历史文化名城保护专项资金的设立，不仅挽救了一大批有价值的历史文化街区，保护了街区、村镇的历史环境和传统风貌，改善了街区内居民的生活条件和周围环境；而且提高了地方政府的保护意识，宣传了历史文化遗产的保护方法，同时带动了地方经济的发展，产生了良好的社会经济效益。

历史文化名城保护需要大量的资金，政府财政预算是保护资金的主要来源。各级人民政府也将历史文化名城、历史文化街区的保护和管理工作纳入国民经济和社会发展规划，并在本级财政预算中安排保护专项资金，加大对历史文化名城保护的财政投入。例如，《广州市历史文化名城保护条例》规定各级人民政府应当把名城保护纳入本级经济和社会发展规划。名城保护项目所需资金，由本级人民政府按实际需要给予安排。地方政府用于历史文化名城保护的资金，其来源可以分为三类：①政府财政专项资金；②土地出让金；③历史文化资源旅游收入资金。

保护好历史文化名城、名镇、名村，光有政府的投入和主管部门的参与是远远不够的，还需要全社会的共同努力。国家鼓励社会各方参与保护工作，建立了社会与个人资金来源与保障制度，制定了相关政策鼓励社会投资人参与对历史文化街区、村镇的保护，吸引了大量社会资金。这些资金主要包括企事业单位资金、私人资金、开发商资金、社会捐助资金和银行贷款等。随着历史文化名城保护的发展，一些有作为的民间保护机构积极加入到历史文化遗产保护工作当中，成为不可小视的补充力量，有力地推动了历史文化遗产的保护实施工作。

6. 建立了城乡规划督察员制度

2005 年，为加强对城乡规划管理的监督检查，推动历史文化遗产的保护工作的实施，住房和城乡建设部印发了《关于建立派驻城乡规划督察员制度的指导意见》，要求城乡规划督察员要对历史文化名城保护等内容进行重点督查。在试点基础上，2008 年开始全面推广城乡规划督察员制度，并且制定了督查工作规程。

城乡规划督察员在全国历史文化名城名镇名村保护的督查中，通过现场踏勘，召开街区、镇、村代表座谈会，听取汇报，查阅相关资料和档案等多种形式开展督查活动，及时发现保护规划实施中存在的问题，形成调研报告，向督察对象发出督查建议书、意见书。通过参加涉及保护规划督察事项的会议，约谈市政府及规划行政主管部门领导等方式，对违法、违规行为从源头上进行预防和制止，在保护实施中发挥了积极作用。如驻广州市督察员得知该市新河浦历史文化街区有 3 栋保护建筑即将被拆除，将对历史风貌产生不可挽回的破坏性影响时，立即向广州市政府发出紧急建议，及时制止了拆除行为，使具有重大历史意义的中共三大会址和国民党一大会址街区的历史风貌得以保存。

目前，住房和城乡建设部已向多个国家级历史文化名城派驻了城乡规划督察员，直接开展属地办公，就地检查工作，及时制止了多起侵占历史文化街区、破坏历史风貌的违规建设行为。城乡规划督察员制度的建立，对各地名城保护工作起到了切实、有力的监督作用，通过城乡规划督察员的派驻，做到事先介入、事前指导、事中检查、事后制止，在我国的历史文化名城名镇名村保护工作中发挥十分重要的作用。

2.4.2 名城保护传承存在的问题与挑战

中国历史文化名城保护制度实行 40 年来，积累了丰富经验，取得了巨大成就，但是也必须客观认识到保护工作仍然面临着巨大困难和挑战，历史文化名城名镇名村保护的形势依然严峻。仍有不少历史文化资源并未纳入保护名录，还没有做到要素全囊括、空间全覆盖，历史文化遗产受到破坏的现象仍有发生。住房和城乡建设部联合国家文物局先后开展了两次名城大检查的工作，检查充分展现了我国历史文化名城名镇名村保护取得的诸多成绩，也全面揭示了当前名城保护工作中存在的问题和根源。

1. 建设性破坏

在快速的城市化进程中，一些城市盲目追求建设速度和现代化，开展了大规模的造城运动和全面彻底的旧城更新。这些城市的历史街区，因为缺乏维护和管理，出现了基础设施老化、建筑质量老朽、居住环境恶化等问题；而现在为了改善旧城区或历史街区的生活环境条件，除了重要的文物保护单位以外，又将其他建筑全部拆除重建。这种对历史城区进行大拆大建的做法，不仅极大地增加了城市的环境容量，让城市越来越不宜居；而且还彻底破坏了城市的历史景观和空间肌理，对城市历史文化遗产的保护造成了极大的破坏。其中比较典型的案例有舟山定海古城和南京老城南等。

舟山定海古城是一座历史悠久、古迹众多的千年古城，是浙江省首批历史文化名城。

古城内曾保存有明清时期的中大街、西大街、东大街、柴水弄、留方路等历史街区，散布着许多年代久远的古迹。历史上，这里还是一个军事要塞，除著名的鸦片战争遗址外，还有一批抗倭、抗清的历史文化遗存。20世纪90年代末，由于在旧城改造中未能严格执行城市总体规划中关于历史文化名城保护的有关规定，在保护区和建设控制地带内大拆大建，致使一些具有历史价值的街巷和历史建筑被拆除（图2.22），历史文化名城的总体格局和风貌遭到相当程度的破坏。

【定海古城】

图 2.22　舟山正被拆除的历史建筑

2006年，南京历史悠久的老城南门、颜料坊等5处地块进行危旧房改造，拆迁的启动引起社会各界的关注。同年8月，全国16位建筑、规划、文物、考古学科的知名专家联名紧急呼吁保护南京老城南。一场包括新闻媒体、专家学者、政府官员及市民在内的多元社会角色的社会大讨论快速展开，老城南保护成为南京人竞相谈论的话题，成为南京城市规划建设、历史保护工作的焦点。

2012年11月，住房和城乡建设部、国家文物局联合发文，对因保护工作不力，致使名城历史文化遗存遭到严重破坏、名城历史文化价值受到严重影响的多座国家历史文化名城予以通报批评。在这次大检查中发现，13个城市已经没有历史文化街区，18个城市只保留一个历史文化街区。可以说，历史文化名城保护工作中最难和最突出的问题主要集中在历史街区，部分城市的历史文化街区在"大拆大建"之后消失了。

大检查中暴露的很多问题的根源在于各级地方政府没有认真深入学习和切实贯彻"三法两条例"的精神和要求，对名城保护的概念、目标、内容的理解存在误区。一些地方决策者对保护工作重要性认识不够，指导思想错误，片面追求土地的经济价值，忽视持续的文化价值，忽略了历史与环境的协调。其背后的主要诱因还是地方政府对"土地财政"的过度依赖。在这些"建设性破坏"行为中，首当其冲的就是那些法定保护地位不高的"不可移动文物"、保护身份不够明确的历史建筑和历史文化街区。由于历史城区、历史街区所处区位的优势，往往成为商业开发的热土，旧城改造、房屋拆迁成为地方政府的工作重点。为了改善旧城区或历史街区的生活环境条件，除了重要的文物保护单位以外，对有一定历史文化价值的老旧房屋，本应通过维护修缮进行抢救保护的历史建筑，均采取了完全拆除的改造方式进行再开发，给城市历史环境保护带来严重损害，加剧了城市发展过程中历史文化遗产保护的问题。如广州荔湾广场（图2.23）的建设，旧城改造高层高密度的失误加剧了广州原已十分拥挤的局面，造成城市空间肌理的破坏，给城市历史环境保护带来严重损害。

图2.23　广州荔湾广场

2．保护性破坏

除了旧城区大拆大建对历史环境造成的"建设性破坏"，还有一些"复古"思想也对城市历史文化遗产造成了"保护性破坏"。所谓"保护性破坏"，是指以保护的名义对文物古迹或历史文化街区进行彻底改造，将文物古迹或街区内的老旧建筑全部拆除，建造新的仿古建筑，重现某一时代的所谓"辉煌风貌"。"拆真建假"发生在历史文化街区，往往会形成"仿古一条街"；发生在历史城区、历史镇区，则容易形成"古城重建""古镇重建"的现象。"拆真建假"这种"保护性破坏"行为，多年来在历史文化名城保护实践过程中造成了很多不良影响，可以说是对真实的历史文化遗产最彻底的破坏，违背了历史文化名城保护的基本原则。

多年来，对于"拆真建假"的态度，从城市管理者到专业学者各有不同，也存在一些似是而非的错误观点。近年来，一些名城采用所谓"真实的规模，真实的材料，真实的技术和真实的工艺"进行"古城重建"，导致一些作为城市文化灵魂的历史文化地段，完全失去了昔日的风采；虚假的复建，不仅让现代人无法感受到历史底蕴，更无法从中了解到城市历史发展的历程。

例如聊城。2009年，聊城古城保护与改造工作全面展开，古城区范围内除了光岳楼等重点文物得以保留，其余所有老旧建筑被全面拆除后统一新建仿古建筑，这种以保护的名义开展恢复古城风貌的做法，引发了包括遗产保护在内的诸多社会、文化、经济问题，造成了社会上对名城保护工作的误解。

这些"拆真名城、建假古董"的做法违背了历史文化街区的真实性、完整性和生活延续性的保护原则。首先，这种做法是对遗产真实性的一种破坏，使得名城价值严重受损。真实性是历史文化遗产价值的核心，其历史、科学、艺术价值均附着于此。城市"拆真建假"后形成的地区建筑风格、体量、高度等与原有格局肌理格格不入，严重破坏了古城和历史文化街区的历史真实性，使得名城价值严重受损。其次，古城的生活延续性和传统生活网络遭到破坏。古城和街区内原住居民的生活状态和社会网络结构是历史文化遗产价值的重要组成部分。"拆旧建新"的古城尤其是历史文化街区内的整治仅仅关注街区物质空间和风貌的建设，严重忽视街区原住居民生活体系的延续，破坏了原有亲切的、自成一体的社会网络结构，削弱了古城特有的浓郁的生活气息。最后，"拆旧建新"容易误导普通民众和媒体，扰乱遗产保护的社会环境。目前，大部分古城复建项目中对于仿古建筑、消失的文物古迹等缺乏重建的依据，甚至出现一张图、一种做法复建出的"古城"居然冠以"保护"之名，对普通民众和媒体产生了严重的误导，对正确的文化遗产保护理念和方法的普及极为不利。

3. 过度的商业化运作和旅游开发造成历史环境的损害

除了"建设性破坏"和"保护性破坏"之外，一些名城在发展过程中还存在过度开发利用历史文化资源导致遗产被破坏或损毁的问题，历史城区或历史文化街区的过度商业功能植入和过度旅游开发也造成了历史环境的严重损害。

在市场经济大环境下，一些城市以"有无经济效益预期"作为"决定是否值得保护"的决定因素；"能否取得经济上的成功"成为"保护是否成功"的首要标准。由于片面追求经济价值，过度追求街区的土地价值和商业潜力，肆意改变功能，盲目提升业态，迁离了原来的居民和商户，完全改变了街区的物质空间与人文环境，导致开发强度过大、商业气息过浓，影响了生活的真实性和地方特色与文化的延续，破坏了历史文化遗产。

另外，随着 20 世纪 90 年代后期以来的旅游业大发展，历史文化名城、历史文化街区成为主要的旅游目的地，快速的旅游市场发展使得许多历史文化名城或历史文化街区一旦开展商业化运作或旅游开发，还未来得及反思，就在很短时间内不可避免地陷入"过度的商业化运作与过度旅游开发"的泥沼，难以回头。例如，丽江古城在 2000 年就因"商业和旅游氛围过于强烈，侵蚀了传统文化，古城面临文化危机"而受到联合国教科文组织的批评。原本安宁的老城区变得日夜喧嚣，浓郁的纳西风情被大量的外来商户及游客冲淡（图 2.24）。丰富的手工传统文化代之以大量简单复制、雷同的文化商品，作为遗产被认定时的非物质环境受到严重威胁。过度的商业化运作与过度旅游开发，影响到作为历史城区或历史街区的场所环境的真实性，也使得很多本地居民在高租金的诱惑下，或者因不堪喧闹的商业环境而选择离开。这些本地居民中的一部分，可能正是与名城的历史或精彩文化有密切关联的传承者，他们的离去会不可避免地妨碍名城保护的可持续发展。

【丽江古城】

图 2.24　丽江古城游人如织

而且，由于历史环境风貌整体保护的意识不强，一些名城的商业化运作与旅游开发因开发态势失控，而引发不少匪夷所思的破坏行为。例如，安阳为了满足机动车通行的需要，在古城区内开辟出两条东西向大道，并在两路之间进行了商业旅游综合体的开发建设，破坏了古城的传统格局与空间肌理。大理在古城区东北角兴建了一座名为"大理之眼"的大体量梦幻大剧场（图 2.25），严重破坏了古城的整体风貌。

图 2.25　大理古城与"大理之眼"

2.4.3　构建城乡历史文化保护传承体系

构建城乡历史文化保护传承体系，总体来讲是通过强化顶层设计，推动城乡高质量发展、国家治理体系和治理能力现代化，要通过建立一个传承体系筑牢共同体的意识，讲好中国故事，改革保护管理体制，强化国家意志构建新时代保护传承的"四梁八柱"，指导地方工作。

1. 历史文化保护传承体系构建的内涵与层次

历史文化保护传承体系是以具有保护意义、承载不同历史时期文化价值的城市、村镇等复合型、活态遗产为主体和依托，保护对象主要包括历史文化名城、名镇、名村（传统村落）、街区和不可移动文物、历史建筑、历史地段，与工业遗产、农业文化遗产、灌溉工程遗产、非物质文化遗产、地名文化遗产等共同构成的有机整体。保护体系构建的目的是在城乡建设中全面保护好中国古代、近现代历史文化遗产和当代重要建设成果，最终要形成"国—省—市"三级联动的保护传承体系，如图 2.26 所示。

2. 加强价值识别和载体分析

价值是决定一座城市成为历史文化名城的核心因素。要从中华文明 5000 年来的发展、没落、救亡、复兴的历史进程中，系统凝练历史城镇（村）的核心价值。要特别重视"建立中国共产党、成立中华人民共和国、推进改革开放和中国特色社会主义事业"，这是近代以来实现中华民族伟大复兴的三大里程碑。

从政治、经济、社会、科技文化、地理环境 5 个方面建立价值体系，由此可以建立清晰的保护传承体系的价值判断标准，体现中华文明完整脉络的代表性遗存也能够进行分类空间落位。

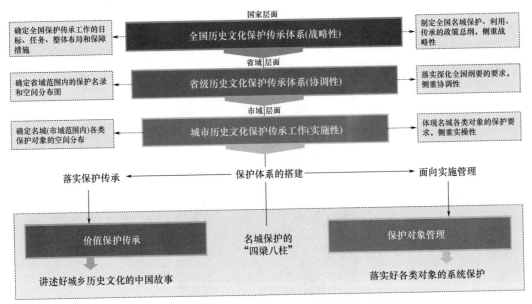

图 2.26　"国—省—市"三级联动的保护传承体系

3. 历史文化保护传承体系构建的方法与路径

首先是系统保护传承，包括系统保护跨区域线性遗产、自然景观促进沿线经济与文化保护传承协同，例如运河遗产、丝绸之路、茶马古道、长城、黄河、长江等文化廊道。其次是整体保护展示，从本体与周边环境的角度进行"山—水—城"格局的整体保护，管理好山水塬城的边界，管好城市建筑高度；同时要分类保护与传承内容体系中的各类对象，在名城、名镇、名村、街区、历史建筑、历史地段等不同层次中实施分类保护与利用，并确定保护的重点内容。确定保护内容体系后，要进行名城动态管理维护，分级分类认定，完善保护名录，细化工作程序，启动濒危和退出机制，动态管理名录。最后要分省市落实指引，各省（自治区、直辖市）结合全国层面价值体系，彰显省级层面价值体系内涵，明确保护重点、保护名录等。

本 章 小 结

从 1982 年开始，我国城市历史文化的保护经历了从单一体系到多层次体系的转变，保护对象从文物建筑（历史建筑），发展为历史文化名城，后又增加了历史街区、历史文化名镇名村和传统村落的保护。

我国已基本形成以"三法两条例"为骨干，由相关部门规章、地方性法规共同组成的历史文化名城保护的法律法规体系，以及相应的配套技术标准和管理制度。

过去 40 年形成的历史文化名城保护制度，在快速城镇化进程中保护了大量珍贵的遗产，在延续历史文脉、保护文化基因、塑造特色风貌中发挥了重要作用。在新的历史时期，建立分类科学、保护有力、管理有效的保护传承体系，是贯彻新发展理念，推动城乡高质量发展的必然要求。

思考与讨论题

1. 请你通过一个熟悉的案例，发表你对历史文化名城保护在当代的拓展与深化的看法。

2. 我国历史文化名城形态丰富、类型多样，请说说通常有哪些类型？你所在的城市属于哪一类？其具有哪些特色？

3. 《关于在城乡建设中加强历史文化保护传承的意见》的核心要义是什么？

第3章
城市历史文化保护理念与内容

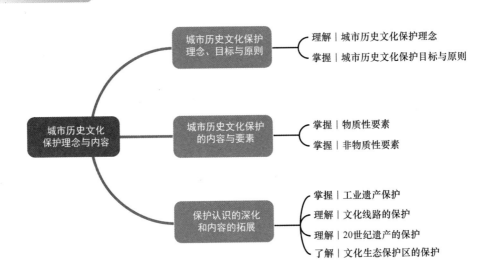
导言

　　城市作为历史真实信息积淀的载体，还承担着交通、工作、居住和游憩的功能，它是一个活的有机体，始终处于新陈代谢的状态，不断地变化、发展。组成城市的各种建筑及群体、设施等，会随着时间的推移不断地老化、陈旧。城市的结构网络及交通的发展也是必须面对的问题，绝不可能是一成不变的。对于城市而言，保护只是局部范围，不会也不可能是一个完整城市的所有信息，所以"保护什么、改造什么、拆除什么以及如何保留、如何改造、如何新建"对于城市保护而言是一些关键性的问题。今天的决策过程、建设活动及其成果就是明天的城市历史，我们今天所建构的城市文化是否会成为明天被保护的对象，从某种程度上取决于人们现在对于过去的认识。

认识城市历史文化的作用与价值，对于现实的城市建设活动和保护行动是十分重要的。保护城市历史文化就是要保护其在现代社会的各种价值，使其服务于社会，并且使历史文化的价值与现代社会生活的诸要素相结合，从而得以延续和传承。1987 年通过的《华盛顿宪章》就提出要保持历史性城市的地区活力，并和谐地适应现代生活的需求，这就包括进行适当的改造更新以满足现代生活的各种需要。当然，现代生活所需的新功能和基础设施网络也应该适应历史性城市的特点。

城市历史文化保护的内涵非常丰富。城市历史文化保护不仅是一种针对历史文化遗存的技术措施与方法，也是通过各种方法提高环境质量的综合性工作，是城市经济和社会发展政策的完整组成部分。城市保护的必要性与城市发展的必然性，使得城市保护的内容与方法不仅要包含对历史文化遗产自身保存与维护的问题，同时还要包含对历史文化遗产所处城市环境变化与发展的控制与引导，两者同样重要。

3.1 城市历史文化保护理念、目标与原则

3.1.1 城市历史文化保护理念

1. 保护与发展的协调

城市历史文化保护的问题需要放在城市发展的大背景下进行研究。城市是一个开放且变化的复杂自适应系统，是最复杂、最宏大的人工与自然的复合物。城市的历史文化本身同样也是一个开放的复杂自适应系统。一方面，随着国家新型城镇化的推进和城市的快速转型发展，城市发展模式从增量模式逐渐转为存量模式，大量的城市建设会集中在老城，城市更新成为城市建设工作的新常态。许多老城不但有保护的迫切需求，而且还必须满足城市功能的提升和空间结构调整的要求，城市历史文化保护问题变得错综复杂和日益严峻。另一方面，随着历史文化保护内涵与外延的扩大，保护越来越多地涉及政治、经济、社会、文化、管理等各个方面，成为国家发展中的战略议题。党的二十大报告中指出："必须牢固树立和践行绿水青山就是金山银山的理念，站在人与自然和谐共生的高度谋划发展。"必须建立城市保护与发展并行不悖的观念。城市历史文化的保护应该是立足于发展的保护，即保护必须符合我国城市迅速发展的客观规律；城市的可持续发展也必须依靠历史文化的保护与传承作为依托，实现保护与发展长期和谐的共存。真正的保护并不是要重现已逝去的旧时风貌，而是要保留现存的美好环境，并指出未来可能的发展方向。

2. 注重城市特色的保护与传承

每个城市都有自己的历史，也都有自己不同的文化积累。"文化一开始就存在于人类在懂得利用环境提供的机会上所进行的有组织的开发之中"，人类的创造性活动是创造、发展文化的源泉，同时也是文化存在的必要条件。这种创造活动是以尊重历史文化创造的成果为基础，从过去的创造过程中汲取灵感而进行的再创造。"对创造者来说，回复到过去的倾向起着指明、照亮再建设道路的作用"。每个具有生命力的城市都是在

继承和传播以前文化的基础上，发展和体现人类新的文化成果，这就是城市特色的形成过程。

城市特色是一座城市在内容和形式上明显区别于其他城市的美好特征。我们需要从物质和精神两个方面理解城市特色，即城市形体环境的特色和城市形体环境所表达的意义的特色。城市特色饱含着深刻的政治、经济和社会的内涵，是城市发展诸多作用力的一种综合体现，因而具有复杂性和多样性。城市历史文化是形成城市特色的基础和出发点，是形成文化认同的象征与符号体系。保护城市的历史文化可以使人们对自己的生活环境产生清晰可见的认知感受，从而在精神上产生归属感，进而增强民族的自豪感和凝聚力。建设有中国特色的城市，必须依靠城市历史文化保护才能实现。

在城市历史文化保护中注重城市特色的保护与传承，意味着城市历史文化的保护是联系过去和未来的城市建设的一种桥梁，将重建历史与现实的统一，正是这种统一使过去的历史获得了当代性。因此，从某种意义上说，保护就是为了传承。城市历史文化的保护不仅要着眼于对历史文化遗存的保护，也就是对过去创造产物的保护；而且要在城市创造新的物质结构的过程中，以历史为依据，创造既符合时代需求又保有文化延续性的新的城市环境，以期达到改善城市空间环境品质的同时传承城市的文化特色。

3. 注重城市文化多样性的保护与发扬

多样性是城市文化的显著特征，它表现在城市历史文化的多样性和现实生活的丰富多彩这两方面。刘易斯·芒福德认为城市就是各种各样文化积聚、交融、演化、发展的容器——"大城市的主要作用之一是它本身也是一个博物馆：历史性城市，由于它历史悠久，巨大而丰富，比任何别的地方保留着更多、更大的文化标本珍品。人类每一种功能作用，人类相互交往中的每一种实验，每一项技术上的进展，规划建筑方面的每一种风格形式，所有这些都可以在拥挤的市中心找到。那种巨大浩瀚，那种对历史和珍品的保持力，也是大城市最大的价值之一。"

在城市稳态发展的过程中，城市容纳了不同历史时期建造的各种建筑，而每一座建筑又是整个连续的时间和空间中的有机组成部分。在历史性城市中，既有具有珍贵文化价值的建筑一代又一代的积淀，也有一代又一代新建的建筑与历史建筑的和谐并存，从而创造出连续性的、和谐统一的城市历史景观。例如，威尼斯的圣马可广场（图3.1）经历了好几个世纪的建造才形成了今天的规模，展示了多元文化的历史积累的过程。广场中有11世纪建造15世纪完工的拜占庭风格的圣马可主教堂；有始建于10世纪、12世纪下半叶改建、20世纪初按"原址原样"原则重建的哥特式钟塔；还有13—14世纪间建造的总督府、文艺复兴式的图书馆和四周的新旧市政大厦。几百年来，圣马可广场的建设尊重历史文脉，逐步改建，既保存了历史文化遗产，又不断进行新的创造，其完美的建筑空间的组织、多元文化交织的历史感和场所感使之被誉为"欧洲最美丽的客厅"。

城市历史文化保护就是要注重保护和发扬这种城市文化的多样性，通过多层次的保护体系完成多样性的系统整合。在新的时空条件下努力创造出与历史关联的多元化城市景观，继而创造新的由历史多样性和当代生活多样性所共同形成的城市特色，促进城市的可持续发展。城市建设单一的价值取向，会使城市历史文化的多样性遭到毁灭性的破坏。不要让所谓的讲求效率的现代化标准，取代了城市的多元发展。

图 3.1　威尼斯的圣马可广场

3.1.2 城市历史文化保护目标与原则

1. 城市历史文化保护目标

《关于在城乡建设中加强历史文化保护传承的意见》指出：要始终把保护放在第一位，以系统完整保护传承城乡历史文化遗产和全面真实讲好中国故事、中国共产党故事为目标，本着对历史负责、对人民负责的态度，构建分类科学、保护有力、管理有效的城乡历史文化保护传承体系。因此，对于每一个城市而言，城市历史文化保护的具体目标就应是在城市的发展中保护城市历史的连续感，全面真实讲好城市故事，并且使城市的特色得以发扬，从而在更高的层次上实现城市的可持续发展。

为此，城市历史文化保护要着力解决城市开发建设过程中历史文化遗产屡遭破坏、拆除等突出问题，确保各时期重要的历史文化遗产都能得到系统性保护，为建设社会主义文化强国提供有力保障。

2. 城市历史文化保护工作的原则

根据《关于在城乡建设中加强历史文化保护传承的意见》，城市历史文化保护工作应遵循一些基本的原则。

（1）坚持价值导向、应保尽保。以历史文化价值为导向，按照真实性、完整性的保护要求，适应活态遗产特点，全面保护好古代与近现代、城市与乡村、物质与非物质等历史文化遗产，弘扬和发展优秀的传统文化、革命文化和社会主义先进文化。传承文化遗存真实的全部信息是我们的职责。真实性也是定义历史文化名城、历史文化街区和历史建筑等一切历史文化遗产的基本因素。

（2）坚持合理利用、传承发展。城市历史文化是社会发展不可或缺的文化财富，在保护好真实的物质载体和历史环境前提下，探索合理利用、永续发展的途径是一项重要的任务。要将保护传承工作融入经济社会发展、生态文明建设和现代生活之中，坚持以人民为中心，坚持创造性转化、创新性发展，发挥历史文化遗产的社会教育作用和使用价值，注重民生改善，不断满足人民日益增长的美好生活需要。

（3）坚持统筹谋划、系统推进。城市历史文化保护是城市发展的重大问题，涉及城市发展战略、功能定位、文化特色、建设管理等多种因素，因此需要树立系统思维，坚持国家统筹、上下联动，统筹规划、建设与管理。充分发挥各级党委和政府在历史文化保护传承中的组织领导和综合协调作用，加强监督检查和问责问效，促进历史文化保护传承与城乡建设融合发展，增强工作的整体性、系统性。

（4）坚持多方参与、形成合力。鼓励和引导社会力量广泛参与保护传承工作，充分发挥市场作用，激发人民群众参与的主动性、积极性，形成有利于历史文化保护传承的体制、机制和社会环境。

3.2　城市历史文化保护的内容与要素

20 世纪 70 年代末，我国的城市历史文化保护主要集中在文物保护领域。改革开放以后，在文物保护的基础上，开始探索历史文化名城、历史地段的保护，并逐步形成了文物古迹、历史文化名城、历史地段 3 个保护层次。进入 21 世纪后，我国的城市历史文化保护理念日趋成熟，保护的内涵和外延也在不断发生变化，保护内容也日趋多元化，保护的基本要素可以分为两大类型：物质要素和非物质要素。

3.2.1　物质要素

城市历史文化保护内容中的物质要素主要包括：城市整体空间环境中的传统格局、历史风貌、城址环境、与城市历史发展和文化传统形成有联系的山川形胜等；反映城市肌理和传统风貌的历史文化街区和其他历史地段；具有保护价值的各类单体建筑遗存，包括各级文物保护单位、历史建筑、传统风貌建筑等；反映地域建成环境特征的历史环境要素，包括古井、围墙、石阶、铺地、驳岸、古树名木等。

1. 城市整体空间环境

城市整体空间环境是指城市的整体风貌和格局。明确城市历史文化资源的价值特色，找到相对应的物质载体，才能更为科学合理地确定城市整体空间环境的保护内容。

根据《历史文化名城名镇名村保护条例》，整体空间环境要素可以划分为 3 类：体现自然环境特色的要素、体现传统格局特色的要素和体现历史风貌特色的要素。

（1）体现自然环境特色的要素。

体现自然环境特色的要素包括地形地貌、水、植被等自然环境本身以及它们与城市的关系等。

自古以来，历史性城市的产生与发展都是依托其自然环境的。许多著名的城市都是依托其自然地形地貌，或依山就势，或近水亲水，经过长期发展演变产生了最主要的自然景观特征，进而逐渐形成独特的城市格局，呈现出富有魅力的空间形态和景观。

地形地貌是城市形成自然环境特色的一个重要元素。许多城市的独特性源自其不同形态的地形地貌。例如，丘陵山地，因地形变化较大而具有动态的景观特征，因此建于丘陵山地的城市和乡村（图 3.2）往往具有生动的环境景观，城乡的基底轮廓线连续且丰富。一些历史性村落的田园风光（图 3.3），则主要由田野、林地、天空组成，视野开阔，具有宁静与自由感。

图 3.2　建于丘陵山地的城市和乡村

图 3.3　历史性村落的田园风光

　　水，也是我们阅读城市景观的一个重要元素，它们可以"营造出独特氛围，或清新悦目，或激情澎湃，赋予历史性城市以灵魂"。例如，江南水乡的同里古镇（图3.4），"诸湖环抱于外，一镇包含其中"。同里古镇被庞山湖、九里湖、南星湖、同里湖和叶泽湖所环抱；镇中街巷蜿蜒，河道纵横，家家临水，户户通舟，形成独具魅力的"小桥、流水、人家"的自然景观与生活场景。著名的水城威尼斯（图3.5）也是如此，保护城内的运河与水道十分重要，因为它们赋予城市以独特的魅力。城市与大海的联系也非常重要，因为大海不仅赋予威尼斯历史上政治和经济的生命，而且正是它与城内水网的联系共同成就了这座城市的整体美。

【同里古镇】

图 3.4　同里古镇

　　此外，植被也是体现城市自然环境特色的一个重要元素（图3.6）。植被具有生命力，其面貌反映季节循环和自然生死，因而植被的色彩是大自然环境中最基础、最生动的色调。由于树种不同，植被总是呈现出丰富的、多层次的色彩，体现出大自然的生机与特色，形成城市独特的基底色调。

图 3.5　水城威尼斯

图 3.6　植被与城市

体现自然环境特色的要素，除了自然环境本身之外，自然与城市之间构成的空间景观也是形成城市特色的重要元素。自然与城市之间形成的空间景观往往蕴含丰富多变的美，体现在城市轮廓线、空间景观轴线、景观序列以及标志性景点上。因此，需要保护和展示历史性城市的自然轮廓线和景观界面。

桂林（图 3.7）是闻名于世的风景名胜类历史文化名城，具有峰秀、水清、石美、洞奇的景观特色。其规划布局巧妙地将叠彩山、伏波山、独秀峰、七星岩、杉湖、漓江与桃花江等组织到城市空间中。桂林的主要道路多以秀丽的山峰为对景或借景，形成了城市富有魅力的景观特征。

图 3.7　桂林城市景观

荷兰的阿姆斯特丹（图 3.8）也是一个自然环境与人工环境有机结合的历史性城市，城市与水之间形成的空间景观赋予这座城市独特的艺术感染力。城内有 100 多个小岛、100 多条运河和 1000 多座桥梁，河水四通八达，游艇成为主要的交通方式。自旧城中心放射出多层同心圆式的运河，形成了一个整齐、严谨、富有规律性的景观特征。

图 3.8　阿姆斯特丹城市景观

（2）体现传统格局特色的要素。

传统格局是指历史上形成的由街巷、建筑物、构筑物等本身特征结合自然景观构成的布局形态，主要构成要素包括城市平面布局、城墙及城址环境、轴线、街道骨架与街巷尺度、河网水系、标志性建（构）筑物等。这些传统格局要素是城市物质空间在宏观上的具体体现，也是组成城市整体特色的重要空间载体和关键所在。

【航行运河间——阿姆斯特丹】

城市形态的发展是一个漫长的历史过程，现状的城市形态是在不同历史阶段，按照城市的内部结构系统与逻辑逐步积累形成的，其变化总是以原有的结构形态为基础，并在空间上对其存在依附现象。历史形态形成的内在逻辑规律和不断发展的有机生长模式，将对今后的发展产生重要影响。因此，在城市历史文化的保护中要理解旧城内部结构系统的有机生长和组织模式，注重城市传统格局的整体保护与延续。许多风景优美的历史性城市，如巴黎（图 3.9）、巴塞罗那、哥本哈根（图 3.10）、罗马等，往往拥有清晰有序的城市空间结构和丰富多样的景观层次。

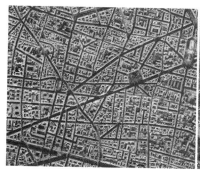

图 3.9　巴黎的城市空间结构与景观

图 3.10　哥本哈根的城市空间结构与景观

　　然而，在大规模开发建设的背景下，传统格局的整体保护面临越来越严峻的挑战，因此需要积极开展总体层面的传统格局保护研究。在传统格局的保护中，需要深入挖掘体现城市特色的平面布局、空间轮廓、空间轴线以及道路骨架、水网系统，同时还有城市的标志性历史建筑物和构筑物。如《北京城市总体规划（2016 年—2035 年）》核心区空间结构规划图中（图 3.11），规定对城市格局和宏观环境进行"整体保护"，保护内容要素包括传统城市中轴线、明清北京城的"凸"字型城廓平面、河湖水系、棋盘式道路网骨架和街巷胡同格局、城市景观线、街道对景、古树名木等。

　　（3）体现历史风貌特色的要素。

　　城市风貌指的是城市的面貌与格调。"风"是对城市社会、环境系统的概括，是传统习俗、风土人情、戏曲、传说等文化方面的表现；"貌"是对城市总体物质空间环境的综合把握，是"风"的载体。根据《历史文化名城名镇名村保护条例》，历史风貌是指反映历史文化特征的城镇、乡村景观和自然、人文环境的整体面貌。它是在长期历史发展过程中所积淀、呈现出来的，具有个性的、区别于其他地区的自然环境和人文环境的综合特征。历史风貌特色的保护不仅体现在表层上的物质空间形态保护，更重要的是还应体现在城市生活环境与场所的内涵延续，只有这样的延续，才是对城市历史文化有层次、有深度的保护。旧城在相当长的时期内，随着社会、经济及生活方式的发展，人们不断地改造和调整自己的生活环境，形成了空间尺度宜人和具有丰富人情味的生活环境，充满了多色彩、多情调和多层次的公共生活气氛，这种人情味及丰富的生活内涵使旧城环境体现出一种场所精神，是城市风貌保护的关键所在。

　　体现历史风貌特色的要素主要包括建筑风格、城市轮廓景观等。其中传统建筑风格是组成城市历史风貌特色的重要空间载体，包括建筑的屋顶形式、高度、体量、材料、色彩、门窗形式、平面空间形态以及与周围建筑的关系处理等。

　　意大利锡耶纳古城（图 3.12），建筑物密集并且具有高度的统一性，尤其是建筑物红色的屋顶、外墙面与周围暗蓝灰色的丘陵相协调，形成了城市独具魅力的风貌特色。

　　四川阆中古城（图 3.13）也是一座历史文化名城，古城山环水绕，空间布局体现了中国古代的风水观。街巷格局以中天楼为核心、十字大街为主干，层层展开，状若棋局。各街巷取向无论东西南北，多与远山相对。古城中大量的民居以院落式组合形成"半珠式"、"品"字型、"多"字型等形态；建筑多为单檐屋顶、穿斗式木构架；青瓦白墙，雕花门窗，形成了古城独特的风貌。

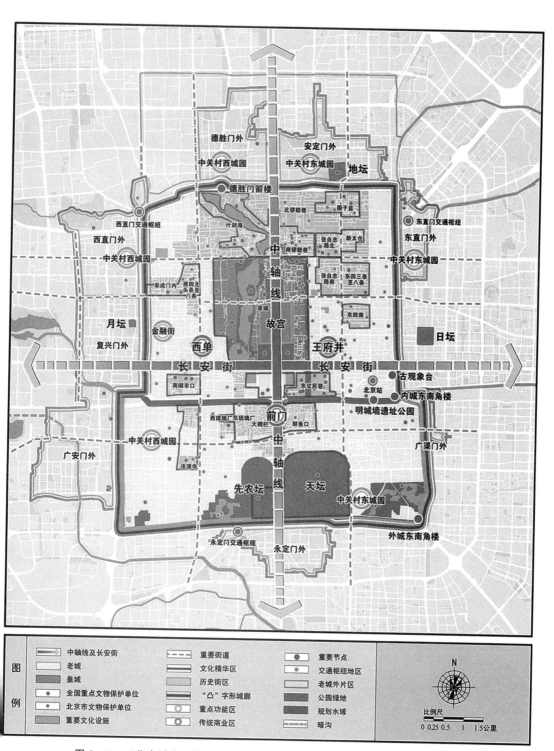

图 3.11 《北京城市总体规划（2016 年—2035 年）》核心区空间结构规划图

图 3.12　意大利锡耶纳古城

图 3.13　四川阆中古城

2. 历史地段

历史地段主要包括历史文化街区、历史文化风貌区和其他具有保护价值的历史地段。历史文化街区是目前我国历史文化名城中关于历史地段保护的法定概念。

（1）历史文化街区。

《历史文化名城名镇名村保护条例》中明确规定，历史文化街区是指经省、自治区、直辖市人民政府核定公布的保存文物特别丰富、历史建筑集中成片、能够较完整和真实地体现传统格局和历史风貌，并具有一定规模的区域。

在历史文化名城保护中，历史文化街区的保护具有十分重要的现实意义。因为传统格局和风貌保护完整，需要并且在现实条件中能够得到全面保护的古城数量并不多，对大多数城市而言，除保护文物古迹外，有重点地保存若干历史地段，把它们定为"历史文化街区"，以此为重点进行保护，对城市整体的保护而言是比较切实可行的。

（2）历史文化风貌区。

历史文化风貌区是指某些历史文化遗存较少，达不到历史文化街区标准，却保存着重要的历史和人文信息，其建筑样式、空间格局和街区景观能体现某一历史时期传统风貌和地方特色的街区。

历史文化风貌区不是法定概念，也没有统一的定义。一些城市在编制保护规划时，会把一些历史文化遗存较为丰富或者能体现城市历史风貌特色，但还不满足历史文化街区条件的历史地段，划定为历史文化风貌区（或者历史风貌区等），如表 3-1 所示。其目的是对更多的历史地段进行保护，体现出"应保尽保"的主旨思想，是地方对历史文化街区保护的补充与探索。

表 3-1 部分城市历史文化风貌区命名方式及保护区划定标准

城市	命名方式	保护区划定标准
广州	历史风貌区	建筑样式、空间格局、街区景观等较完整地体现广州某一历史时期地域文化特点，具有一定规模，但尚未达到历史文化街区标准或者尚未公布为历史文化街区的区域
上海	历史文化风貌区	历史建筑集中成片，建筑样式、空间格局和街区景观较完整地体现上海某一历史时期地域文化特点的地区
南京	历史风貌区	历史建筑相当集中，建筑样式、空间格局和街区景观能够体现南京某一历史时期风貌特点，未达到历史文化街区标准的历史地段
武汉	历史文化风貌街区	历史遗迹较为丰富、文物古迹较多，优秀历史建筑密集且建筑样式、空间格局和街区景观较完整、真实地反映武汉某一历史时期地域文化特点的地区
哈尔滨	历史文化风貌区	历史建筑集中成片，建筑样式、空间格局和街区景观较完整地体现哈尔滨某一历史时期地域文化特点的地区，文物古迹及历史建筑用地不足 60% 的地区

对于历史文化风貌区的保护可以参照历史文化街区，但具体要求可适当灵活。例如，2002 年上海颁布实施了《上海市历史文化风貌区和优秀历史建筑保护条例》，以地方性法规的形式明确了"历史文化风貌区"的定义和保护要求。随后，上海陆续公布了 44 片历史文化风貌区并编制了保护规划。上海历史文化风貌区的保护，更强调街区保护的整体性、真实性和可持续性，是一种全新的尝试。

（3）其他具有保护价值的历史地段。

其他具有保护价值的历史地段，主要是指市域或县域范围内的历史文化名镇、名村和具有保护价值的古镇、古村、历史建筑群、街巷等。历史文化名镇、名村是历史文化名城市域范围的重要保护内容，需要单独编制保护规划。其他具有保护价值的古镇、古村、历史建筑群、街巷，可以申报为各级名镇、名村或历史文化街区、风貌道路（街巷）等。

例如，2004 年上海在历史文化风貌区保护规划编制的基础上，确定了 144 条风貌保护道路（图 3.14），其中 64 条为"永不拓宽的道路"。上海市的风貌保护道路（街巷）是指经上海市人民政府批准的《历史文化风貌区保护规划》所确定的中心城历史文化风貌特色明显的一、二、三、四类风貌保护道路（街巷），包括沿线两侧第一层面建筑、绿化等所占区域。上海市还对风貌保护道路进行了规划编制，《风貌保护道路规划》成果以历史街道景观和街道空间为重点对象，提出风貌道路沿线保护、控制、引导和管理等方面的技术模式，将保护规划推进到精细化管理需要的层面。

(a) 黄浦路

(b) 陕西北路

(c) 北京西路

图 3.14　上海的风貌保护道路

在《上海市城市总体规划（2017—2035 年）》中，在划定 397 条风貌保护道路与风貌保护街巷的同时，又划定了 84 条风貌保护河道（图 3.15），如表 3-2 所示。规划要求保护水体形态、尺度和自然生态环境，管控河流两侧建筑风貌和景观。

表 3-2　上海的风貌保护道路（街巷）与风貌保护河道一览表

保护类型	基本情况	名录
风貌保护道路	中心城浦西 127 条、浦东新区和郊区 29 条，合计 156 条	衡山路、淮海中路、复兴中路—复兴西路、余庆路、兴国路、巨鹿路、永嘉路、武康路等
风貌保护街巷	中心城浦西 37 条、浦东新区和郊区 204 条，合计 241 条	沙市一路、沙市二路、大境路、方浜中路、露香园路、学前街、文庙路、绍兴路、香山路等
风貌保护河道	中心城浦西 5 条、浦东新区和郊区 79 条，合计 84 条	黄浦江、苏州河、杨树浦港、复兴岛运河等

(a) 浦东新区小浦港

(b) 浦东新区赵家沟

(c) 嘉定区唐家浜

图 3.15　上海的风貌保护河道

3．文物古迹

文物古迹是人类在历史上创造或人类活动遗留的具有保护价值的不可移动的各类单体建筑遗存的通称，包括地面、地下与水下的古遗址、古建筑、古墓葬、石窟寺、石刻、近现代史迹及纪念建筑等。文物古迹是城市历史文化保护的基础。按照规划实践，一般可分为文物保护单位、历史建筑、优秀近现代建筑、传统风貌建筑等。

（1）文物保护单位。

文物保护单位是指在具有历史、艺术、科学价值的古文化遗址、古墓葬、古建筑、石窟寺和石刻等所在地设立的，用于文物保护工作的单位。它是对确定纳入保护对象的不可移动文物的统称，并对文物保护单位本体及周围一定范围实施重点保护的区域。

根据《中华人民共和国文物保护法》，我国的文物保护单位分为三级：①国务院文物行政部门在省级、市、县级文物保护单位中，选择具有重大历史、艺术、科学价值的确定为全国重点文物保护单位；或者直接确定为全国重点文物保护单位，报国务院核定公布。②省级文物保护单位，由省、自治区、直辖市人民政府核定公布，并报国务院备案。③市级和县级文物保护单位，分别由设区的市、自治州和县级人民政府核定公布，并报省、自治区、直辖市人民政府备案。尚未核定公布为文物保护单位的不可移动文物，由县级人民政府文物行政部门予以登记并公布。

在文物保护单位的保护工作中，既要注意地面上可见的文物，又要注意埋藏在地下的文物及遗址。古文化遗址和文物建筑的保护是文物保护单位的保护工作中的两个重要内容。

古文化遗址主要指能够见证某种文明、某种有意义的发展或历史事件的人文景观。人类进化的每一个特定状态或阶段，也就是所谓的文明，都不可避免地会在环境景观上留下自己的标记。如雅典卫城是古希腊文明的历史见证，罗马城市中心（图3.16）是古罗马文明的历史见证。除了已经发掘和清理的以外，不少古城遗址目前还都深埋地下。如罗马城市核心部分自中世纪荒弃之后，虽从文艺复兴时期开始已经得到保护清理，但至今仍然还有相当一部分压在城市街区下。中国的一些古都类历史文化名城中，在地面上留下的历史建筑遗存较

【唐大明宫】

少，很多成为遗址存埋于地下，如西安就有十大遗址公园，其中大明宫遗址（图3.17）是唐代宫殿建筑遗址，2014年被列入《世界遗产名录》。大明宫始建于唐太宗贞观八年（公元634年），高宗龙朔三年（公元663年）建成，略呈长方形，面积约3.2平方千米，规模非常宏大。现共存遗址161处，包括丹凤门等宫门及其他门址17处，宫墙等墙体15处，含元殿、麟德殿、三清殿、大福殿、望仙台等建筑遗址59处，太液池、龙首支渠等水系、桥梁遗址32处，御道等道路（含廊道）遗址38处。

图3.16 罗马城市中心

文物建筑是经过一定程序由国家或各级地方政府部门批准列入保护名录的各级法定保护建筑。它是城市历史文化遗产中重要的组成部分，主要包括：①古建筑，即具有重大历史和艺术价值的古代建筑作品；②历史纪念建筑物，即与重大历史事件或重要人物有联系的历史建筑或纪念建筑物；③具有各种文化意义的建筑物和构筑物；④在城市规划和城市发展中具有重要意义的建筑物和构筑物；⑤具有重大意义的近现代建筑物和构筑物等。对

于文物建筑的保护，既要重视古代的文物，也要重视近现代历史文化遗产和当代重要建设成果。

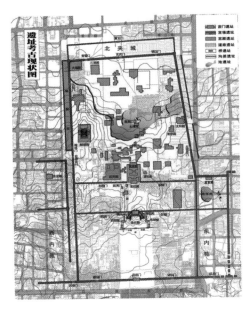

(b) 大明宫含元殿遗址保存现状

(c) 大明宫含元殿复原想象图

(a) 遗址考古现状图

(d) 大明宫遗址中部分出土文物

图 3.17　大明宫遗址

（2）历史建筑。

历史建筑是指经市、县人民政府确定公布的具有一定的保护价值，能够反映历史风貌和地方特色，但是未公布为文物保护单位，也未登记为不可移动文物的建筑物和构筑物。它是历史街区、名镇、名村的核心保护范围内必须有且不得拆除只能维修改善，具有一定价值的建筑物和构筑物。历史建筑可能并不具备文物保护单位那样大的价值，但它们是体现城市文化多样性和丰富性的重要方面，保护它们的意义在于其对构成和表现城市某一方面或某一地段的特征起着不可替代的作用。

历史建筑是随着时光流逝而获得文化意义的朴实的建筑作品。它们可能同重要的历史事件或者历史人物有关，也可能同某个地区经济社会产业的发展历史有关；它们可能体现一定时期典型的建筑设计风格，或者是那个时期重要建筑师的代表性作品，也可能是一定地域内有标志性或象征性、体现集体记忆的建筑物和构筑物；它们可能是在空间、形式、色彩、构件、装饰等方面有一定艺术特色的建筑物和构筑物，也可能是在建筑结构、材料、施工工艺等工程方面具有科学研究价值的建筑物和构筑物；它们的功能可能是住宅、办公、商业和其他公共建筑，也可能是过去的作坊、厂房、仓库和道路桥梁等。

历史建筑需要在普查的基础上，进行细致研究和评定。评定标准在于：它们是否对保持城市空间景观的连续性和逻辑性有重要作用；它们是否具有潜在的历史、文化、建筑和艺术方面价值。例如，自 2008 年公布实施《历史文化名城名镇名村保护条例》以来，广州高度重视历史建筑的保护工作，组织开展了历史建筑普查、推荐申报、出台法规规章等保护工作，将历史建筑纳入了名城保护名录体系。2013 年 12 月，广州市人民政府公布了第一批历史建筑名单，这些历史建筑（图 3.18）类型丰富多样，聚焦于反映时代特征、地域特色和民俗传统。既有能体现近代岭南特色的建筑与园林，如中国大酒店、新爱群大厦、兰圃等；也有与广州作为千年商都、近现代革命的发展历史有关的建筑，如中国出口商品交易会流花路旧址、民国广东警备司令部旧址等；还有一些是过去的仓库、道路、桥梁，如诚志堂货仓旧址、海珠桥、珠江大桥等。截至2022年7月，广州已经陆续公布了7批共828处历史建筑，涵盖工业、村落、坛庙祠堂、骑楼等建筑类型，已全部完成文化遗产普查的历史建筑线索认定，历史建筑名录已基本稳定，未来将根据保护利用工作的需要动态调整保护名录。

历史建筑的保护不同于文物建筑的保护，它可以在保护价值特色的前提下，进行更为灵活的活化利用。

(a) 中国大酒店

(b) 新爱群大厦

(c) 兰圃

(d) 中国出口商品交易会流花路旧址

(e) 海珠桥

图3.18 广州第一批历史建筑

（3）优秀近现代建筑。

城市中的优秀近现代建筑一般是指从19世纪中期至20世纪50年代建设的，能够反映一定时期城市建设历史与建筑风格、具有较高建筑艺术水平的建筑物和构筑物，包括一些重要的名人故居和曾经作为城市优秀传统文化载体的建筑物。

优秀的近现代建筑是体现城市文化建设的生动载体，是城市风貌特色的具体体现，是不可再生的宝贵文化资源。切实加强对城市优秀近现代建筑的保护，是城市历史文化保护工作的重要组成部分。例如，1989年上海市人民政府公布了第一批共59处优秀近代建筑名单（1993年增加至61处）；1991年又颁布了《上海市优秀近代建筑保护管理办法》，提出了应当保护除文物保护单位以外的具有传统意义的建筑。

上海市在近代中国发展史中占有重要的地位，汇集了一大批近代历史建筑物和构筑物，其中包括许多在中国城市发展史和近代建筑史上有一定地位和代表性的著名建筑。随着城市的发展，必须对这些建筑进行保护。这些建筑（图 3.19），既有在近代中国城市建设史或者建筑史上有一定地位，具有建筑史料价值的建筑物和中国著名建筑师的代表作品，如汇丰银行大楼（现为上海浦东发展银行大楼）、沙逊大厦（现为和平饭店北楼）、南京大戏院（现为上海音乐厅）等；也有在建筑类型、空间、形式上有特色，具有较高艺术价值的建筑物，如中国银行大楼、俄罗斯联邦驻上海总领事馆、修道院公寓（现为衡复风貌馆）等；还有在我国建筑科学技术发展史上有重要意义的建（构）筑物，如旧市立体育场等；以及反映上海城市传统风貌、地方特色的标志性建筑物与街区，如步高里等。

(a) 汇丰银行大楼

(b) 沙逊大厦

(c) 南京大戏院

(d) 中国银行大楼

(e) 俄罗斯联邦驻上海总领事馆

(f) 修道院公寓

(g) 步高里

图 3.19　上海第一批优秀近代建筑

（4）传统风貌建筑。

传统风貌建筑是历史地段的重要组成部分，甚至可能是历史地段的主要组成部分。从保护的重要性和价值而言，传统风貌建筑低于文物建筑与历史建筑，但传统风貌建筑组成的街巷格局、片区肌理和相应的景观环境，是历史地段传统风貌的集中反映。

例如，广州在公布历史建筑名录的同时，也在同步推进传统风貌建筑的认定工作。按照历史建筑和传统风貌建筑保护的相关要求，各区人民政府分批次推进传统风貌建筑认定工作。自 2020 年至 2022 年 2 月，海珠区、越秀区、荔湾区、番禺区、白云区等各区人民政府认定并公布了多批传统风貌建筑保护名录 858 处。广州的传统风貌建筑（图 3.20）数量众多，主要分布在越秀区、荔湾区、海珠区等老城区。

4. 历史环境要素

历史环境要素是指除建筑物、构筑物以外的能够反映历史环境、传统风貌的物质要素的通称。常见的历史环境要素（图 3.21）包括：古井、古树、古桥、围墙、石阶、铺地、驳岸、古树名木等。这些环境要素已经与居民的生活融为一体，使得生活环境富有表现力和更加生动。在城市历史文化保护中应注意把握这些环境要素以及整体的环境意象，保持历史空间的特性并使其得以延续。

与历史文化相联系的风景名胜景点也需列为保护对象。属于这一类的，还有城市及其外围大量因地形、位置而形成的构景或观景点，如高地山丘、岛屿的突出岬角、河流的交汇点等。它们往往是城市设计的重点部位。这些景观本身自然也成为城市历史文化保护中需要重点保护的内容。

(a) 荔湾区传统风貌建筑——恩宁路 178、180、182、184号骑楼

(b) 越秀区传统风貌建筑——培正新横路6号民居

(c) 荔湾区传统风貌建筑——永庆二巷2、2-1号民居

图 3.20 广州的传统风貌建筑

图 3.21 历史环境要素

3.2.2 非物质要素

我国历史悠久、民族众多，积淀的优秀历史文化绚丽多彩。无论城市或乡村，尤其是历史文化名城、名镇、名村，除了拥有大量有形的文物古迹外，还拥有丰富的传统文化内容，如传统艺术、民间工艺、民俗精华、名人轶事、传统产业等。它们和有形的文物、历史建筑等相互依存、相互烘托，共同反映着城市或乡村的历史文化积淀，共同构成珍贵的历史文化遗产，保护好它们对于民族精神的继承与弘扬具有重要作用。《历史文化名城名

镇名村保护条例释义》中指出："在名城保护的过程中，应当深入挖掘、充分认识历史文化名城、名镇、名村中蕴含的中华优秀传统文化的内涵，保护好非物质要素，注重对非物质文化遗产的保护传承。"

非物质要素包括各级非物质文化遗产以及未列入非物质文化遗产名录的各类优秀传统文化，如地方民俗、民间工艺、节庆活动、传统风俗等。

1. 非物质文化遗产

根据《中华人民共和国非物质文化遗产法》，非物质文化遗产是指中国各族人民世代相传并视为其文化遗产组成部分的各种传统文化表现形式，以及与传统文化表现形式相关的实物和场所。由此可见，非物质文化遗产保护的是以人为活态载体的各种具体文化活动与文化形式，与文化活动、文化形式相关的社会群体或个人是此类遗产保护对象保护与传承的关键因素。

《保护非物质文化遗产公约》将非物质文化遗产保护的对象界定为：口头传统和表现形式，包括作为非物质文化遗产媒介的语言；表演艺术；社会实践、仪式、节庆活动；有关自然界和宇宙的知识和实践；传统手工艺，以及相关的工具、实物、手工艺品和文化场所。我国的非物质文化遗产基本上与联合国教科文组织确定的保护对象一致，并根据我国传统文化的特点将保护对象界定为：传统口头文学以及作为其载体的语言；传统美术、书法、音乐、舞蹈、戏剧、曲艺和杂技；传统技艺、医药和历法；传统礼仪、节庆等民俗；

【侗族大歌】

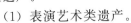
【新疆维吾尔木卡姆】

传统体育和游艺；其他非物质文化遗产。可以看出，非物质文化遗产保护所涉及的对象广泛而多样。其中，与社会文化生活和各种城市空间密切相关的非物质文化遗产保护主要集中于能够反映城市或历史城区（地段）相关历史信息，反映地方产业、文明特征，体现地域文化传统的表演艺术、仪式、节庆活动、传统知识和实践、传统手工艺等遗产类型。就城市历史文化保护而言，可以划分为四种类型：表演艺术类、民俗节庆类、传统工艺类和科技知识类遗产。

（1）表演艺术类遗产。

表演艺术类遗产主要包括民间音乐、传统舞蹈、传统戏剧和传统曲艺、传统杂技等形式，例如新疆维吾尔木卡姆、侗族大歌、广东粤剧等表演艺术都是此类遗产的代表（图3.22）。

(a) 新疆维吾尔木卡姆　　　　(b) 侗族大歌　　　　(c) 广东粤剧

图 3.22　表演艺术类遗产

（2）民俗节庆类遗产。

民俗节庆类遗产与地域历史文化背景以及历史性城市的物质空间环境有着非常紧密的

关系。例如，都江堰放水节与中国古代的水利工程养护密切相关，雪顿节与藏传佛教文化密切相关，泼水节反映着傣族的文化特色，这些都是典型的民俗节庆类遗产（图3.23）。

(a) 都江堰放水节　　　　　　(b) 雪顿节　　　　　　(c) 泼水节

图3.23　民俗节庆类遗产

（3）传统工艺类遗产。

传统工艺类遗产主要由地方传统工艺、生产技术所构成，如制陶、织染、刺绣、雕塑、编织、制漆、金属工艺等，反映了一个城市或地区在历史上的生产力及产业文化发展的水平，蕴含了地方审美情趣和艺术想象力。例如，宜兴紫砂陶制作技艺（图3.24）、景德镇手工制瓷技艺、徽墨制作技艺、端砚制作技艺、贵州茅台酒酿制技艺等都是典型的传统工艺类遗产。

图3.24　传统工艺类遗产——宜兴紫砂陶制作技艺

（4）科技知识类遗产。

我国的中医可以纳入科技知识类遗产。

2006年，《国务院关于加强文化遗产保护的通知》（国发〔2005〕42号）印发，要求逐步建立国家和省、市、县的非物质文化遗产名录体系。对列入非物质文化遗产名录的项目，要制订科学的保护计划，明确有关保护的责任主体，进行有效保护。对列入非物质文化遗产名录的代表性传人，要有计划地提供资助，鼓励和支持其开展传习活动，确保优秀非物质文化遗产的传承。

《中华人民共和国非物质文化遗产法》也规定：国务院建立国家级非物质文化遗产代表性项目名录，将体现中华民族优秀传统文化，具有重大历史、文学、艺术、科学价值的非物质文化遗产项目列入名录予以保护。省、自治区、直辖市人民政府建立地方非物质文化遗产代表性项目名录，将本行政区域内体现中华民族优秀传统文化，具有历史、文学、艺术、科学价值的非物质文化遗产项目列入名录予以保护。

2. 其他非物质要素

其他非物质要素是指未列入非物质文化遗产名录的各类优秀传统文化，如地方民俗、民间工艺、节庆活动、传统风俗等。

除了列入保护名录的各级非物质文化遗产，许多历史性城市还有丰富多彩的文化艺术传统和文化形式，如地方风味饮食、民俗风情、名人轶事、历史地名等，这些也是城市历史文化保护中的重要内容。它们是非物质性的，但却尚未批准列入非物质文化保护名录。因此对它们的保护、继承的方法与保护非物质文化遗产也有所区别，尤其注重对能体现城市生活方式、文化观念的要素，如名人轶事、传统产业、历史地名、传统艺术、民间工艺和民俗精华等的保护与传承。

3.3 专题研究：保护认识的深化和内容的拓展

今天，国际社会正在不断鼓励多样化地理解历史文化遗产的概念和评价历史文化遗产的价值。随着经济的发展、科学的昌明、社会的进步，人们对城市历史文化保护的认识不断深化，保护内容也不断丰富。保护的对象从供人欣赏的古物，到各种文化遗址和文物建筑，再扩展到历史街区、历史城镇以及历史性城市，近年来又出现了大遗址、乡土建筑、工业遗产、20世纪遗产、文化线路等。

3.3.1 工业遗产保护

工业遗产保护是近年来城市历史文化保护中的新领域。工业文明对人类社会发展的影响，远超之前几千年的总和，工业遗产作为工业时代人类文明的重要见证，是人类历史文化遗产中不可分割的重要组成部分。

保护工业遗产的活动起源于英国。早在19世纪末期，英国就出现了"工业考古学"，强调对工业革命与工业大发展时期的工业遗迹和遗物加以记录和保存，这一学科使人们萌发了保护工业遗产的最初意识。至20世纪70年代，西方工业发达国家陆续开展工业遗产的相关研究，包括田野调查、考古、登录记载等。1973年，第一届国际工业纪念物保护会议（FICCIM）在英国铁桥峡谷召开，工业纪念物保护成为国际文化遗产保护的新领域。1978年国际工业遗产保护委员会（TICCIH）成立，这是第一个致力于促进工业遗产保护的国际性组织。该组织开展的大量工业遗产保存、调查、文献管理及研究工作，促进了工业遗产保护理念的逐渐普及。2003年7月，在俄罗斯召开了国际工业遗产保护委员会第12届大会，会上通过了《关于工业遗产保护的下塔吉尔宪章》。2006年的"国际古迹遗址日"，国内外文化遗产保护领域的专业人士汇聚在中国近代民族工业发祥地之一的无锡，共同探讨我国工业遗产保护的现状与对策。会议形成的《无锡建议》向社会各界发出号召：工业遗产是整个人类文化遗产的重要组成部分，在城市化进程中应加以保护。工业文明创造的财富和对世界以及人类生活的影响，远远超过之前几千年的总和。工业遗产直观地反映了人类社会发展的这一重要过程，具有历史的、社会的、科技的、经济的和审美的价值，是社会发展不可或缺的物证。忽视或者丢弃这一宝贵遗产，就抹去了一部分最重要的城市记忆。因此，保护工业遗产就是保护人类文化的传承，培植社会文化的根基，维护文化的多样性和创造性，促进社会不断向前发展。

工业遗产是在工业化的发展过程中留存的物质文化遗产和非物质文化遗产的总和。工业遗产既包括具有历史、技术、社会、建筑或科学价值的工业文化遗迹，如建筑和机械、厂房和生产作坊、矿场、仓库货栈等用于生产、转换和使用的场所，也包括交通运输及其基础设施以及用于住所、宗教崇拜或教育等和工业相关的社会活动场所。除此之外，还包括口传的和存在于人们记忆、习惯中的非物质文化遗产。

1. 我国工业遗产的类型

相较于西方国家，我国近代工业化的起步虽然较晚，但还是产生了众多类型丰富、特色明显的工业城市和工业遗产，拥有丰富的空间形态和特色，具有重要的遗产价值和文化意义。按照形成阶段，我国的工业遗产可分为三类：古代工业遗产、近代工业遗产和现代工业遗产。

(1) 古代工业遗产（1840 年以前）。

中国古代工业遗产类型多样，主要集中在资源开采和冶炼遗址、陶瓷烧制窑址、酿酒作坊等古代工业遗址，如龙泉青瓷窑址、泸州老窖明清古窖池群（图 3.25）等遗址。

(a) 龙泉青瓷窑址　　　　　　　　(b) 泸州老窖明清古窖池群(局部)

图 3.25　中国古代工业遗产

(2) 近代工业遗产（1840—1949 年）。

中国近代兴办工业的主力既有来自于英国、美国、德国、日本等资本主义国家的经济殖民势力及其买办，也有清政府洋务派的官员以及满怀"实业兴国"思想的民族资本家。清末民初的民族资本家、实业家创办的企业以及外商办企业等，在众多的领域实现了从无到有的突破，如南京金陵兵工厂、福州马尾造船厂、上海杨树浦水厂等（图 3.26）。这一时期遗留的厂房、仓库、设备成为中国近代工业发展史的见证者，具有重要的历史文化价值。

(a) 南京金陵兵工厂　　　　　　(b) 福州马尾造船厂　　　　　　(c) 上海杨树浦水厂

图 3.26　中国近代工业遗产

（3）现代工业遗产（1949年以后）。

现代工业遗产以中华人民共和国成立以后的工业建设为代表，展现了社会主义现代化建设的新成就，如首都钢铁厂、长春第一汽车制造厂等（图3.27）。

(a) 首都钢铁厂　　　　　　　　　　　　(b) 长春第一汽车制造厂

图3.27　中国现代工业遗产

2. 工业遗产保护实践

20世纪90年代以来，伴随着城市规划布局及产业结构的调整，我国的工业从城市外迁的步伐加快，各地遗留下不少工业遗产。如何评估这笔遗产并将其妥善保护、永续利用，已经成为文化遗产保护中十分迫切的问题。然而，在"旧城改造"的浪潮中，一些尚未进行界定、未受到重视的工业建筑和旧址等，在城市建设或产业结构调整中被拆除，留下了城市记忆的空洞。沈阳原奉天纺纱厂的拆毁就是一个典型例子。

奉天纺纱厂创建于1923年7月，是当时东北地区规模最大的纺织企业，奉天纺纱厂办公楼（图3.28）也是中国共产党早期领导人开展工人运动的地方，具有重大的历史价值。但是现在大部分厂房已被房地产开发商拆毁，虽然奉天纺织厂办公楼在被拆毁后进行异地复建，但失去了其应有的价值。

(a) 原貌　　　　　　　　　　　　　　　(b) 现状

图3.28　奉天纺纱厂办公楼原貌与现状

当然，也有许多具有远见卓识的地方政府，在大力推进城市化发展的进程中，重视工业遗产的保护，逐步开展了对工业遗产保护和工业地区更新的实践探索。我国对于工业遗产的关注始于20世纪90年代以后，最初由民间力量自下而上推动，其中北京798艺术区是早期工业遗产保护和活化利用的典型案例。

　　北京798工厂是20世纪50年代建造的一座具有典型"包豪斯"风格的军工厂。20世纪80年代末，因企业生产遭遇困境而开始向外出租闲置的厂房。21世纪初，一批艺术家和文化机构扎根于此，成规模地租用这里空置的厂房，改造成各类使用空间。经过多年的发展，厂区逐渐发展成为集艺术中心、画廊、艺术家工作室、设计公司、餐饮酒吧等为一体的艺术社区（图3.29），并成为北京重点扶持的文化创意产业园。类似自下而上的保护与利用工业遗产的行为还出现在上海苏州河艺术街区、泰康路的田子坊等。

图3.29　北京798艺术区

　　2006年5月，国家文物局公布了《关于加强工业遗产保护的通知》，在同期公布的第六批全国重点文物保护单位中，既有古代工业遗产，如古冶铁遗址、铜矿遗址、汞矿遗址、陶瓷窑址、酒坊遗址和古代造船厂遗址；也收录了一批近现代工业遗产，如黄崖洞兵工厂旧址、中东铁路建筑群、青岛啤酒厂早期建筑、汉冶萍煤铁厂旧址、石龙坝水电站、钱塘江大桥、酒泉卫星发射中心导弹卫星发射场遗址、南通大生纱厂等。2007年，我国开始第三次全国文物普查，将工业遗产纳入调查范围。这些行动在国家层面拉开了我国工业遗产保护的序幕。

　　上海作为20世纪我国最重要的工业基地之一，其工业遗产资源无论在规模上还是数量上都在国内具有独特地位。上海市对于工业遗产保护的研究和探索也启动较早，并逐步积累了一些成功的经验：①提出了经济发展与城市功能及生态环境相适应的保护与合理利用模式，科学制定工业遗产的保护规划，包括通过调查、普查、建立地区的工业遗产清单（包括数量、类型和范围等）；②建立工业遗产的评估机制，切实分析工业遗产现状、特征和潜在问题；③提出城市或地区工业遗产保护的策略，并针对不同历史建筑、地段的特性，制定分类保护与活化利用实施措施。例如，2010年上海世博会尝试将大型城市文化事件与工业遗产保护利用相结合，集中成片的工业遗产地区的整体保护再生成为令人关注的重点。上海世博会的中国船舶馆（图3.30）是对江南造船厂原址的厂房进行了重新优化设计和改造而成，世博会博物馆、综艺大厅和城市文明馆均为旧厂房改建。如图3.31所示，上海杨树浦一带的传统工业区，充分利用百年工业遗产等独特的历史文化和景观特色资源，在维护生态环境和生活城区的多样性基础上，通过对包括工厂、仓库、码头等工业建筑的适应性活化利用，植入新的功能，既可成为萌生创意产业的场所，也可重生为时尚活动的魅力空间，实现了地区经济、社会、文化的全面复兴。

图 3.30　上海世博会的中国船舶馆

图 3.31　上海杨树浦工业遗产活化利用

无锡市政府也对工业遗产保护进行了全面部署。2006 年，无锡市文化、规划、经贸、档案等部门联手对工业遗产进行了普查，同时组织编制了《无锡市工业遗产保护专项规划》，确立了"护其貌，显其颜，铸其魂，扬其韵"的工业遗产保护思路。

在对工业遗产保护逐渐形成共识的形势下，一批工业遗产达到了积极保护和合理利用。如 21 世纪初，广州市将原建于 20 世纪 50—60 年代的广东省水利水电机械制造厂改建为创意产业园区——信义国际会馆（图 3.32），提供展览、写字楼、会议、公寓、酒店、餐饮、娱乐场地租赁、策划及相关配套服务。工业时代的建筑物，以及历史性工业地区的景观，因携带大量的历史人文信息，同时工业建筑的巨大空间也适合进行改造和活化利用，为文化创意产业发展提供了便利条件。

图 3.32　广州信义国际会馆

中山市将粤中造船厂改建为岐江公园（图3.33），在历史工业场景中融入文化、旅游、健身、休闲等功能，铁轨、钢架等标志性工业设施成为公园的景观符号，形成了独具特色的城市人文景观。

图 3.33　中山岐江公园

2021年，广州将一座有着近百年历史的仓库——诚志堂货仓修缮后活化利用为珠江边上一座极具特色的幼儿园（图3.34），成为利用工业遗产为城市社区补短板的一个典型实例。

工业遗产保护是我国文化遗产保护领域的一个重要课题，是需要理性认知、科学探索、广泛合作、公众参与的保护事业，也是充满前瞻性、挑战性、创新性的保护行动。虽然我国总体上还处于工业化的中期，但是沿海城市、中心城市以及一些传统工业城市的经济、社会结构正在发生着根本性的变化。这些城市中的工业发展，必将由以制造业为主体开始向服务业转型，管理方式从以政府为主体向市场和公众管理转型，增长方式从数量扩张向质量内涵提升转型，发展内容从注重经济向注重文化和服务社会转型等。在这一转型

图 3.34　诚志堂货仓的活化利用

过程中，必将伴随产业类型、空间结构、社会形态、意识行为等方面的变化。在迅速转型和激烈变化的形势下，如何使更多的优秀工业遗产得到妥善保护，如何形成我国工业遗产保护的整体思路和方法，是需要不断思考和实践的重要课题。

3.3.2　文化线路的保护

文化线路的定义最初在 1994 年"马德里文化线路世界遗产专家会议"上被正式提出，当时将文化线路称为遗产线路。2003 年，文化线路被列为世界文化遗产的特殊类型。2008 年 10 月，在加拿大魁北克通过了《关于文化线路的国际古迹遗址理事会宪章》，该宪章指出："文化线路"作为文化遗产保护科学发展的一个成果，并不与文化遗产现有类型，如历史遗址、城镇、文化景观和工业遗产等相矛盾。文化线路只是将这些范畴包括在一个联合系统中，提升它们的意义，它是文化遗产保护理论与实践的新发展。

1. 文化线路保护内容

文化线路的遗产资源极其丰富和多样，包括了诸如古迹、考古遗存、历史城镇、地方性建筑、非物质遗产、工业和技术遗产、公共工程、文化和自然景观、运输工具等多种内容，体现在以下 3 个方面。

① 自然要素。它产生于自然或文化的背景中，并对其产生影响，在相互作用的过程中，产生丰富多彩的新的文化因素。

② 物质要素。它包括交流线路的本身，还包括与线路功能相关的其他物质遗产，包括海关、要塞、货栈、旅馆、医院、市场、码头、桥梁、交通工具或其他设施，以及与生产贸易有关的诸如城镇中心、文化景观、圣地、礼拜和祈祷场所等。

③ 非物质要素。文化的重大交流不仅通过物质的、有形的东西来体现，还可以通过精神和传统来体现，它们见证了这条线路沿线的民众交流和对话。非物质要素是理解文化线路遗产价值的基础，物质要素必须与其他非物质要素联系起来。

2. 文化线路保护实践

我国作为历史悠久的文明古国，拥有丰富的文化线路遗产资源。随着对这一新型的文化遗产保护意识的增强，一些重要的文化线路遗产相继列入各级文物保护单位。丝绸之路（中国段）、京杭大运河等则进入了世界文化遗产名录。

（1）丝绸之路。

丝绸之路是迄今为止世界上规模最大的文化线路遗产。丝绸之路始于汉代，大体完成于隋唐时期，在宋代以后有了新的发展，是一项历经 2000 多年，促进人类历史活动和东西方经济文化交流的路径。作为古代东西方交流的大通道，丝绸之路覆盖了大半个地球，沟通了亚、欧、非各国各民族之间的联系与往来，是世界上最长的经济商贸之路、文化交融之路、科技交流之路。

【丝绸之路】

丝绸之路作为文化线路遗产，保护重点涵盖了以下几个方面：①起讫点及沿途重要城市的遗产，如汉长安城遗址、唐长安宫殿遗址、河西走廊上的城址（交河、高昌、楼兰）以及各种传统城乡聚落和建筑遗存；②沿线的各类陵墓；③长城、烽燧、城堡等特色防御设施；④道路、驿站、客舍、马房等传统交通及其附属设施；⑤佛教寺庙、伊斯兰教清真寺、石窟寺等体现宗教传播与文化交流的遗存。丝绸之路上的历史文化遗存如图 3.35 所示。对于丝绸之路的保护，不仅要保护上述实物遗存，更要注重历史景观环境的保护，如火焰山、戈壁滩、胡杨林等自然景观。

图 3.35　丝绸之路上的历史文化遗存

（2）京杭大运河。

京杭大运河是世界上开凿时间最早的人工河，它将海河、黄河、淮河、长江和钱塘江五大水系连成了统一的水运网，是我国历史上南粮北运、商旅交通、军资调配、水利灌溉等用途的生命线，也是贯穿南北流动的血脉。

大运河沿岸 30 余座城市的历史，就是一部部"因水而生、因水而立、因水而兴、因水而名、因水而强"的历史。大运河各个时代的历史文化遗存虽完好程度不一，但位于"大运河"的体系之中就显出重要的整体价值。

大运河不仅是一个规模庞大的航运工程体系，同时也是规模巨大的文化线路遗产，它的保护重点涵盖了以下几个方面：①运河河道、运河上的码头、船闸、桥梁、堤坝等水工设施；②运河两侧大量地下遗存的古遗址、古墓葬和历代沉船等；③沿岸的衙署、钞关、官仓、会馆和商铺等相关设施；

【大运河】

④依托运河发展起来的城镇乡村，以及古街、古寺、古塔、古庙、古窑、古驿馆等众多历史人文景观。京杭大运河沿线的历史文化遗存如图 3.36 所示。对于京杭大运河的保护，不仅要保护上述实物遗存，更要注重与运河有关联的非物质文化遗产，使之成为名副其实的"古代文化长廊"。

图 3.36 京杭大运河沿线的历史文化遗存

<h3>3.3.3　20 世纪遗产的保护</h3>

20 世纪遗产是根据时间进行划分的文化遗产集合，包括了 20 世纪历史进程中产生的不同类型的遗产。20 世纪是人类文明进程中变化最快的时代，在这 100 年时间里，我国完成了从传统农业文明到现代工业文明的历史性跨越。以 20 世纪这一时间维度为全新视角，反思和记录 20 世纪社会发展进步的文明轨迹，发掘和确定中华民族百年艰辛探索的历史坐标，对于今天和未来，都具有十分重要的意义。

1. 20 世纪遗产的特点

（1）遗产类型丰富，保存状态较完整。

20 世纪，人类社会在各个领域出现了前所未有的变革，各类新兴建筑物、构筑物如雨后春笋般出现。20 世纪遗产包括了所有风格和功能的建筑、城市聚落、城市公园、花园和景观、艺术作品、家具、室内设计和综合工业设计、工程作品（路桥、水利设施、港口、大型工业中心）、考古或纪念场所等，类型极为丰富。同时，与农耕文明时期的遗存相比，20 世纪遗产年代相对较近，因此保存状态较为完整。

（2）遗产文化内涵多元交融。

20 世纪遗产是人类社会在向现代文明跨越的关键时期和世界各地文化空前频繁的交流的背景下，伴随着战争、和平、建设等各个不同的历史阶段而产生的，加之遗产类型多种多样，因此，20 世纪遗产所承载的文化内涵多元交融，十分丰富。

在我国，20 世纪遗产见证了国家和民族的复兴之路，体现着为争取民族独立、国家富强、社会进步而前仆后继、自强不息的精神，形象而直观，具有强烈的感召力。例如四川宜宾的李庄，在 20 世纪 40 年代，接纳了内迁的中央研究院历史语言研究所、社会科学研究所、国立同济大学以及中国营造学社等，傅斯年、董作宾、梁思成、林徽因等一批著名学者在李庄生活工作直到抗战结束，《中国考古学年表》《中国建筑史》等一批重大学术成果在李庄诞生，中国营造学社旧址（图 3.37）至今保存完好，被公布为全国重点文物保护单位。

图 3.37 四川宜宾李庄的中国营造学社旧址

（3）遗产功能实用性和延续性较强。

在战争频发、人口膨胀、资源枯竭、经济快速发展等多方面背景下，20 世纪建造的建（构）筑物更加注重功能性和实用性，在空间布局、体量塑造、材料使用等方面力求达到经济、高效的利用。因此无论是居住设施、生产设施、公共设施，还是纪念性建筑，普遍较为简洁、庄重、朴素，与宏大壮美、富丽堂皇的宫殿、教堂、庙宇、城堡等古代建筑形成鲜明的时代差异。由于其功能更加贴近现代的生产生活方式，因此 20 世纪遗产的实用性和功能延续性较古代遗产更强，被称为"活着的遗产"。20 世纪遗产的产生背景、建造过程、修缮状况等信息也都有据可查，基础资料相对完备。如南京的中央体育场旧址（图 3.38），建于 1930 年，由我国著名建筑师杨廷宝设计，建筑造型简洁大方，堪称我国近代建筑史上的精品之作。现存的田径场司令台、篮球场牌坊以及平台等早期建筑，现在仍被南京体育学院作为教学场地使用。

图 3.38 南京的中央体育场旧址

2. 20 世纪遗产保护实践

我国针对 20 世纪遗产的保护观念形成较早，最初以保护"革命文物"为开始。1956年国务院印发的《关于在农业生产建设中保护文物的通知》中要求："在全国范围内对历史和革命文物遗迹进行普查和调查工作"。随后，一批革命遗址和纪念地相继被列为各级文物保护单位。1961 年国务院公布的第一批全国重点文物保护单位中，将"革命遗址及革命纪念建筑物"作为第一类别，共 33 处，其中绝大部分为 20 世纪遗产，包括武昌起义军旧址、南京中山陵、平型关战役遗址等，特别是建成仅 3 年的人民英雄纪念碑和建成仅 4 年的中苏友谊纪念碑也被列入其中，如图 3.39 所示。

(a) 武昌起义军旧址

(b) 南京中山陵

(c) 人民英雄纪念碑

(d) 平型关战役遗址

(e) 中苏友谊纪念碑

图 3.39　第一批全国重点文物保护单位中的 20 世纪遗产

20 世纪 80 年代后，我国逐渐开始关注更广泛意义上的 20 世纪遗产的保护，加强了对 20 世纪遗产在抢救、研究和保护基础上的合理利用。1982 年颁布的《中华人民共和国文物保护法》总则中明确规定的文物类型包括"与重大历史事件、革命运动和著名人物有关的，具有重要纪念意义、教育意义和史料价值的建筑物、遗址、纪念物"，为以 20 世纪遗产为主要内容的近现代遗产保护提供了基础性的法律依据。1996 年国务院公布的第四批全国重点文物保护单位中采用了"近现代重要史迹及代表性建筑"的类别名称，把更加广泛的 20 世纪遗产列入了文物保护单位范畴，集中保护和抢救了一大批反映经济建设和社会发展的 20 世纪实物见证。

21 世纪以来，20 世纪遗产的保护工作进一步加强，并积极通过地方立法推动保护实践。2002 年 7 月，上海市通过了《上海市历史文化风貌区和优秀历史建筑保护条例》，将列入保护的优秀历史建筑的时间标准由原规定的"1949 年以前"扩展至"建成使用 30 年以上"，并对保护管理的内容和方法做出了更加明确和细致的规定。

2004 年，中国建筑学会建筑师分会向国际现代建筑协会等学术机构提交了一份"20 世纪中国建筑遗产的清单"，重点关注天津广东会馆、燕京大学、上海外滩建筑群、重庆人民大礼堂、北京儿童医院、厦门集美学村（图 3.40）等 22 处存在损毁危险或需要立即保护的建筑。

2005 年 3 月，北京市通过了《北京历史文化名城保护条例》，去掉了"历史建筑"中的"历史"二字，强调对文物建筑的保护将主要考虑其本身的价值，而不再仅凭年代而论。2007 年 12 月，北京市发布了《北京优秀近现代建筑保护名录》，其中 1949 年以来的现代建筑入选多达 51 处，包括北京天文馆 [图 3.41 （a）]、民族文化宫、首都体育场

图 3.40　厦门集美学村

［图 3.41（b）］、和平宾馆、北京市府大楼等。这些被列入保护名录的 20 世纪建筑，不仅现状保存较为完整，而且能够集中反映北京近现代城市发展历史，具有较高的历史、艺术和科学价值。

(a) 北京天文馆　　　　　　　　　　　　　(b) 首都体育场

图 3.41　北京优秀近现代建筑

2005 年，成都市通过文化遗产调查，以政府法规的形式出台了《成都市优秀近现代建筑保护规划》，将建成时间在 30 年以上的优秀建筑都纳入了保护范围，目的不仅仅是列出保护项目名录，同时建立起优秀近现代建筑的评估保护体系。

2007 年 7 月，西安公布将中华人民共和国成立后的代表性建筑列入文物保护单位，西安人民大厦（图 3.42）、西安市报话大楼、西安交通大学主楼群等 8 处建于 20 世纪 50—60 年代的建筑位列其中。

20 世纪遗产保护，相对于已有千百年历史的古代文化遗产而言，它的保护和研究工作只是刚刚起步。如何正确认识 20 世纪遗产的价值，从物质和精神两个层面对遗存现状进行科学评估，确定保护对象，建立保护和修复体系，既是 20 世纪遗产保护的重要前提，也是当前刻不容缓的任务。对 20 世纪遗产的保护，不应简单地从艺术形式和审美角度鉴

图 3.42　西安人民大厦

定其价值，而应注重考察它们为适应社会生活变化，在功能、材料、技术手段以及工程建设等方面所做出的积极贡献，从中分析 20 世纪遗产对于今天社会发展的有益之处。

由于绝大多数 20 世纪遗产保存状态较完整，因此为 20 世纪遗产寻求合理利用途径是积极的保护方式。科学有效地实施 20 世纪遗产的科学保护和合理利用，既有利于城市空间的合理布局，又有利于解决因转型而带来的功能衰退。20 世纪遗产的保护，应与城市环境景观塑造和地区功能提升相结合，与市民公共活动和培养健康情趣相结合，与城市文化建设和特色风貌保护相结合。如何在保持良好状态的同时，留住它们所拥有的文化意义尤为关键。例如，南京对现存民国建筑分布状况进行科学分析，然后选择合适的文化线路，采用不同的方式将 20 世纪遗产串联起来，按照不同主题形成民国官邸文化、外交文化、科教文化、工业文化、革命文化等旅游线路，提升了 20 世纪遗产对城市文化的贡献。

3.3.4　文化生态保护区的保护

2006 年，从加强传统文化整体性保护的角度出发，《国家"十一五"时期文化发展规划纲要》提出"确定 10 个国家级民族民间文化生态保护区"的要求，对非物质和物质文化遗产内容丰富、较为集中的区域实施整体性保护。"国家级文化生态保护区"是指以保护非物质文化遗产为核心，对历史文化积淀丰厚、存续状态良好、具有重要价值和鲜明特色的文化形态进行整体性保护，并经文化部批准设立的特定区域。

2007 年，我国设立了第一个国家级文化生态保护实验区——闽南文化生态保护实验区，随后印发了《文化部关于加强国家级文化生态保护区建设的指导意见》《文化部办公厅关于加强国家级文化生态保护区总体规划编制工作的通知》，由此，文化生态保护区建设工作在我国正式开展起来。截至 2021 年，全国已设立 23 个国家级文化生态保护（实验）区。

1. 文化生态保护区类型

国家级文化生态保护区基本遵循以文化形态（文化类型）确定保护范围的原则，其分类包括以下几种。

① 侧重文化的地域性：如闽南文化生态保护区、徽州文化生态保护区、热贡文化生态保护区等。

② 侧重文化的民族性、族群性：如羌族文化（四川省）生态保护区、客家文化（梅州）生态保护实验区等。

③ 结合文化的地域性与民族性：如武陵山区（湘西）土家族苗族文化生态保护区、大理文化生态保护实验区、黔东南民族文化生态保护实验区等。

④ 侧重文化的独特性：如铜鼓文化（河池）生态保护实验区，说唱文化（宝丰）生态保护实验区等。

⑤ 侧重文化环境与生产方式：如海洋渔文化（象山）生态保护实验区，景德镇陶瓷文化生态保护实验区等。

2. 文化生态保护区的保护实践

文化生态学的概念最早于 1955 年由美国人斯图尔德提出，是在综合生态学、文化人类学、文化地理学、城市社会学等相关学科理论的基础上，逐渐成为研究人类文化与环境之间相互关系的一门科学。20 世纪 90 年代，对文化生态进行保护的理论逐渐传入我国。

在城市历史文化保护中引入文化生态理论，将城市文化看成一个完整的生态系统，强调以整体的观点去看待城市历史文化体系中包含的一切有价值的建筑与环境，重视它们之间的有机关系，强调系统的相关性，使得历史文化保护的思想与方法发生了重大转变。历史文化遗产保护从注重历史古迹保护转向对历史古迹及其整体的文化环境、网络与生态的保护延续，开始关注文化遗产保护的"关联性""整体性"和"系统性"。

文化生态保护区的实践为城市历史文化的整体保护提供了一种新的思路和新的探索。国家级文化生态保护区的建设应坚持"保护优先、整体保护、见人见物见生活"的理念，既保护非物质文化遗产，也保护孕育发展非物质文化遗产的人文环境和自然环境，实现"遗产丰富、氛围浓厚、特色鲜明、民众受益"的目标。

在具体的规划实践中，强调以保护非物质文化遗产为核心，对具有重要价值和鲜明特色的文化形态进行一体化保护。将有形的物质文化遗产（如古建筑、历史街区与村镇、传统民居及其他历史遗迹等）与无形的非物质文化遗产（如口头传说、传统表演艺术、民俗活动、礼仪、节庆、传统手工技艺等），以及这些文化遗产所赖以存续的自然环境一起实施立体的、多层次的整体性保护，如徽州文化生态保护区的规划实践。

徽州文化生态保护区是依据《国家"十一五"时期文化发展规划纲要》设立的第二个文化生态保护实验区，是建立区域性非物质文化遗产整体保护模式的新探索。规划编制的目的是为科学有效地保护徽州地域性文化遗产，维护文化多样性，促进徽州文化与经济、社会协调发展，将徽州建设成为优秀传统文化与现代生活有机融合，人与人、人与社会、人与自然和谐共生的空间范例。规划确立了"保护为主、抢救第一、合理利用和传承发展"四大方针，对安徽省境内"一府六县"内非物质文化遗产项目和代表性传承人，以及非物质文化遗产赖以存续的自然环境进行了整体性规划。保护规划针对非物质文化遗产的特点和具体情况，提出了抢救性保护、传承性保护、生产性保护和整体性保护等多种方式。抢救性保护是针对濒临灭绝的非物质文化遗产项目，或与现代经济衔接困难，难以依靠自身能力进行活化利用保护的项目实行的保护方式；传承性保护是针对保护意义深远、操作性较强、群众基础较好的非物质文化遗产项目实行的保护方式；生产性保护是针对生产、制作类非物质文化遗产项目实行的保护方式；整体性保护则是对非物质文化遗产代表性项目集中、特色鲜明、形式和内涵保持完整的特定区域，实行区域性整体保护。

文化生态保护区的建设，为整体性保护非物质文化遗产创造了有利条件，是我国探索科学保护物质遗产和非物质文化遗产的一种重要模式，也是我国文化建设工作的一项创举。

本 章 小 结

城市历史文化保护的问题需要放在城市发展的大背景下进行研究，必须建立城市保护与发展并行不悖的理念，城市历史文化的保护应该是立足发展的保护。

城市历史文化保护工作应遵循一些基本的原则：①坚持价值导向、应保尽保；②坚持合理利用、传承发展；③坚持统筹谋划、系统推进；④坚持多方参与、形成合力。

城市历史文化的保护内容可以概括为三个层次和两种要素。在新的政策背景和发展形势下，准确把握历史文化保护的发展趋势，正确理解保护内容的外延，是关系城市历史文化保护工作发展全局的重大课题。新时期城市历史文化保护内容的拓展主要包括工业遗产、文化线路、20世纪遗产和文化生态保护区四方面内容。

思考与讨论题

1. 在城市历史文化保护工作中，我们应该坚持什么原则？

2. 请用一个你熟悉的案例，发表你对保护与发展的看法。

3. 在保护的基本要素中，单个的历史建筑或者传统风貌建筑可能并不具备文物建筑那样大的价值，但为什么今天尤其要注意保护历史建筑？请结合你熟悉的某一历史城区或历史街区，谈谈保护历史建筑在其中的作用与重要性。

4. 新时期城市历史文化保护内容的拓展主要包括哪些内容？

第4章
城市历史文化保护策略与方法

思维导图

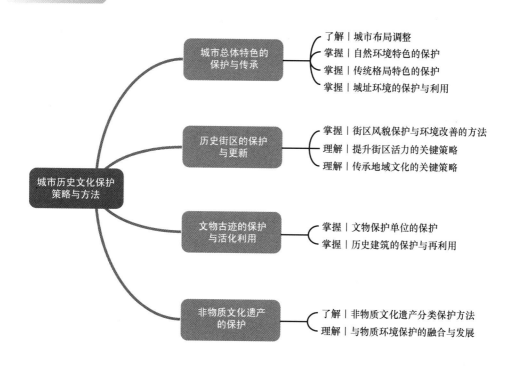

城市历史文化保护策略与方法
- 城市总体特色的保护与传承
  - 了解 | 城市布局调整
  - 掌握 | 自然环境特色的保护
  - 掌握 | 传统格局特色的保护
  - 掌握 | 城址环境的保护与利用
- 历史街区的保护与更新
  - 掌握 | 街区风貌保护与环境改善的方法
  - 理解 | 提升街区活力的关键策略
  - 理解 | 传承地域文化的关键策略
- 文物古迹的保护与活化利用
  - 掌握 | 文物保护单位的保护
  - 掌握 | 历史建筑的保护与再利用
- 非物质文化遗产的保护
  - 了解 | 非物质文化遗产分类保护方法
  - 理解 | 与物质环境保护的融合与发展

导言

城市历史文化保护成为世界的潮流，意味着"文化的时代"才是城市现代化和先进性的标志。党的二十大报告中指出："增强中华文明传播力影响力。"中华文明5000多年发展史充分说明，无论是物种、技术，还是资源、人群，甚至于思想、文化，都是在不断传播、交流、互动中得以发展和进步的。增强中华文明传播力影响力，就是要深入开展各种形式的人文交流活动，打造融通中外的新概念、新范畴、新表述，用中国理论阐释中国实践，用中国实践升华中国理论，赋予历史文化传承的社会主义新时代特征，因而有必要研究多模式的保护方法，使得城市历史文化能够通过不同载体、在不同方法的操作中获得这种时代特征，使城市历史文化得到传承。城市在发展中保持其多样的历史价值也就意味着这种发展是可持续的发展。

在我国，现代城市的高速发展使得任何静态的保护方法都难以取得良好的保护效果，面对日趋复杂的城市社会经济问题，城市历史文化保护工作必须在实践中寻求多模式的保护方法以适应不同的实际情况。这首先表现为，建筑遗产和城市文化遗产的价值各异，需要运用多种保护手段达到城市历史文化保护与传承的目标；其次表现为，城市文化的多样性及其发展变化要求保护方法应灵活和多变。

对于城市的历史文化遗产，我们要保护好它们存在的根基并发掘其在新时代活化利用的可能性，进而在城市发展中探索发扬历史文化的方法。需要明确的是，城市历史文化保护的各个层面都不存在统一的、基于城市历史文化保护的规划模式，我们要用动态的、发展的眼光，在实践中总结保护的经验与教训，对保护方法不断地总结创新，鼓励运用多种手段针对具体情况进行实践，从而走出适合国情的城市历史文化保护之路。

4.1 城市总体特色的保护与传承

城市总体特色的保护，必须建立在城市发展与整体保护的系统规划基础之上，从城市总体发展方向、功能布局和结构调整的宏观层面上，确立城市总体特色保护的目标，并采取整体性和综合性的措施，对城市整体空间环境进行保护与控制。一方面对体现城市空间环境特色的原有因素实施保护，另一方面对影响城市风貌特色的新建因素实施控制与引导，从而达到保护与发展的整体协调。避免大量建设性或者保护性的破坏，确保各时期重要的历史文化资源能得到系统性保护。这里所涉及的内容较为广泛，具体实践中主要是从城市布局调整、自然环境特色的保护、传统格局特色的保护和城址环境的保护与利用四大方面进行。

4.1.1　城市布局调整

如何从城市总体战略层面上来解决保护与发展的问题，在城市历史文化保护工作中是非常重要的。如果城市的性质或者城市的定位不准确或者城市在布局上出现重大问题，那么仅从技术层面上是很难处理好保护问题的。城市如何选择发展战略、如何确定发展目标是非常关键的，如果决策方向错误，那么再多的技术手段都很难避免保护工作的失误。城市建设中大量发生的建设与保护之间的冲突，很多问题都是出在总体层面上。历史上这些现象很多，如巴黎奥斯曼的大拆大建、大伦敦规划的推倒重建的模式都曾是国际上普遍存在的问题。

在我国，现代社会经济快速发展，城市化进程加剧，人口增长、城市规模扩大、交通流量猛增，这使得已处于饱和状态的古城（历史城区）中的基础设施老化、人口密度过大、建筑破败等现象更加凸显。古城（历史城区）的道路红线越拓越宽，被拆除的历史建筑越来越多，而宽阔的道路就意味着建造更高的建筑和吸引更多的城市交通，这也导致历史上形成的城市肌理被割裂，城市整体风貌特色难以得到保护与延续。这种情况下，从城市总体发展战略层面上考虑，要求将决定城市经济增长的开发区或体现城市现代化新气象的新区与古城相对分离，这样在城市布局和空间发展模式的层面上就为城市总体特色的保护创造了先决条件；而对于新老城区的连接过渡以及交通联系的深入研究，将会促使新老城区的和谐发展。

　　开辟新区，逐步拉开城市布局，减轻古城压力是当前协调城市历史文化保护与经济发展的一种重要手段，对处理好城市历史文化保护与发展的关系，具有战略性意义。西方许多国家在城市迅速膨胀的阶段就开始采取保护古城，并在其附近另辟新城的方法。新城取代古城成为经济政治商业中心，而古城主要承担居住和文化的功能。从实际效果来看，这样的做法确实保护了古城的风貌完整性，使得城市总体特色得以保持。例如罗马的新城完全脱离了古城而兴建，使得历史建筑与环境得以完整保留下来，古城、新城既相对独立，又相互联系成一个整体（图 4.1）。又例如巴黎在 1958 年开始建设 20 世纪下半叶规模最大的城市新区——拉德方斯新区，目的是建设一个集工作、居住、休闲娱乐为一体的、各项设施齐全的中央商务区（CBD），成为展示巴黎新形象的"橱窗"。通过城市轴线的延续，新城和谐地融合于古城优美典雅的历史氛围之中（图 4.2）。

图 4.1　罗马的新城与古城风貌

图 4.2　从巴黎古城看拉德方斯新区

【梁陈方案】

在我国，从整体的城市历史文化保护出发，避开古城、另建新区的设想在 20 世纪 50 年代由梁思成提出，他是国内最早以整体眼光研究城市发展与保护问题的专家，试图从城市总体战略的高度出发，调整城市规划结构，发展新区以保护古城，以求"古今兼顾、新旧两利"。基于对北京古城现状及价值的分析，1950 年的"梁陈方案"（图 4.3）提出避开明清时期形成的古城，在其西面设立新的行政中心；新的行政中心的轴线从故宫向西移到三里河一带，形成一条更加雄伟壮丽的轴线。这样一方面有利于保护古城的整体风貌，便于疏散旧城过密的人口，为古城的保护改造打下基础；另一方面便于使新区的建设摆脱古城结构的束缚，有较大的建设自由度和未来的发展空间。但因种种原因，"梁陈方案"在当时的社会政治经济条件下未能实现。在我国现今城市的保护实践中，一些整体风貌保护较好的城市采取了这种模式并取得了很好的效果。

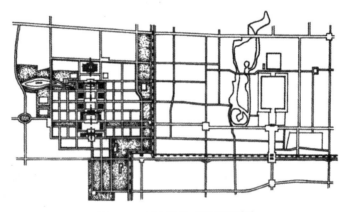

图 4.3　1950 年的"梁陈方案"

【临海古城】

例如，国家第三批历史文化名城之一的临海（图 4.4），正确把握名城保护与城市发展的关系，贯彻对古城的整体保护，规划新区在古城东侧单向发展，古城拆建压力较小，古城整体风貌保持完好。新区与古城之间采用开敞系统——公园作为过渡，形成了新区与古城之间的有机关联。

图 4.4　临海古城

对于大城市和特大城市而言，其城市性质常常是综合性的，既是文化中心，又是政治中心与经济中心，作为历史性名城的职能只是其中之一。在这种情况下，如何确定古城的性质，如何选择正确的空间发展模式，制定合理的总体布局显得尤为重要。

【图4.5彩图】

　　例如，江南水乡城市苏州在 20 世纪 80 年代时，古城容量处于超饱和状态，古城内用地和空间十分有限，严格控制古城容量、疏散人口、缓解交通压力是城市整体保护的前提条件。对古城的保护可以采取控制疏解古城工业、交通、住宅建设以及控制游客容量等措施，使古城的环境容量能得到松动，达到较高的环境质量。同时，苏州是该地区的中心城市，必然要发展相应的金融、贸易、文教、科研、技术信息、商业服务等功能，而古城内已无空间可以发展这些功能。因此，处理好苏州的保护与发展的关系的出路，就是积极建设新区。为此，1986 年版苏州市城市总体规划确立了"全面保护古城风貌，积极建设新区"的方针。1996 年版《苏州市城市总体规划（1996—2010）》确定以古城为中心，向东西两个方向发展新区的总体战略，形成"古城居中、一体两翼"的城市空间格局（图 4.5）。2011 年版苏州市城市总体规划确定"古城居中，五区组团"的空间格局，苏州市始终坚持全面优化提升古城品质，促进新区建设发展。古城功能以居住、文化教育、传统工商业和旅游为主；新区则以经济贸易、现代工业为主，这样既使古城的风貌特色得以保持和延续，又为城市发展注入了新的活力，很好地处理了城市历史文化保护与发展的关系。

图 4.5　苏州市城市总体规划结构图（1996—2010）

　　近年来我国部分历史文化名城建设和发展的实践证明，制定科学合理的规划并严格管理，从总体发展战略层面进行布局调整，通过开辟新区以缓解古城压力，不仅可以处理好保护与发展的关系，避免现代化的高楼大厦彻底破坏城市历史积淀的肌理以及和谐的尺度，从而为整体的城市特色保护创造有利条件，而且城市的建设也可以取得良好的经济效益、社会效益和环境效益。例如，丽江、平遥等明确历史文化名城的城市性质，调整优化古城的产业结构，实现了功能提升；苏州、青岛、扬州等通过建设新区，调整用地功能，把工业从中心区迁出，加强人口容量与环境容量控制，疏解古城人口和交通压力，保持了古城的风貌完整；福州、喀什等开展古城的有机更新与改造，改善基础设施和居住环境，保持了古城的活力和功能混合；南京通过从单中心集中式城市结构过渡到多中心开敞式城市结构，避免摊大饼式外延发展对古城产生的威胁，在更大范围内考虑工业和城市人口的布局，为南京古城的保护奠定了基础。

4.1.2 自然环境特色的保护

城市不可能脱离它的自然环境而存在。中国传统文化十分注重自然环境和城市之间的协调，城市建设往往与周边的山川、河流、植被等有着紧密的联系。我国传统城市的营城理念和营建方式是古人在长期观察自然、适应自然、利用自然的过程中形成的，包含了丰富、直观而深刻的感性认识和经验，体现了深厚的哲学、科学和美学观念。对城市所依存的山川、河流、植被等自然环境的保护，是城市历史文化保护工作的一项重要内容。

对于自然环境的保护，除了自然环境本身之外，也包括自然环境与城市之间构成的空间景观。对于具有特征的自然环境景观，应将之作为积极的保护对象，尽可能地保存其自然状态，通过高度控制、视线通廊、构图轴线、开放空间体系等城市设计手段将它们组织到城市整体空间环境中，展示历史性城市的自然轮廓线和景观界面。

例如，常熟在历史文化名城保护规划（2015—2030）中，提出要保护"十里青山半入城"的环境意向，重点保护虞山、尚湖、护城河、琴川河等山水环境，严格控制新建建筑高度，保护以方塔、辛峰亭、虞山为制高点的视线走廊。

又如南京"襟江带湖、山水相依、龙盘虎踞"的山川形胜是城市特色的重要组成部分。南京在全国率先提出将历史文化积淀深厚的山水资源集中区划定为环境风貌保护区，提出重点保护的环境风貌区涉及十余处，包括紫金山—玄武湖、明城墙风光带、大江风貌（含幕府山—燕子矶）、雨花台—菊花台、秦淮风光带、栖霞山、青龙山—黄龙山等。在保护规划的指导下，南京持续开展、滚动编制、逐步深化了环境风貌保护区的规划，实现了空间全覆盖。而且部分环境风貌保护区已经按照规划进行了保护与整治，很好地展示了南京的自然环境特色。2012 年，南京还专门针对废弃露采矿山进行了开发利用研究，为山水环境的修复奠定了基础。如今，中山陵风景区已经成为国家首批"AAAAA 级风景区"，夫子庙秦淮风光带（图 4.6）被评为中国旅游胜地，明城墙风光带也于 2014 年环通，南京滨江风光带江南主城段也基本建成。

图 4.6 南京夫子庙秦淮风光带

广州在自然环境特色保护与传承方面也有一些成功的实践经验。广州古城北依越秀山、白云山，南临珠江直通入海，"云山珠水"的山水格局造就了其独特的城市环境特色。凭借三江交汇的优势，广州在唐代成为岭南地区的水运中心，也是陆上丝绸之路和海上丝绸之路联系的重要节点。宋代，广州开凿了东濠涌、西濠涌、玉带濠三条护城河，修筑六脉渠，沟通了北面越秀山与南面珠江的联系；山水融入城中，形成了"六脉皆通海，青山半入城"的整体环境格局（图4.7）。

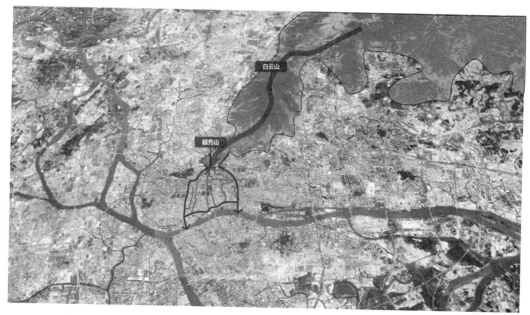

图4.7 广州整体环境格局

近年来，为了保护自然环境特色，传承山水城市意向，广州在山体和水系保护方面都推进了很多工作。首先，为重现"渠通于濠，濠通于江海"的水系格局，广州在2010年完成了东濠涌整治，形成了连通白云山—珠江的城市绿廊。2009年开始将荔枝湾涌暗渠复明（图4.8），恢复了西关水系的景观，成为新羊城八景之一。然后，广州在2019年启动白云山、麓湖、越秀山及周边地区的还绿于民工程，包括拆违复绿、绿化品质提升、慢行系统建设、进山路径贯通、出入口品质提升、区域景观提升、广州花园建设、麓湖公园品质提升等，逐步恢复白云山的美景（图4.9），实现"还绿于民"。同时，开展了珠江沿岸优化提升工作，实现"还岸于民"。提出构建"一江两岸三带"，推动珠江两岸贯通及滨江岸线转型，使得珠江成为了联系广州城市发展的过去、现在与未来的城市公共开敞空间

图4.8 复明后的荔枝湾涌

和重要的标志性景观（图4.10）。最后，城市通过生态廊道建设进一步完善宏观山水格局。广州自2000年开始构建生态廊道体系（图4.11），目前已逐步形成包括流溪河森林公园—流溪河—珠江西航道—洪奇沥水道的"三纵五横"八条生态廊道网络，将原有山水格局充分引入城市当中。

图4.9　白云晚望

图4.10　珠江景观

图4.11　广州各种类型的生态廊道

现代广州历经两千多年的发展，从最初的自然山水主导之城，逐步转变为融入山水的人与自然和谐共生之城。跳出"云山珠水"在城市空间上的限制，转而将白云山和珠江融入城市发展结构中——中心城区北靠火炉山，东依大田山—龙头山，西依白云山—越秀山，珠水从中而过，后航道在南形成围合之势。在市域范围内，依托"山水城田海"的自然资源格局，形成了北部依山、中部沿江、南部滨海的山水城市特色风貌，结合市内 91 个森林公园、23 个湿地公园、63 个社区绿地等，实现了"山水入城、人景交融"。

4.1.3　传统格局特色的保护

城市格局是城市物质空间构成在宏观整体上的反映。传统格局是指历史上形成的由街巷、建筑物、构筑物等本身特征结合自然景观构成的布局形态。传统格局保护是城市整体空间环境保护的核心，也是城市历史文化保护中继承和延续古城风貌的关键所在。

城市格局保护的难度很大，由于它所涉及的范围广，因而不容易全面把握。而且由于现代城市经济的迅猛发展常常会强烈而迅速地改变城市格局，如果不能有意识、有计划地进行保护，古城在很短的时间里就会变得面目全非。在传统格局保护中，需要深入挖掘体现城市特色的平面布局、空间轮廓、空间轴线以及道路骨架、水网系统等；同时还要挖掘城市的标志性历史建筑物和构筑物。通过上述要素的整体梳理，挖掘各个要素之间的关联性，可以充分展示体现传统格局的空间秩序和景观特征。

欧洲在这一方面有很好的实践经验，其中锡耶纳古城（图 4.12）的保护堪称典范。锡耶纳位于意大利南部的托斯卡纳地区，历史上曾是地区贸易、金融和艺术中心，现为锡耶纳省的首府城市，至今仍保持着中世纪的城市格局；大教堂和城墙是城市最具标志性的符号，教堂钟楼轮廓主宰着城市天际线。地方政府通过尽力控制古城机动交通，将汽车交通基本上隔绝在城外，使得古城免受汽车的侵害。市政当局在整修路面时，恢复了中世纪的面貌，使人走进城市就可以享受中世纪古城的情趣。除了保持城市街道格局与风貌，保护城市标志性历史建筑物，地方政府还通过致力于在城内提供就业和住房、更新基础设施等，设法吸引人们居住在城里以保持城市活力。因此，多年来尽管城市和建造空间都在变化，建筑的外观也在变，但城市格局和整体空间都没有太多变化。

图 4.12　锡耶纳古城

我国的北京、西安、苏州、成都、广州、南京、丽江等城市，也从 20 世纪 80 年代开始对城市格局保护进行了一些探索与实践，避免了对城市格局的进一步破坏。这些实践主要表现在保护城市传统街巷格局；通过交通组织保持道路空间尺度；通过建筑高度与体量控制保护城市空间轮廓线；通过城市标志性建筑物保护延续城市空间轴线；打造视线通廊营造城市特色景观等。

北京是世界闻名的古都，明清北京城最典型地反映了中国封建都城的传统格局与艺术成就，在世界城市建设史上享有很高的地位。在 20 世纪 80 年代之后的城市更新改造过程中，北京已经开始强调城市传统格局特色的保护，具体方法与措施包括：第一，注意维护以故宫为中心的平缓开阔的城市空间格局和园林水系。通过建筑高度、体量及尺度的控制，保持城市空间以故宫为中心、由内向外逐渐升高。保护遥观西山及各重要景点之间的视线走廊，避免建设高层建筑影响整体的格局和视线景观。第二，保护和延续传统城市轴线。在传统格局中，最能反映北京独特城市气质和特征的部分就是中轴线（图 4.13）。它展现了一个宏大壮伟的空间序列，是这座城市的历史积淀，也是一个不断延续的规划观念，一直影响着北京整体的城市发展。中轴线上既有伟大的人物和重要的事件，同样也有恬静闲适的生活，它是北京多样性的城市文化的物质载体。近年来，为了更好地体现古都格局和风貌，北京开展了中轴线申遗工作，恢复修缮了一批沿线古迹，通过中轴线历史格局的延伸推动了保护工作的全面开展，体现了整体格局对于城市历史文化保护的空间骨架意义。第三，保持原有棋盘式道路网骨架和街巷胡同格局，保护街道对景。对旧居住区改造时防止搞乱原有的街巷体系。通过限制车辆交通，控制交通容量等手段改善城市交通状况的同时有利于保护道路格局与尺度。通过城市设计保护好传统的街道对景，如前门大街北望前门箭楼、地安门北望鼓楼、北海大桥东望故宫角楼等。此外，对于可能形成新的街道对景地段，提出建筑景观设计要求，以形成新的城市景观。

图 4.13　北京城市中轴线景观

在城市传统格局特色的保护中，街巷的布局形态是很重要的一个要素。传统街巷（图4.14）尺度宜人，环境宁静，步移景异，景色优美，形态丰富，具有丰富的生活性，但却不能适应现代交通的需要。尤其在城市快速发展阶段，现代的交通模式与原有的城市空间尺度矛盾丛生。在许多城市中，为满足现代交通的发展，对古城街道系统和交通环境的改造，导致传统格局被破坏的现象屡见不鲜。因此，在对传统格局的保护中，必须重视对传统街巷布局形态的保护与交通问题的解决。协调机动交通发展与城市历史文化保护的基本思路，是根据古城的规模和现状实际，对必须进入古城的机动交通进行科学的安排与组织。

图 4.14 传统街巷的空间特征

作为联系城镇之间、城市郊区之间最为快速和方便的交通工具，火车和汽车的出现不仅影响到城市的发展，加速了城市的蔓延，更直接影响到城市原有的道路格局，因此处理好铁路和对外公路交通，是城市保护中的首要问题。古城的交通组织应以疏导为主，应将通过性的交通、交通换乘设施以及大型机动车停车场等安排在古城外围。例如，在中小城市中，铁路线和车站的布局一般放在古城一侧，中间设置开敞空间系统（如公园或绿地）进行过渡。除此之外，为了保护古城环境不受过多机动交通的干扰，可以在古城外围规划建设保护性的主干道，引导和实施对古城交通环境的保护，不让过境交通穿越古城，不让大型立交及高架路设置破坏古城的整体风貌。在古城内部交通的组织上，并不是越通畅越好，而是要根据需要限制车辆交通，控制交通容量，根据不同交通流量测算进行交通分区。同时，优先发展公共交通、步行和自行车交通。采用软性交通、特色交通、智慧交通等方式进行整体交通组织，营造人性化的交通环境。

维也纳新区与古城之间的环城大道的建设是历史性城市外围交通组织的一个成功案例。维也纳环城大道（图 4.15）是当时最优美的城市干道之一，环路的建设使规模不大的古城自然地被包容在一个近代城市的道路系统中。环城大道长约 4 千米，两边布置了教堂、证券交易所、大学、议会大厦、国家剧院、音乐厅和各种公园等，公共建筑位于林荫大道和花园之中，气势宏大，环境优美。环路引入轨道交通，通过提升公交系统，限制私人小汽车进入古城。现代技术与保护结合，既能满足交通容量需求又能满足古城保护，现代交通与传统格局之间实现友好过渡。

【维也纳】

图 4.15 维也纳环城大道

苏州古城的交通疏解方案也是一个很好的实例。20 世纪 80 年代，苏州调整城市布局，在古城东面建设了新加坡工业园，西面建设了苏州经济技术开发区。城市布局的调整导致了大量现代机动交通穿越古城的交通压力。为了解决交通压力问题，苏州对古城东西向的干将路进行了拓宽，导致古城在形态上被一分为二。为了解决这个问题，1996年版苏州城市总体规划提出"合理协调交通发展与古城保护的关系"的规划目标，从公共交通、人本交通、绿色交通、智慧交通、可控交通和特色交通等方面入手，构建苏州古城以公共交通和慢行交通为主的综合交通体系。具体策略包括：实行交通总量控制；根据交通分区实施区域差别化的交通管理政策；构建外围交通保护环；利用支路网和街巷实现交通微循环；发展高品质的公交服务及特色旅游公交引导；打造安全舒适的休闲慢行系统；完善外围新城区功能，减少跨区交通出行。

4.1.4 城址环境的保护与利用

在城市整体空间环境的保护中，城址环境的保护对保存古城演化的历史信息具有重要意义，是城市历史文化保护中曾经被忽视的一项重要工作。我国近2000座城市的城墙大体上都经历了曲折的兴衰史。城墙（包括护城河等）是城市历史核心区域的明确边界，在城市的发展过程中，这种边界往往被冲淡、消失，如城墙被拆毁、护城河被填平成为城市道路的一部分等。从兴建、扩建再到拆除，现在能够完整保存下来的古城墙几乎微乎其微，只有西安、平遥、荆州、临海等几座城市是其中的幸运儿。山西平遥古城的城墙规模虽不大，但却非常完整地保存下来，是中国古城遗存中的明珠。

在城市整体空间环境的保护中，加强对城址环境的保护与利用，有意识强化城市历史界面，有助于凸显古城的"认知"意向。常见的方法是利用原有的城址环境作为公共开放空间，作为古城和新区两者在区域上和心理上的隔离，并且创造一种可以停留、交往、游憩的生态空间，在改善城市空间环境品质的同时，也为欣赏古城历史风貌提供游览的空间。

1950年的"梁陈方案"中有过类似的设想。方案提出保留和利用北京城墙作为新的行政中心与北京古城的隔离带；利用城门控制交通；利用城墙及护城河绿带建成环城立体公园。但是未能实现。

在具体的实践中，平遥古城的整体保护采取了凸显古城的设计手法，城墙本身的保护与城楼的重建更加强调历史古城的风貌，如图4.16所示。

图 4.16 平遥古城城墙与城楼

1982年7月，陕西省政府倡议利用西安古城墙建设西安环城公园（图4.17），得到西安各界的热烈响应和支持，几乎全体西安市民都参与了环城公园的建设。公园围绕古城墙展开，随门洞分段出入，辅以环城绿化，护城河环绕，风格古朴，景观错落，绿化葱郁。

游览其间，可泛舟、可漫步、可登城。这里记录了古城的历史沧桑，又承载着现在的闲适生活。

图 4.17　西安环城公园景观

被誉为"绿色项链"的合肥环城公园（图 4.18）也是成功利用古城墙遗址建设城市绿带形成开放空间凸显城市历史界面、保护城市生态环境、形成城市景观特色的佳例。1985年，合肥环城公园建成，绿带总长为 8.7 千米，占地面积 137.6 公顷。它是多数居民易于到达、有一定容量、分布均匀的绿色空间，成为联结古城与新区的纽带，并且很好地改善了城市生态环境。合肥环城公园的设计中研究了古城墙遗址中有价值的遗迹、人物及事件，作为人文景观的构思来源；研究了各段地形特征及现状，从而创造了各具特色的景区。合肥环城公园不仅为居民提供了良好的游憩场所，也为城市的景观形象增添了新的特征。

图 4.18　合肥环城公园景观

成都在《成都历史文化名城保护规划（2015—2020）》中，也提出"保护城墙遗址以凸显历史性城市的轮廓"。规划要求重点保护位于北较场后街、北较场西、同仁路、西较场等处的古城墙遗址，采取相关配套措施对沉降、坍塌的墙体进行加固，防止城墙进一步恶化的同时注重保持原来的面貌，结合城墙遗址设置公共开敞空间并设置遗址标识。严格保护锦江（府河、南河）等传统水系格局，逐步整治西郊河及饮马河，严格控制其两岸的二次改造，沿岸加强园林绿化建设，使其与府河、南河共同形成环抱古城区的绿色项链。

南京也早在 20 世纪 80 年代初认识到城墙的重大价值，明城墙及其周边环境的保护得到了持续的广泛关注。南京市政府从 1982 年开始制定一系列有关城墙的保护法规。1988 年南京市政府成立了专门的城墙保护管理机构，次年制定了城墙保护规定。1992 年编制完成南京城墙保护规划，提出建设"明城墙保护带"，并对明代四重城郭提出明确的保护要求。【南京明城墙】

1997—1998 年月牙湖段城墙及其周边环境得到综合整治，明城墙风光带的建设首次凸显了通过遗产保护提升人居环境的效应。1998 年后，南京加快了明城墙风光带保护和建设的步伐，编制了一系列沿线景区的详细规划设计，并投入大量资金，逐步完善了沿线城墙维修和周边环境综合整治。2002 年，通过明城墙沿线狮子山、石头城、东干长巷、昆仑路等地段的拆迁整治，凸显了南京作为明代都城的历史环境界面。2004 年南京明城墙风光带建设项目获得建设部"中国人居环境范例奖"。2005 年，明城墙 13 座内城门之一的神策门，通过整治、改造成为蕴含丰富历史信息的城市公共空间——神策门公园（图 4.19）。2010—2013 年，南京启动位于主城边缘的明外郭——秦淮新河百里风光带的规划建设，仙鹤门遗址公园、观音门重建、东水关遗址公园（图 4.20）等一系列的保护与建设实践使得明外郭成为南京主城与外围新区之间的绿色廊道，凸显城市历史界面的同时，也形成了城市特色景观，让文物古迹更好地融入现代生活。2014 年 8 月，南京明城墙观光带实现了环通，25 千米长的城墙全面开放，沿线的重点建筑，如台城大厦、太阳宫等建筑也通过外观整治、降低建筑层数、削减建筑高度等方法与城墙周边环境相协调（图 4.21）。

图 4.19　明城墙与神策门公园

图 4.20　东水关遗址公园

(a) 削减建筑高度前的台城大厦　　(b) 削减建筑高度中的台城大厦　　(c) 削减建筑高度后的台城大厦

图 4.21　削减建筑高度的台城大厦

在上海老城墙的保护中，也曾试图沿人民路和中华路原有城墙沿线开辟一条环城绿化带，但是，由于环城沿线已经建造了许多高层建筑，成为目前不得不保留的建筑，绿地难以环通，从加强古城整体意向的效果来看还不尽如人意。

4.2　历史街区的保护与更新

当前，由于一些城市对于历史文化保护的认识不当、保护方法不正确以及缺乏应有的法律意识和责任，历史街区往往成为城市保护中矛盾最为突出、冲击最为激烈的地方，暴露出一些突出的问题，包括：不顾历史街区的实际情况进行粗暴的大拆大建，偏离了城市历史文化保护最基本的精神与原则；过度追求商业利益，造成原有历史文化和社会网络的消失，破坏了街区原有的生活和文化多样性；错误理解历史文化的保护，以"再造、重塑历史"之名建造仿制的"假古董"，破坏历史环境的真实性，抹煞了城市发展的历史延续性，并带来巨大的财政负担与浪费。

随着经济、社会、文化和科学技术的发展，历史街区的保护与发展问题变得更为复杂、多样，它已不仅仅是物质空间环境的改造与更新问题，还广泛地涉及社会、文化、时空等因素，由单纯的街区物质环境改善走向物质环境改善、传统文化传承、街区经济发展的综合复兴之路。在历史街区保护与更新过程中强调街区自身功能的延续和新陈代谢，街区发展融入城市，延续真实生活。

既然历史街区保护利用与更新担负着历史文化传承、传统风貌维持、集体记忆延续、人居环境改善和空间品质提高等多重责任，那么如何保护传统风貌、改善街区的物质空间环境，如何提升街区活力、更好地融入城市，如何更好地实现历史街区的文化传承，这些都是需要我们在历史街区的保护与更新实践中解决的关键问题；要基于可持续发展理念，整合运用多种绿色城市和建筑设计的方法、适用技术，通过文化传承、环境保护和现代建筑科学技术手段，利用保全工程学原理，在保护历史整体环境真实性和完整性的前提下，寻找可持续性保护和更新的途径。

4.2.1　街区风貌保护与环境改善的方法

历史街区作为城市传统空间格局和风貌的集中区域，保存了许多文物古迹、历史建筑和重要的历史环境要素。与此同时，历史街区也是城市的有机组成部分和居住生活单元，仍有许多人生活居住在其中，日常生活、社会网络和物质遗存共同构成了历史街区独具魅力的历史底蕴与空间环境。保护街区的风貌特色，改善街区的物质空间环境是历史街区保护与可持续发展的基础。

1. 整体保护真实的历史文化遗存

保护历史文化遗存的真实性，反对拆真建假，保护好现存各类历史文化遗存，确保历史信息的真实载体不受到人为破坏和自然损毁是保护工作的基本要求。历史街区往往是岁月长期演变与不断积淀的结果，具有深厚的历史底蕴和千丝万缕的社会网络，其历史信息是由一系列不同时期、不同形式的多重历史要素组成，正是因为过去与现代的交织以及日常不断、渐进的城市有机更新和微循环，才显现出历史街区的丰富层次与重要价值。对于构成历史街区的各个时期的遗存都应当客观看待，并给予合理的保护。真实不是某一个特定时期的状态，而是历史过程和层积结果的真实，应最大化地保存延续历史积淀的文化信息。不能只保护某一历史时期或者某一种统一风格，而是需要注意历史脉络的延续性，确保各时期的历史要素都能得到保护。除此之外，历史文化遗存的保护应该关注各时期与历史文化遗存相关联的自然环境、社会背景、文化背景要素的整体保护。每个历史时期的遗存及其关联性要素所构成的整体，以建成环境的形式，为我们呈现出特定历史阶段的肌理与风貌。

在实践中，分析研究历史街区的形成过程，对历史文化资源进行梳理和组织，通过对其历史价值、保存状况以及社会经济条件等方面的详细调查与评定，本着最大限度地传递历史信息的原则，建立全面的保护体系，对历史风貌、街巷肌理、空间尺度、景观环境、历史要素等提出整体保护措施与方法，是促进历史街区保护全面协调可持续发展的一项关键性技术措施。

【图4.22彩图】

例如九江庾亮南路历史街区（图4.22），为了整体保护街区内的各类遗产，基于对街区的历史层积过程的分析，制定了适合街区风貌特色的保护内容框架。首先，按照分类保护的思路，确定了文物古迹、历史建筑、传统风貌建筑、重要开放空间、地形变化、古树名木、道路格局等保护要素，明确了保护要求；其中的重要开放空间和地形变化等都是对遗产及其关联的空间环境要素的保护。然后，因为街区以功能院落为单元、各自自成体系的格局特征明显，如能仁寺、修道院、同文中学、第一人民医院、行署大院、车队等，因此针对这些院落，提出了整体风貌协调重点与格局保护重点，并编制了更新导则以指导更新实践。最后，为了整体改善风貌现状提出分片强化风貌特色的总体策略。将上述院落划分为传统风貌区、近代西式建筑风貌区、新中国成立后时代特色风貌区三个风貌集中区，要求每个片区突出各自的风貌特色。例如新中国成立后时代特色风貌区要求保持现有居住小区、居住组团的整体格局，建筑整治、改造、新建宜采用红瓦或褐色坡屋顶、红砖或淡暖色墙面，并突出混凝土装饰构件等特色要素。

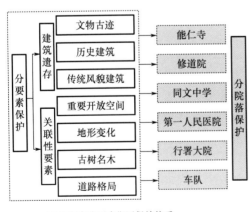

(a) 庾亮南路历史街区保护体系　　　　　　　　　　　(b) 保护总图

图 4.22　九江庾亮南路历史街区保护体系与保护总图

2. 倡导小规模、渐进式的有机更新

在物质文明快速发展的今天，几乎所有历史街区的物质空间环境都不适应现代生活的要求；搬迁部分人口、降低居住密度、完善市政基础设施建设、对建筑进行适应性活化利用等都是改善物质空间环境的重要方法。与一般地区改造不同的是，历史街区在改善生活条件的同时，还必须保存街区的传统空间环境以延续街区生活的真实性。因此在历史街区更新过程中，需要发扬珍惜历史文化的工匠精神，加强精细化的城市设计管理，通过小规模、渐进式的针灸激活和有机更新，以微小空间为切入点，融入春风细雨润无声的境界，对历史街区进行精心的维护、修缮、整治与更新，对各项建设活动进行控制，以保证与历史风貌的协调。

根据大量历史街区保护与更新的实践，对于历史街区内的既有建筑与环境要素，一般有以下几种保护和更新模式。

① 严格意义上的保护，包括保存、保护与修复。保存主要是针对遗址、遗迹类的文化遗产，维护其原有状态，开展一些最低程度的保护措施（如加固、支护），保持其在修复前后原有结构、形态的可识别性。保护主要是针对重要文物及历史建筑，以及街区中的重要地段，在保持街区原有空间结构、肌理的原则下进行必要的修缮以保证街区的完整性。修复主要是针对一部分文物及历史建筑、一些重要的传统建筑和建筑群、历史文化街区中的重要地段，在保持街区原有空间结构、肌理的原则下进行维修与维护，强化使用功能。修复要求在"保护"层次的基础上进一步提升空间品质，修复节点空间，整合环境景观。

② 强化使用功能的保护，包括整修与整治。整修主要针对历史街区中大量性的传统建筑，在保持历史格局与形态不变的前提下进行全面维修与必要的功能提升，以满足现代生活的需求。整治主要针对历史街区中的景观、环境要素以及基础设施，根据新的功能需求增加必要的设施，以及为此所做的改变。比如梳理街巷系统，开辟公共空间，改善街区环境，梳理文化景观，形成相对完整的街区空间体系。

③ 提升环境品质的措施，包括改造与更新，主要针对建筑、景观与基础设施。改造是对历史环境中的一些新建筑及街区中与历史景观不相符的部分实施改造，力图形成较为完整的历史氛围。更新则是通过新的要素的加入强化历史环境中的时代特征，提升环境品质。

【图4.23彩图】

例如武汉昙华林历史街区（图4.23），遵循"历史遗迹集中、历史风貌完整、保护界限明确"的原则，通过核心保护区、风貌协调区和建设控制区三个保护层次范围的划定，针对不同的保护层次，制定不同的保护措施和开发建设时序，实施街区的保护与有机更新。综合现状建筑质量和对建筑风貌的评估将街区的建筑保护与利用方式分为5类，并将其落实到历史街区的每一栋建筑上。规划在对街区内建筑质量进行评价的基

(a) 昙华林历史资源分布图

(b) 昙华林历史街区保护规划图

(c) 街道景观

图 4.23　武汉昙华林历史街区保护与更新

础上，为保护街区形态与空间尺度的宜人性，对街区建筑实行渐进式、织补式的立面整治，在现有保护条例规定的基础上制定管理细则，并积极引导新的建设项目在高度、体量、形式、材料、色彩等方面与街区内的传统风格相一致。此外，加大资金投入，进行街区的基础设施改造，如规范电网、增加居民休闲设施、增加公共厕所数量等改善居住环境。

3. 通过织补公共空间网络提升环境品质

我国大多数历史街区几乎都面临着公共服务缺失、街区环境杂乱和交往活动空间匮乏等问题。为提升街区生活环境品质，需要对街区人口特征和居民实际需求进行研究，结合现状用地和建设情况，实施复合化土地利用。城市修补理念下的历史街区保护强调对历史和传统的尊重，强调对可利用空间的梳理，利用闲置土地和街角空地打造小微游园，或差异化织补街区碎片化的公共服务设施，植入文化内涵，营造富有地方归属感的公共空间。

例如重庆磁器口历史街区（图 4.24）在保护与更新中，基于现状用地和建设情况以及居民实际需求，搬迁了马鞍山山顶的部分住宅和工厂，开辟山顶公园，用闲置土地配置了观景点和公共服务设施。在滨河沿岸通过码头的整治形成小型的开放空间，通过河流整治和道路整治形成游览步道，并配置有游览点与服务设置，织补串联各个文物古迹之间的公共空间，形成滨河游览公园。

(a) 磁器口历史街区滨河景观　　　　　(b) 磁器口码头　　　　(c) 马鞍山山顶公园

图 4.24　重庆磁器口历史街区

4.2.2　提升街区活力的关键策略

历史街区是活态遗产，是城市中具有历史文化特色的功能片区，也是城市居民生活的有机组成部分，因此提升街区活力、延续真实的生活是历史街区保护与更新成功的重要目标。历史街区保护与文物古迹保护的最大区别在于街区里面的居民要继续居住和生活，因此要维持社会生活的延续性，应保持一定比例的原住居民延续生活。通过融入城市发展，调整功能业态使街区活力提升，使街区保护能够具有可持续性。提升街区的活力，还应避免过度商业化的开发。

1. 融入城市发展

历史街区是城市生活的场所，对其进行保护与更新是城市经济、社会发展的积极因素，也是城市文化复兴的重要组成部分。将历史街区的保护与更新纳入城市整体的发展格局，使其承担一定职能和作用，是提升街区活力、延续真实生活的关键性策略。融入城市发展，意味着需要根据城市功能发展需求，结合历史街区所处地段的区位条件以及街区自身空间与资源特点进行综合考虑，使其能够在城市中发挥具体的职能。

　　例如成都大慈寺历史街区（图4.25），在更新之前是一个以清代遗留下来的民居建筑为主，承担城市居住功能的街区。但是由于地处成都市中心地段，土地经济价值的利用、城市形象的展示、成都市人群的消费需求等客观条件要求其不能继续置身"市"外，因此在保护与更新中将街区的功能更新与现代商业文化相结合，在保护老成都原真性建筑风貌的基础上，将原有的居住建筑改造、更新为公益性博览、餐饮、购物、娱乐休闲等设施，成为满足符合现代文化消费和生活需求的高档旅游休闲性街区。

图4.25　成都大慈寺历史街区

　　历史街区的保护还可结合城市重点地段的开发，作为城市重要的触媒加以利用。例如宁波市将莲桥街、郁家巷（图4.26）、南郊路等历史街区的保护与东岸的东外滩片区开发项目相结合，不仅在更新过程中保持了街区历史文脉和空间肌理，更重要的是抓住了这一契机为东外滩片区发展了现代旅游服务业和文化产业，创造重大经济价值。

图4.26　宁波郁家巷历史街区

2. 植入适宜的功能业态

　　产业衰败、活力丧失是目前很多历史街区的共同特点。在历史街区的发展中，如果保持和延续原有的使用功能，对街区做最小的变动，有利于保护街区原有的物质空间结构、社会结构和生活形态。然而，当历史街区旧的功能不能适应城市发展和街区自身发展要求时，则应进行调整和转换。虽然功能的调整和转换会给保护带来一定的冲击和影响，但如果不采取必要的措施，街区最终会失去活力而走向衰落。历史街区的保护与更新不仅需要重视历史建筑的修缮与更新，也需要不断修补与完善历史街区的内部功能，谨慎植入适合历史街区发展的新的功能和业态，有效平衡历史街区中的传统风貌延续、地方特色保护、居民民生保障、人居环境改善及城市更新之间的关系，保持和激发历史街区的活力。

例如重庆金刚碑历史街区（图 4.27），原是以居住功能为主的街区，但因交通条件改变而逐渐衰落。基于对街区丰富的历史人文资源的充分利用，保护规划将街区重新定位为一处以历史文化为主体的旅游休闲度假街区，为现代都市人群提供修养身心的灵性生活场所。为此，在对原有民居进行修复的基础上进行功能与空间的调整，将酒吧、茶馆、文化广场、书院、国术馆、禅修馆、客栈、手工作坊、博物馆等业态融入其中，提升了街区活力，逐渐走上了复兴之路。

图 4.27　重庆金刚碑历史街区

历史街区的保护与更新离不开产业的支撑，但是与其他地段的产业发展不同的是，历史街区的产业发展更应注重其文化特性，尤其是与传统地域文化的结合，这不仅利于历史街区文化的保护与传承，还能够使产业与产品更具特色和竞争力。可以充分挖掘历史街区的民间艺术和传统工艺，并采用适当的方式开发为产品，形成与非物质文化遗产相关联的文化产业。

例如在佛山祖庙历史街区的更新中，重点开发与佛山民间艺术相关的产品，包括剪纸、灯饰、陶瓷制品等，如图 4.28 所示。在街区内设置这些产品生产的手工作坊和产品展销区，方便人们体验、观赏和购买，也促进了街区商业和旅游产业的发展。

(a) 佛山祖庙　　　　　　　　(b) 剪纸——佛山印象　　　　　　　　(c) 纸上狮艺

图 4.28　佛山祖庙历史街区与民间艺术产品

3. 合理控制商业与旅游开发"度"

由于历史街区的商业开发能带来直接和巨大的经济效益，政府和开发企业都热衷于通过扩大街区的商业空间促进街区发展。由于利益驱动和缺乏科学的商业发展规划指导，历史街区盲目的过度商业开发屡见不鲜，导致许多历史街区传统文化氛围的损害与丧失。历史街区的商业开发应控制商业开发量与新的商业类型，避免过度商业化和不适当经营项目给街区保护带来负面影响。

与一般地段商业开发不同的是，历史街区商业发展的规模不能完全由市场来决定，而应当以历史街区的保护为前提，制定科学的街区商业发展规划，以引导商业开发持续有序地进行。需要通过历史街区环境容量的分析，制订合理的商业开发时序和开发计划，明确街区的商业开发量，防止过度开发；另外需要充分考虑历史街区的商业功能与周边地区的关系，做到有效互补，引导经营者向鼓励的经营项目转型，符合街区传统文化的主导要求。

除了商业开发之外，旅游业的发展在促进历史街区保护与发展的同时，也会给街区环境带来负面影响，如交通拥堵、大量生活垃圾、喧嚣嘈杂等都会对居民的日常生活和街区的整体风貌造成不同程度的破坏。因此，需要对旅游开发的发展规模进行控制，尽可能降低旅游开发对街区历史文化环境的破坏。在旅游开发中可以建立街区旅游资源库，调查和研究各类资源的生存状态。从生态、空间、设施、社会、心理等方面测定历史街区的环境承载力，将旅游开发量、旅游人数控制在街区环境承载力之内，确保旅游资源的可持续利用。

例如，杭州清河坊历史街区（图4.29）在更新中，充分发挥商业职能，将清河坊定位为以传统商业、药业、餐饮、茶文化为内涵，集商业、旅游等功能于一体，体现清末民初城市风貌的历史街区。街区在2000年开始实施保护与开发，除空间环境保持了原有的格局和风貌外，着重在商贸活动的内容上体现历史文化的延续性。除了保留已有的老字号，如王星记扇庄、胡庆余堂药店外，还积极引进一批杭州的老字号特色店铺，力求突出街区的传统特色。市场化的运作给清河坊历史街区的保护与开发提供了平台，商业职能的发展带动了街区经济的复兴。然而，清河坊历史街区过度的商业开发也带来了负面效果，由于原有的居住空间消失殆尽，街巷空间环境变异，传统的社会生活不复存在。纷杂的商业空间、潮涌的旅游购物人流也削弱了传统的历史文化氛围。

图 4.29 杭州清河坊历史街区中的商业空间

4.2.3 传承地域文化的关键策略

历史街区保护与更新担负着传统风貌保持、人居环境改善、街区活力提升、历史文化传承、集体记忆延续等多重责任。注重传统文化的传承，主要体现在传统生活的延续、文化内涵的发掘、文化氛围的营造以及文化价值的提升上。

1. 通过传统生活的延续凸显地域文化特色

保留居民及其传统生活方式，是历史街区活力延续的关键所在。世代生活在这一地区的人们所形成的价值观念、生活方式、组织结构、风俗习惯等，都构成了街区或城市的文化信息，体现着特殊的文化价值。因此需延续承载文化记忆的居民及其生活方式、风俗等生活形态，通过设计相应的政策措施，保持街区的社会网络，传承地域的文化特色。

例如苏州平江历史文化街区（图4.30），在保护街区整体格局的同时，注重对传统生活方式的保护，如保留了传统的水上交通方式，使人们能够坐着摇曳的小船穿行在古老的水系中，听着水上的流动评弹，感受历史街区中原汁原味的生活气息，凸显江南文化特色。

图4.30 苏州平江历史文化街区水上生活场景

2. 通过历史事件和名人再现丰富街区文化内涵

对历史街区中曾经的历史事件、历史名人的考证和挖掘，结合街区历史建筑与环境的保护与整治，通过恢复名人故居建立博物馆、陈列馆，设置相关街道、小品标示事件发生地等多种方式加以展示，利用历史事件及名人效应丰富历史街区的文化内涵。

例如在绍兴鲁迅路历史街区保护中重点突出了鲁迅的名人效应，并通过对历史街区中鲁迅祖居、三味书屋、百草园、咸亨酒店等名胜古迹的保护与利用展示鲁迅当年的生活环境及其作品背景（图4.31），增添了街区的文化内涵。

(a) 鲁迅祖居　　　　　　　　(b) 三味书屋　　　　　　　　(c) 百草园

图4.31 鲁迅路历史街区与历史人物生活相关的环境

3. 通过开展节庆活动增添街区文化氛围

在历史街区内开展以传统文化为主题的节庆活动，常常是最有效和最直接的文化传播工具，能够在特定时期极大地增添历史街区的文化氛围，并提升文化影响力。节庆活动的策划与组织，应该将街区的地方传统文化，如民间艺术、口头文学、庙会等与现代生活方式和市场需求进行有机结合，准确定位节庆活动的主题和形式。同时，配合节庆活动的开展，结合历史街区建筑与环境的保护和整治设置文化设施、小品，满足街区文化发展的需求，还可以提升环境品位。

例如重庆磁器口在传统上有一年一度的春节庙会活动（图4.32），每逢农历春节期间，附近十里八乡的人都会到磁器口赶庙会。从2001年重庆开展磁器口历史街区的保护工作以来，恢复了春节庙会活动，耍龙灯、走旱船、说评书、唱春台戏及美食文化展等丰富的庙会活动，增添了街区的文化内涵，使得磁器口成为展示地方传统文化及民俗的大舞台。

(a) 庙会开幕　　　　　　　　　(b) 耍龙灯　　　　　　　　　(c) 走旱船

图4.32　重庆磁器口的春节庙会活动

4. 通过民俗技艺传承提升街区文化价值

地方民间艺术、手工艺等非物质文化遗产能够增加历史街区的文化内涵，挖掘和研究这些文化资源，鼓励民俗技艺的传承和创新，建立历史街区保护与发展的关联，让文化遗产在新的时代背景下得到价值提升，更好地融入当代社会生活。在具体实践中，可以通过建立博览设施、研究基地、手工业作坊，采取展示、生产、学习、推广等方式来传承这些技艺，不仅有利于它们的保护，也有利于凸显街区的文化品质，提升街区文化价值。

例如在佛山祖庙历史街区中，通过历史建筑的活化利用为当地的民间曲艺团体提供活动场地与办公空间，创办了祖庙博物馆和佛山民间艺术研究社，后者是国家级文化产业示范基地，重点开发与佛山民间艺术相关的产品，传承佛山民俗技艺，包括广东剪纸、木版年画、石湾陶艺、龙舟说唱等。这些产品除了在民间艺术研究社和祖庙博物馆展出与销售之外，还通过订单生产的形式远销海内外，既扩大了文化影响力，又提升了街区的文化价值。

4.3　文物古迹的保护与活化利用

文物古迹是人类在历史上创造或人类活动遗留的具有保护价值的不可移动的各类单体建筑遗存的通称。在具体的城市历史文化保护工作中，虽然每个城市对单体建筑遗存的保护会有不同的名称，比如文物保护单位、历史建筑、优秀近现代建筑、传统风貌建筑等，但事实上，从法律地位和管理要求来说，文物古迹可以分为文物保护单位和历史建筑两大类。其中，文物保护单位受到《中华人民共和国文物保护法》保护，法律地位更高，保护要求更为严格。历史建筑是大量的虽未被认定为文物、但有一般历史见证意义和文化意义的建筑，依据《历史文化名城名镇名村保护条例》进行保护，是文物保护单位的补充，对于城市整体风貌的保护具有重要意义。

4.3.1 文物保护单位的保护与活化利用

对于文物保护单位的保护，必须符合《中华人民共和国文物保护法》的保护要求，在具体实践中，有以下几种方法。

1. 秉承真实性和最小干预原则，进行原址、原貌保护

对于文物保护单位的保护，首先需要在原址上进行。因为原址保护可以真实地保存与文物价值相关联的自然和人文景观，从而相对完整地保存其历史信息，凸显其历史价值。如重庆白鹤梁题刻采取了无压容器方式实行水下原址保护的方法（图 4.33），不仅保存了题刻的大部分历史信息，凸显其历史与科学、艺术价值，还得到了充分的展示。

(a) "石鱼"成为枯水水标　　　(b) 淹没前的题刻　　　(c) 潜水员清洗题刻

图 4.33　重庆白鹤梁题刻保护

【白鹤梁水下博物馆】

位于三峡水库蓄水区内的白鹤梁题刻，始建于唐广德二年（公元 764 年），是长江流域古代枯水石刻群最典型的代表。古代先民通过长期观测长江水位变化，以在石梁上刻鱼为标的独特方式记录了长江历代枯水水位的基本情况，形成了 108 段具有水文价值的枯水题刻，极具系统性、连续性和科学性。它汇集了历代数百位文人的墨宝，把枯燥的数字记录变成生动的、富有文化内涵的艺术创作，反映了当地的人文生活，在水文科学、历史文化、书法艺术等领域具有极其重要的价值。然而，因长江三峡水利枢纽工程（简称三峡工程）的建设使库区水位发生改变，白鹤梁题刻因此永久淹没于水下。如何保护好白鹤梁题刻，是三峡工程文物保护工作的重中之重。经过多方讨论，采取了无压容器的保护方式，通过水下保护体、交通及参观廊道、地面陈列馆三个部分的综合建构，实现了白鹤梁题刻在长江水下 40 米原址、原貌的保护与展示。观众能够以非闯入方式，近距离观赏处于长江江底的白鹤梁题刻，获得穿越水下时空的体验。白鹤梁水下博物馆自运行以来，文物状态良好，题刻观赏清晰，使观众在轻松和谐的氛围中享受白鹤梁题刻独有的水下参观带来的文化震撼。白鹤梁水下博物馆的兴建成为国际博物馆建设史上的又一成功范例，联合国教科文组织将其定义为"世界首座非潜水可到达水下遗址博物馆"。这种体现人与自然和谐发展的文化遗产保护的展示，既满足《威尼斯宪章》中关于文物保护的真实性要求，也符合《水下文化遗产公约》中就地保护和对公众开放的原则。

除了原址保护之外，对于文物保护单位的修缮、保养，必须遵守不改变文物原状的原则。凡是近期没有重大危险的部分，除日常保养外不应进行更多的干预，如山西佛光寺

（图 4.34）的保养。佛光寺位于山西省五台县五台山南台西麓，始建于北魏孝文帝时期，历代经重建、加建、扩建，民国时期始成现存规模，是第一批全国重点文物保护单位。针对佛光寺的保养工程包括：雨季到来之前更换破损的瓦顶，避免渗漏；打扫杂物、裱糊窗户等日常定期性的保养；以及一些应对特殊情况的临时加固工程，如翼角塌陷时进行临时支顶等。保养制度的实施，避免了重大险情和过多干预，所有保养计入档案，以便总结和修缮时参考。

|(a) 山门|(b) 东大殿|(c) 斗拱|

图 4.34　山西佛光寺

　　同样，对于文物保护单位的修缮，也必须是"修旧如旧"，不得改变文物的原状。在保证文物安全和不改变文物原状的前提下，鼓励文物保护单位的多功能使用，建立各类博物馆、专业展示馆、名人纪念馆、故居陈列室，逐步培育为城市文化活动场所、参观游览场所、地域标志性环境景观节点。

【图4.35彩图】

　　例如粤海关旧址的修缮。粤海关旧址 2006 年被国务院批准列入第六批全国重点文物保护单位名单，位于广州市荔湾区，是一处始建于清末民初的新古典主义风格的建筑，俗称大钟楼。该大楼在建成时外墙采用的是清水红砖墙，在 20 世纪 70 年代，为了看起来比较整齐划一和美观，曾在红砖上刷了一层红色油漆，导致红砖外表面产生酥化现象，间接造成了文物修缮工

【粤海关旧址外墙修缮】

程中常见的"保护性破坏"。在 2007 年的修缮中，秉承"修旧如旧"原则，对粤海关旧址的外墙进行了原貌恢复，采用集新工艺、新技术、新材料、新设备于一体的苏打粒子清洗技术对红砖油漆进行了清除，最大限度地还原砖体原貌。现在，这座文物建筑已成为粤海关博物馆（图 4.35），是广州沿江西路的标志性景观。

|(a) 粤海关博物馆正面|(b) 粤海关博物馆背面的清水红砖墙|(c) 刷油漆（左）与油漆清洗后（右）红砖墙对比|

图 4.35　粤海关博物馆

2. 通过保护规划划定保护范围与建设控制地带

2004 年，国家文物局印发了《全国重点文物保护单位规划编制要求》和《重点文物保护单位保护规划编制审批办法》，随之各市、县开展了文物保护单位保护规划编制工作，保护规划成为文物保护单位保护工作的基础。文物保护单位的保护规划包括价值分析，现状评估，保护区划划定，相关区划的保护管理要求，保护措施及管理、研究、展陈、环境整治、安防、防灾等专项规划。保护规划的编制促进了对保护对象价值的认识和发掘，使得人们能够从整体上认识保护对象。一切建筑都不是脱离环境而孤立存在的，文物保护单位的保护要特别注意保护本体及其周边环境。需要针对文物的实际情况，划定保护范围以及建设控制地带。

保护范围的划定应确保文物本体的安全性、真实性、完整性，并充分考虑文物历史环境、历史事件场地、地形地貌的完整性，保证历史格局的延续。建设控制地带的划定则是为了保护文物保护单位的历史环境景观，应确保文物保护单位周边环境的完整性，满足主要立面的展示需求和视觉通廊的需求，并确保历史风貌的延续。因此在文物保护单位的建设控制地带内进行建设工程，不得破坏文物保护单位的历史风貌。

以西安古城墙为例。20 世纪 50 年代，西安市政府就开始了古城墙的保护工作，到20 世纪 80 年代形成了四位一体的古迹遗址周边环境保护方式。通过建绿化带、清理护城河、河外侧林带的建设，营造出一个现代景观与古迹遗址和谐共生的氛围，如图4.36 所示。

图 4.36 西安古城墙周边环境

3. 实施遗址保护与展示

文物保护单位已经全部毁坏的，应当实施遗址保护，一般不得在原址重建。如果确实有必要重建的，需要获得有关部门的批准。

例如北京的元大都遗址保护，通过在土城遗址上建设带状绿地形成遗址公园（图 4.37）的方法，既反映了元大都城墙的位置，又成为居民游憩和怀古的重要场所。

北京的妙应寺山门则是原址重建的一个特殊案例。"文化大革命"期间，妙应寺山门被拆除，并在原址上建起了白塔寺服饰商场，破坏了妙应寺的整体格局，也阻挡了剩余的文物，严重改变了文物古迹的环境。1997 年，北京市西城区政府决定拆除市场，重建山门。文物部门挖掘了保存于地下的原山门台阶、石刻等遗址，结合老照片和文献多方论证，确定了原址原状的重建方案。重建后，妙应寺（图 4.38）格局更为完整，在寺前配有重建说明，翔实地记录了这段历史。

图 4.37　元土城遗址公园

(a) 妙应寺重建的山门

(b) 妙应寺整体格局

图 4.38　北京妙应寺

对于遗址的重建，一定要慎重对待。如果经过必要性和可能性的充分论证，有翔实的史料、图像和史册资料，又与保护法规不冲突，可以考虑重建。但是我们必须认识到，重建一座文物建筑并不难，要恢复建筑上所存在的历史信息和由时间事件所积累起来的历史价值就难乎其难了。因此，对于遗址的复原性重建一定要具体问题具体分析，反对新建仿古，或者在遗址上胡乱地复原重建，对于某些局部毁坏的文物建筑采用拆除重建的方法更是不可取。

4.3.2　历史建筑的保护与活化利用

由于保护地位不同，历史建筑的保护要求相对来说没有文物保护单位严格。文物保护单位的保护是侧重文物本身的保护及其周边环境的保护。历史建筑则是一方面基于城市或历史地段的整体风貌特色保护目标，强调对历史建筑形式的保护；另一方面是从活化利用的角度去发掘，在新的时空条件下使其延续原有的功能或者获得某种恰当的使用功能，实现保护与利用的统一，充分发挥历史建筑的文化展示和文化传承价值。

1. 历史建筑的保护

大量非文物的历史建筑是城市文化特色的主要载体，它们构成整片的历史街区和连续的城市肌理，承载着人们对城市发展的历史记忆。因此，历史建筑的保护是落实城市整体风貌保护与延续的重要内容，也是需要加强管理的重要方面。

根据《历史文化名城名镇名村保护条例》，对历史建筑要实施原址保护，对历史建筑因无法实施原址保护、必须迁移异地保护或者拆除的，应当由市、县人民政府城乡规划主管部门会同同级文物主管部门，报省、自治区、直辖市人民政府确定的保护主管部门会同同级文物主管部门批准。

历史建筑的外部应尽可能维持历史原貌，保持原有的高度、体量、外观形象及色彩等；内部则可以根据建筑功能的需要进行适当的改造，这一要求体现了和文物保护单位保护的不同。《历史文化名城名镇名村保护条例》还要求历史建筑进行外部修缮装饰、添加设施以及改变历史建筑的结构或者使用性质的，应当经市、县人民政府城乡规划主管部门会同同级文物主管部门批准。例如，华南土特产展览交流大会旧址手工业馆（图4.39）的保护要求有：保持现有开放空间；保持建筑原有高度，严禁在建筑物顶部增加附属物；保留历史建筑原色调；保持现有墙窗比例与细部特征；整饰立面与保留立面相协调；更新建设应保持原建筑界线；内部空间与展览馆、公共活动空间要求相适应。

图 4.39　华南土特产展览交流大会旧址手工业馆

2. 历史建筑的活化利用

今天的城市更新与发展所面临的问题，已不仅是如何兴建新建筑，而是怎样使现存的大量一般性历史建筑，在不断地更新中获得新生的问题。撇开历史建筑的经济文化与历史价值不谈，单从生态角度看，建造新建筑需要耗费大量的资源和能源，而拆除旧建筑不仅是对资源和能源的浪费，同时大量废弃的建筑垃圾也会对生态环境产生直接影响。因此对历史建筑的活化利用，既有利于保留和利用其历史价值、文化价值和经济价值，也有利于城市生态环境的良性循环。历史建筑的保护与活化是我们回望历史、展望未来的重要媒介。特别是在当今城市快速发展、文化更替迅速的大环境下，如何推动历史文化保护从"保"向"活"的转变，将历史建筑的文化基因进一步彰显、影响、辐射，最后实现文化与功能双重、有机地融入城市生活，实现可持续传承，是我们今后要重点关注的主题。

历史建筑的保护方法要从活化利用的角度去发掘，要"最大限度发挥历史建筑使用价值，支持和鼓励历史建筑的合理利用。丰富业态，活化功能，实现保护与利用的统一，充分发挥历史建筑的文化展示和文化传承价值"。我们应该采取积极的策略去创造适宜的转化条件和提供恰当的手段与方法，如功能转换、内部空间改造、外观更新、新旧建筑的联系等，使得历史建筑的活化利用成为城市的亮点。

（1）多样化的功能转换。

目前，历史建筑的保护与活化利用中的功能转换包括：在有必要且有可能的情况下，对历史建筑既有使用功能进行恢复；在建筑还在按既有使用功能进行使用时，采取措施使其使用功能能更好地发挥；在建筑已经失去其原有使用功能且无法恢复时，赋予其新的使用功能；在建筑延续其原有使用功能的同时使之承担新的功能。

从目前活化利用的实践中，我们可以看到历史建筑功能转换的模式是非常多样化的。根据原有建筑的规模、结构情况、建筑质量以及历史地段的边界条件的不同，从使用功能上有着丰富的可能性，可以被活化利用为不同类型的建筑。老的居住建筑可以改建为餐饮、娱乐会所等商业服务设施，例如上海新天地历史街区（图 4.40）的更新改造模式；工业建筑可以改建成为博物馆，如伦敦泰特现代艺术博物馆等；此外，历史上的宗教建筑，如教堂、修道院等，也有被改建为学校、博物馆的实例。从发掘历史建筑的使用价值出发，历史建筑活化利用的潜力巨大。

图 4.40 上海新天地历史街区

平遥古城中的民居建筑——赵大第故居（图 4.41）在 2008 年活化利用为民宿客栈和学习、制作与展示晋中传统金银器技艺的场所。

(a) 赵大第故居内院   (b) 赵大第故居鸟瞰图

图 4.41 赵大第故居活化利用

北京北极阁三条 22 号院原是北洋大员陆宗舆的旧宅，建筑极具特色，木制套叠的藻井天花、地砖都很好地保留了明清时期原有的风貌。2019 年 8 月，22 号院迎来了一次大的修缮活动，并引入专业运营机构进行运营，活化利用为缘庆书苑（图 4.42），集社区图书馆、文化团队活动场所及文创产业基地等功能于一体，还会定期开展读书会、传统京味曲艺鉴赏、戏剧普及传承、社区公共文化等系列活动，成为地区标志性的社区文化活动阵地。

2021 年，广州诚志堂货仓旧址（图 4.43）的保护与活化利用的实践成为利用历史建筑为城市社区补短板的国家范例，是历史建筑活化利用的一种新模式。位于广州海珠区的诚志堂货仓是一座有着近百年历史的仓库，为广州第一批历史建筑。为充分发挥诚志堂货仓的区位优势和空间特色，通过新技术手段，将其活化利用为珠江边上一座极具特色的幼

(a) 历史建筑细部

(b) 举办公众活动

(c) 室内空间

图 4.42 缘庆书苑

儿园，实现了"扬空间特色之长，补社区公共服务之短"。

(a) 沿江主立面改造前

(b) 沿江主立面改造后

图 4.43 广州诚志堂货仓旧址改造前后对比

该项目按照最少干预的原则，采用原工艺、原材料，精细化修缮红砖外墙、通风高窗、圆窗等特色构件，保持了该建筑原有的风格及色彩。在此基础上，通过更换破损瓦当、强化屋架结构、增设格栅和空调等隔热设备、内部空间更新等方法为儿童打造了安全舒适的学习与休憩空间（图 4.44）。同时，该项目将可逆原则作为合理合法增加历史建筑使用面积的评价标准，采用装配式钢结构的技术方法确保建筑外立面不改变的前提

(a) 幼儿园篮球场

(b) 幼儿园屋顶足球场

(c) 幼儿园室内公共教室

图 4.44 广州诚志堂货仓旧址改造后的幼儿园

下，新增与原结构脱开的"钢柱—钢梁—楼层板"的独立钢结构内框架，既不影响建筑本体的承重结构，又能增加使用面积。如图 4.45 所示，货仓原本是两层设计，因为仓储的需要，原本每层层高达 6.6 米，改造后间隔成了 4 层，使用面积增加，适应幼儿园的功能需求。

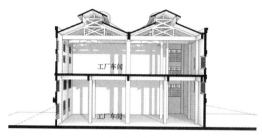 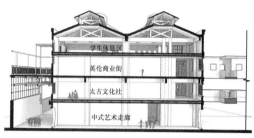

(a) 改造前 　　　　　　　　　　(b) 改造后

图 4.45　广州诚志堂货仓旧址改造前后剖面示意

广州诚志堂货仓旧址经过修缮后极大地改善了建筑的生存状态和城市风貌，投入运营后补全了周边小区幼儿教育服务短板，成为区域重要的公共服务设施。幼儿园每年可以提供幼儿学位 120 个，解决就业岗位 100 个，成为利用历史建筑改善老旧小区公共服务设施的典范。

（2）多模式的建筑更新方法。

历史建筑更新的方法非常多样化，主要包括三种模式：①完整保留建筑外表面，维护建筑构件，更新内部空间使之适应新功能的要求；②内部更新与外部改建相结合；③通过加建、扩建建立历史建筑与新建筑的连接。

一些历史建筑，由于历史文化上的价值被认定为保护建筑，在风格、样式、材料、结构或构造做法等方面具有建筑史的研究价值。对于这类情况，一般采取维护和修缮历史建筑外貌（即建筑立面风貌、建筑细部等），然后对其内部空间进行更新改造的方法进行保护。

例如，巴黎奥赛美术馆（图 4.46）的前身是建于 1898—1900 年的奥赛火车站。1978 年法国博物馆中心提出将火车站重新规划、组织和进行功能的重组，将其改造为一个展示 19 世纪后半叶至 20 世纪前半叶艺术作品的美术馆。因为是列级的历史建筑，奥赛火车站原有的建筑外貌、结构包括墙体和屋顶等要素受到完整的保护，改建主要是对内部空间的重新划分与更新。新的美术馆最大限度地保留了中央站台大空间的完整性，并将其改造为雕塑的展厅，成为整个建筑室内空间的中心；两侧月台的位置则被竖向分隔为几层，作为各类绘画作品的展厅。在对建筑内部空间进行更新的同时，也对改善建筑周围的环境做了新的考虑。例如为了方便步行和更充分地展示建筑立面，重新规划了美术馆的入口广场；对建筑沿塞纳河岸的街道进行了交通组织；在美术馆西侧重建了曾被拆毁的步行桥，形成了美术馆与另一历史环境——丢勒里公园之间的步行联系。

【北京胡同里的博物馆】

北京东城区的东四条 77 号院，曾是东四派出所的办公驻地，现已改建为东四胡同博物馆（图 4.47），主要承载着东四历史文化展示及文化交流两大功能，免费向公众开放。院内建筑按照历史格局重新修缮，院内完整地保

(a) 奥赛美术馆沿塞纳河外立面　　　(b) 奥赛美术馆与丢勒里公园　　　(c) 奥赛美术馆出入口

(d) 内部空间(改造前)　　　　　　　　(e) 内部空间(改造后)

图 4.46　巴黎奥赛美术馆

留了影壁、月亮门和垂花门，保持了建筑原有立面与建筑细节，并按照展览功能需求进行了内部空间重组。一、二进院作为文化展览空间，分为东四印象展区、印象瓦舍展区、文化探访展区、历史文化实物展区、文化交流客厅展区五个部分，以多媒体影像、艺术装置、历史老物件等多元表现形式重现历史场景，传承胡同文化。三进院作为文化交流空间，空间可灵活拆分，轻松满足多种功能性和互动性的需求。

(a) 东四胡同博物馆垂花门　　　　(b) 印象瓦舍展区　　　　(c) 文化交流客厅展区

图 4.47　东四胡同博物馆

　　还有一些历史建筑，一般具有较为完整的、质量较高的立面形式和较高的艺术价值，使其成为历史地段的标志。因此，对这类历史建筑多采用保护和改建相结合的方法，既保护了历史建筑原有的特色，又运用新技术、新材料局部改造建筑立面，使改建后的建筑具有鲜明的时代特征。

　　柏林比基尼百货大楼（图 4.48）的保护活化工程是内部更新与外部改建相结合的典型实践。大楼的前身是始建于 20 世纪 50 年代的一座纺织工厂，主体为六层混凝土结构，其中一、二两层用于商业，三层为大空间活动场所（四周无墙、用柱子支撑），四

～六层为纺织作业场所。由于三层是四面通风的镂空层，将整个楼面一分为二，使大楼的形态像极了在同时代刚刚兴起的比基尼泳衣，"比基尼大楼"的昵称也由此产生。2013年，为重新改造这个纺织工厂停工后一直活力低下的空间，德国地产开发商投资启动了大楼改建工程，成功将其改造成了一个集零售、办公、酒店、展览、娱乐于一体的柏林新文化地标。改造前的比基尼大楼平面基本呈长条形，楼梯外置在建筑北面，整体空间格局较单一。改造充分考虑了空间使用的灵活性与可逆性，多采用木料等轻质、环保建材对室内空间进行重新划分。比如在一层大厅，布置了19个被称为"Pop-up Boxes"的概念店，作为提供给那些经济困难的青年艺术家的创作、售卖场地。在建筑立面的处理上，充分考虑了文脉的延续，从建筑工艺的角度，留存了很多传统的工艺、形式。比如对一层商店展示橱窗的处理工艺，完全尊重了原来的样式。只是为增加大楼的可利用空间，在第三层将原先的镂空设计改为了封闭式设计，在承重柱之间加装了玻璃幕墙，展现出建筑的时代气息。

(a) 百货大楼及其周边环境　　　　(b) 一层大厅中的Pop-up Boxes　　　　(c) 全景玻璃窗

图4.48　柏林比基尼百货大楼

通过加建、扩建建立历史建筑与新建筑的连接，也是历史建筑活化利用实践中常用的一个方法。加建、扩建一般对原建筑的结构进行适当扩展，对所形成的新旧建筑体赋予新的价值和功能。对各种进行功能置换的历史建筑来说，加建、扩建都是最为常用的改造手段。

汉堡易北音乐厅（图4.49）是这类活化利用模式实践中的典范。它是在一座历史上著名的仓储建筑上加建而成，创造了城市新的地标。港口仓库和音乐厅在功能上虽格格不入，但是建筑师却做到了有机结合：一方面，携带历史沧桑信息、古香古色的港口仓库基座保持了整个建筑和港口的关联；另一方面，优雅剔透的音乐厅建筑又表现了另一个时尚梦幻的世界。两者之间，通过开敞的公共空间与景观相连接，变换着空间个性和尺度。巨大的港口仓库露台，就像一个公众广场，延伸向远处。旧建筑的完美的结构强度足以支撑上方加建的新建筑体块。旧建筑粗犷沉重的建筑形象也理想地成为了新音乐厅的载体。19世纪城市历史建筑的立面——窗户、基座、山形墙和各种装饰元素，都完美地保留着以呼应当时的时代。新的建筑体块外形延伸了仓库的体块，从平面图上看，两者便有着同样的形状。然而，从顶层和一层来看，新的结构又脱离了规整的仓库平面：如波浪般起伏的屋顶从东边的最低点飞跃到另一端的108米（半岛的顶端），使得易北音乐厅从远方看就鲜明可见，也给水平蔓延的汉堡城一个垂直的重心。

港口仓库新的入口在东边，由一个加长的扶梯引导人们进入广场，局部的弯曲使得人们不能从一端看到另一端，由此渲染了建筑的神秘性。从空间体验的角度来说，这个通道

(a) 城市地标——易北音乐厅

(b) 新旧建筑的连接

(c) 屋顶的公共空间

(d) 港口仓库新的入口

(e) 进入广场之前的阶梯

(f) 新建筑细部

图 4.49　汉堡易北音乐厅

笔直地穿过了整个港口仓库，在进入广场之前设置了一个巨大的全景取景窗和一个可以观望码头的观景平台。广场夹在新旧建筑之间，就像新旧建筑之间的一个巨大铰链，作为一个公共空间，让到访者得以欣赏独特的城市全景。

4.4　专题研究：非物质文化遗产的保护

在城市历史文化保护工作中，应当深入挖掘、充分认识城市生活中蕴含的中华优秀传统文化的内涵，保护好非物质要素；注重对传统艺术、民间工艺、民俗精华、名人轶事、传统产业等非物质文化遗产的保护传承。

4.4.1　非物质文化遗产的分类保护方法

非物质文化遗产保护所涉及的对象广泛而多样，以下主要以城市历史文化的整体性保护为目标提出非物质文化遗产的分类保护方法。

1. 表演艺术类非物质文化遗产保护

表演艺术类非物质文化遗产保护可以分为两方面：一方面是对于表演艺术的传承主体，即对民间艺术传人的保护；另一方面是对于表演艺术本身的保护，即表演艺术本身的活化、发展及其对现代生活的适应。这两者同样重要。

对于表演艺术的传承主体——民间艺术传人的保护，可以采取通过普查建立遗产资源库，以及建立人才传承的培养体制等方法进行保护。对于表演艺术本身的保护与传承，则需要将表演艺术与社会生活相结合，通过市场行为将表演者带回到观众面前以活化利用遗产对象。这样不仅可以解决传承主体的经济收入问题，而且市场的认可、观众的喜爱还可以不断地扩大传承人的队伍，为表演艺术类非物质文化遗产注入新的活力。在我国，一些城市已经通过市场桥梁将当地具有代表性的表演艺术与实体物质遗产相结合，形成了有独具特色的文化景观。例如，丽江古城的纳西古乐表演、苏州园林中的昆曲表演、黔东南的侗族大歌表演等（图4.50）。

【昆曲】

(a) 丽江古城的纳西古乐表演　　(b) 苏州园林中的昆曲表演　　(c) 黔东南的侗族大歌表演

图4.50　表演艺术类非物质文化遗产与社会生活的结合

在活化利用非物质文化遗产的同时，还需要注意表演艺术真实性的保护，避免商业化后的流俗"伪艺术"。任何表演艺术形式都蕴含着丰富的文化背景和历史渊源的滋养，在保护过程中需要注重其文化内涵和对原生文化环境的保护，保护其所依托的社区、群体与其生存环境和历史文脉的联系。例如，湖南土家族地区的桑植县地处武陵山脉腹地，山清水秀的自然地理环境孕育了桑植先民的"以歌代语、以歌传情"，形成了桑植民歌的表演艺术形式。然而随着城镇化的大力推进，自然地理环境逐渐被人工建设所侵蚀，天然的舞台渐渐收窄，放声歌唱的兴致也随之降低，曾经丰沛的民间文化失去了环境的滋养。

对于表演艺术类非物质文化遗产的保护，一些地方政府或企业采取"圈养"的保护方式，以人为的培训和集中的表演来传承此类表演艺术，使其脱离了艺术形式原生的自然和文化环境。单纯的室内或人工舞台表演，表演者缺乏情绪的抒发，更谈不上创新；观演者难以深刻理解艺术的精髓，感受不到文化的感染。这些做法使得原生态的艺术形式失去了最为宝贵的东西——人与自然、人与人对话的机制。因此，对于表演艺术类非物质文化遗产的保护，在对其进行保护与活化利用的同时，要特别加强原生环境的保护与涵养。

2. 民俗节庆类非物质文化遗产保护

民俗节庆类非物质文化遗产保护因为表达形式多样、参与面广泛、活动规模宏大，在记录与传承地域历史文化方面拥有得天独厚的优势；又因其较强的叙事性和表现力，最容易与旅游项目结合，成为受到广泛关注和普遍利用的非物质文化遗产对象。

不同地区的城镇会因各种原因形成一些本地特有的风俗、仪式和节庆活动。正是这些融入本土居民生活中的民俗活动，构成了地方独特的风景线。民俗活动的保护与传承，除了具体的活动形式外，还需探索其形成机制并加以展示和显现，才能延续这些民俗活动的生命力。如某些地方的民俗活动是由特殊历史事件所引发的，那么此类民俗活动的保护，便应在活动传承过程

【周庄】

中体现、展示与历史事件相关的文化内涵。例如，江南水乡古镇的"划灯"就源于历史上的康熙南巡的典故。因而，如今周庄等古镇在挖掘传承传统的基础上，将"划灯"作为特色表演项目（图4.51），再现历史场景、展示地方文化，以吸引游客。

图4.51　周庄的"划灯"

历史城镇中风俗、仪式、节庆活动也有其特殊的形成机制，传承至今的表现形式主要源于地域环境、生活习惯和相关历史渊源。因此，民俗节庆类非物质文化遗产保护必须挖掘和尊重其文化意义的源头，不能只汲取形式本身而忽略其生成的背景，否则将失去活动的真实性。例如，山西韩城党家村地区"祈晴"习俗就与气候特征紧密相关。韩城地处渭北高原东北端，在春秋时节阴雨连绵，时有涝灾，严重影响当地居民的生产与生活。于是当地居民就以"立棒槌"和"贴和尚"的方式祈求驱除阴雨，由此产生了"祈晴"的祭典仪式。如果在一些干旱需要祈雨的地区或季节举行这些活动就会给人虚假、不合时宜的印象。

3. 传统工艺类非物质文化遗产保护

传统工艺类非物质文化遗产保护可以分为两方面：一方面是对传统工艺的传承主体，即对工艺传承人的保护；另一方面是对传统工艺及其产品的保护。这两者同样重要。虽然对于工艺传承人的保护可以采取终生养护方式，但这需要政府投入大量资金与资源，对于传统工艺十分丰富的我国而言并不现实。富有鲜明文化特征与地域个性之美的传统工艺及其产品，并非在机械化生产的现代社会全无立足之地，因此需拓展传统工艺类非物质文化遗产的保护思路，因地制宜，可以依靠政府立项方式予以保护传承，也可以探索市场商机，鼓励消费群体参与。

对于一些目前未能得到市场认可的非物质文化遗产对象，国家和地方政府必须承担保护的责任，作为公益性项目进行立项保护，例如广东新会对于葵艺的保护（图4.52）。在明代，新会的葵艺产品曾是朝廷贡品。但随着生活的现代化，产品转型失败，加之土地资源的升值使得种植葵树的土地被转让，葵艺逐渐走向没落。在这种情况下，地方政府通过

图4.52　新会葵艺及其产品

直接立项，将新会葵艺列入非物质文化遗产名录进行保护，划拨专项经费、组成专门机构加以研究、整理与传承。

政府立项保护只能是保护方式中的一部分，任何文化形态都应当生存于一定的社会经济关系中，否则必然会丧失活力、失去生命力。政府立项保护只能作为濒危遗产的保护方法，若要从根本上恢复传统工艺的生命力，需要从重建传统文化消费需要入手，注重引导公众消费观念的转变，培养消费群体的参与，重新唤起社会对手工劳动产品的兴趣及手工技能的尊重。保护工作不应只限于传承人的保护和工艺产品销售上，而应当着力培养社会对传统工艺劳动过程的关注与理解，把传统手工艺技能的传承从师傅传授徒弟转向对社会公众的展示与参与性活动中，使其成为人民日常消费文化的一个有机组成部分，并逐渐培养和复苏人们对传统技艺的尊崇、欣赏与鉴别力。有了这种以真切感受和了解为基础的大众体验，才会培育出接受、热衷传统工艺的消费市场，传统工艺的保护才有可能具有活力和发展空间。

4. 科技知识类非物质文化遗产保护

相较于传统工艺类非物质文化遗产，科技知识类非物质文化遗产的价值更在于活动与形式背后的系统理论知识。科技知识类非物质文化遗产保护的关键在于对相关科技知识与实践内涵价值在现代人观念中的传播和普及传承，及其对现代文明的启示。

非物质文化遗产的载体是活态的人，因此，科技知识类非物质文化遗产保护和传承的根本途径在于传承人的实践活动。对于传统的科技知识，我们必须系统地培养传承这些知识的人才，并为他们提供具体的实践土壤，使这些传统的科技知识能够在现代社会中得到应用。例如，中医大夫，对病人询问、观面、摸脉进行诊断，结合医理、药理知识为患者开方配药；风水师通过相地、堪舆、罗盘测量之法对基地进行分析等。这些行为都属于掌握科技知识的个体的实践活动，既有助于传统科技知识的传承，也能使之更好地为现代社会服务。

与其他非物质文化遗产对象不同的是，科技知识类非物质文化遗产对象的传承人由于实践活动的专业特性，本身并不具有较强的信息传播能力。为使传统科技知识对现代文明起到更为积极的作用，可以通过相关文化展示的媒介进行辅助传播，例如以网络直播的形式普及传统知识，或者结合地方特有传统科技知识建设专题博物馆加以展示等。

例如阆中市风水博物馆（图4.53）的建设。阆中古城四面环山、三面临水，有着独特的城市风水格局以及历史悠久的风水文化传统。地方政府在古城内修建了国内唯一一座以建筑风水为主题的文化博物馆，内设四个陈列室，以沙盘、文字、图片、实物等方式展示中国传统的风水文化。

【阆中古城】

(a) 风水博物馆入口　　　(b) 沙盘陈列室　　　(c) 展廊空间　　　(d) 内庭院

图4.53　阆中市风水博物馆

4.4.2 与物质空间环境保护的融合与发展

对城市历史文化保护而言，非物质文化遗产的保护与发展应与城市物质空间环境的保护有机融合、相互协调。

1. 结合文化场所的保护

所有的文化现象都需要通过一定的载体予以表达。非物质文化遗产的载体除了活态的人、服装、工具、器皿等，其被承载的物质空间环境也传达着相关的历史文化信息，这就是"文化场所"。文化场所可以使非物质文化遗产更加完整地展现出来。比如表演艺术以相应的物质空间环境作为舞台或背景；民俗活动在特殊的空间场所内举行；手工技艺在专门的作坊中操作。因此，对于非物质文化遗产的整体保护，就是要保护其自身的文化形式及其所依托的文化场所。

一般来说，历史文化名城、历史街区、传统村镇中的核心片区都曾经是重要的传统文化场所。随着时代的变迁、城市的拓展，其文化功能可能会逐步削弱甚至丧失。在新的时期，随着全社会传统文化复兴意识的增强，延续这些文化场所的功能，植入适宜的文化产业，使之成为传统文化保存、展示与传承的适宜场所，可以促进非物质文化遗产的整体保护。

2. 利用物质载体展示

非物质文化遗产中所包含的隐性的历史文化内涵一般是通过显性的形式予以展现和传承的。这些显性形式以人为载体，以服装、工具、器皿等为辅助，通过口头、肢体、活动等方式呈现出来。相关的工具、实物、手工艺品等物质载体承载了非物质文化遗产的隐性内涵，因此通过收集、研究、整理有关非物质文化遗产的物质载体并加以陈列和展示，就成为非物质文化遗产保护的一种重要方式。

在历史性城市保护层次，可以采取建设综合性或专题性博物馆来展示和陈列城市的历史文化；在历史地段保护层次，可利用历史建筑活化利用为专门的博物馆，或基于公共空间建设，收集、整理、陈列本地区相关的非物质文化遗产，包括历史事件、名人轶事、传统生活场景、传统工艺等，展示的形式可以是文字说明，也可以是雕塑、绘画、环境小品等。

3. 融入文化旅游发展

文化旅游是市场经济条件下历史性城市保护和发展的重要途径之一。应结合各城市历史文化特点，围绕特色文化进行挖掘、提炼和表现，提高旅游开发的深度和广度，发展多元化的文化旅游项目。

为了适应当前旅游业的发展需求，非物质文化遗产保护可以在三个层次上与城市文化旅游发展相结合。第一个层次的旅游产品属于最基本的旅游形式，具体表现为利用非物质文化资源建立博物馆或陈列馆，采用文字说明、视频演示等形象化表达形式，充分展现历史环境的文化价值和意义。第二个层次的旅游产品是表演式展示，可以通过传统戏剧表演、民族歌舞表演、故事讲演、重大历史事件表演、民俗活动表演、传统工艺表演等形式将城市非物质文化遗产融入旅游活动的内容，提高旅游吸引力。第三个层次的旅游产品是参与式娱乐及相关活动，是形成旅游品牌特色与提高旅游吸引力的重要方面。可以结合非物质文化传统广泛开展参与式活动以及定期开展有意义的节庆活动，如庙会、旅游文化节、传统美食节，民俗工艺制作等，着力让游客亲身体验历史文化氛围，提高地方文化的影响力。

本 章 小 结

对城市整体空间环境进行保护与控制，可以达到保护与发展的整体协调。对城市自然环境、传统格局的保护以及城址环境的保护与利用都是城市整体空间环境保护的重要内容。

历史街区的保护与发展涉及社会、文化、时空等因素，已经由单纯的街区物质环境改善走向物质环境改善、传统文化传承、街区经济发展的综合复兴之路。

文物古迹可以分为文物保护单位和历史建筑两大类。前者侧重文物本身的保护及其周边环境的保护。后者则强调从活化利用的角度去发掘使用功能，实现保护与利用的统一，充分发挥历史建筑的文化展示和文化传承价值。

非物质文化遗产的保护与发展应该纳入城市遗产的整体保护体系之中，与城市物质空间环境的保护有机融合、相互协调，推动非物质文化的持续保护和发展。

思考与讨论题

1. 对于古城格局基本完好，并保存有丰富的文物古迹和连片的历史街区的历史古城，在其总体发展战略上应注意处理哪些关键问题？请结合你熟悉的某一座历史古城谈谈你的观点。

2. 请列举一个在街巷空间方面深深打动你的历史城区或历史街区，并简要描述其特征。

3. 你对重新建立历史街区与现代生活的联系有什么好的建议？

4. 历史建筑的保护与活化利用有哪些模式？

第5章
城市历史文化保护规划与实践

思维导图

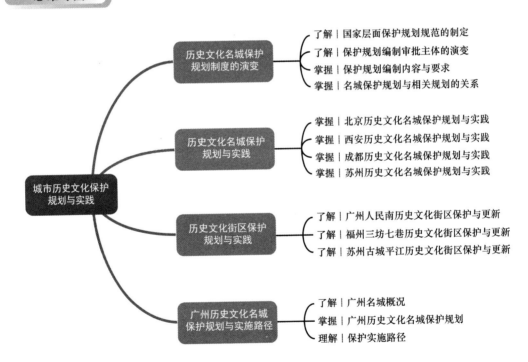

历史文化名城保护规划制度的演变
- 了解 | 国家层面保护规划规范的制定
- 了解 | 保护规划编制审批主体的演变
- 掌握 | 保护规划编制内容与要求
- 掌握 | 名城保护规划与相关规划的关系

历史文化名城保护规划与实践
- 掌握 | 北京历史文化名城保护规划与实践
- 掌握 | 西安历史文化名城保护规划与实践
- 掌握 | 成都历史文化名城保护规划与实践
- 掌握 | 苏州历史文化名城保护规划与实践

城市历史文化保护规划与实践

历史文化街区保护规划与实践
- 了解 | 广州人民南历史文化街区保护与更新
- 了解 | 福州三坊七巷历史文化街区保护与更新
- 了解 | 苏州古城平江历史文化街区保护与更新

广州历史文化名城保护规划与实施路径
- 了解 | 广州名城概况
- 掌握 | 广州历史文化名城保护规划
- 理解 | 保护实施路径

导言

　　2019 年以来，随着国家部委机构的调整，规划体系发生变革，空间规划进入新阶段，国土空间规划"四梁八柱"的构建体现了生态文明新时代国家治理体系改革的深层次要求。2021 年 3 月，自然资源部、国家文物局共同印发《关于在国土空间规划编制和实施中加强历史文化遗产保护管理的指导意见》，提出"文物保护类专项规划、历史文化名城名镇名村街区保护规划应与同级国土空间规划同步启动编制，落实和深化国土空间规划要求"，并从空间信息处理、遗产保护管控、保护类规划编制审批、相关区域用途管制和规划许可等方面提出遗产保护管理的专项要求。2021年9月，中共中央办公厅、国务院办公厅印发《关于在城乡建设中加强历史文化保护传承的意见》，提出建立分类科学、保护有力、管理有效的城乡历史文化保护传承体系，系统、完整地保护城乡文化遗产，并形成完善的管理体制。

国土空间规划顶层制度框架的创新和改革意味着我国进入了国土空间高质量发展的新阶段。新时代、新形势对历史文化名城的保护也提出了新的要求。在国土空间规划体系下，文化遗产保护传承与社会经济发展必将更加深度融合，名城保护融入城市发展战略，可以充分发挥文化遗产在全域国土资源配置中的引领作用。在国土空间全域全要素的规划编制工作中，保护规划对城乡文脉延续、环境风貌管控、地域特色凸显等方面具有重要影响。历史文化资源作为构成城市特色的核心要素，对其进行合理的保护与利用是实现国土空间高质量保护与开发的重要保障。

5.1　历史文化名城保护规划制度的演变

历史文化名城保护规划制度的演变大体经历了两个阶段。第一阶段是1982—1994年，那时我国刚启动历史文化名城的保护工作，全国各地的历史文化名城结合自身的实际情况编制了历史文化名城保护规划（以下简称"名城保护规划"），取得了保护工作的进步，但是还没有形成历史文化名城保护规划的规范，保护内容也并不全面。第二阶段是1994年以后，随着历史文化名城保护工作不断深入，保护规划编制也日趋完善，多次颁布法规和制定规范，明确提出了历史文化名城保护规划的编制要求。

5.1.1　国家层面保护规划规范的制定

1994年1月，国务院批转建设部、国家文物局《关于审批第三批国家历史文化名城和加强保护管理的请示的通知》中，要求"文物古迹要抓紧定级，并明确划定保护范围和建设控制地带""抓紧保护规划的编制与审批，历史文化名城的重点区域要做控制性详细规划"。

为确保历史文化名城保护规划编制走上正轨，1994年9月，建设部在总结十年来历史文化名城保护规划编制实践的基础上印发了《历史文化名城保护规划编制要求》，历史文化名城的保护规划编制开始有据可依。

2005年7月，建设部和国家质检总局联合颁布国家标准《历史文化名城保护规划规范》（GB 50357—2005），这是我国第一部关于保护规划的技术性规范。该规范从标准规范层面规定了历史文化名城和历史文化街区保护规划的编制要求，历史文化名镇、名村可参照执行，历史文化名城名镇名村保护规划的编制更加规范化。

2008 年 4 月，国务院正式颁布《历史文化名城名镇名村保护条例》，对历史文化名城名镇名村保护规划内容进行了明确规定，要求应包括"保护原则、保护内容和保护范围；保护措施、开发强度和建设控制要求；传统格局和历史风貌保护要求；历史文化街区、名镇、名村的核心保护范围和建设控制地带；保护规划分期实施方案"等内容。该条例还对历史文化名城名镇名村保护规划的组织编制、规划期限、报送审批、公众参与、备案公布、规划修改、实施监督等方面进行了明确规定。

2009 年以后，在《历史文化名城名镇名村保护条例》的指导下，我国的历史文化名城保护规划编制进一步创新完善，并且不断将国内外文化遗产保护领域的新理念融入规划编制之中。2010 年 11 月开始对《历史文化名城名镇名村保护规划编制办法》的草案广泛征求意见，在此次征求意见的基础之上，2012 年 11 月住房和城乡建设部、国家文物局联合印发《历史文化名城名镇名村保护规划编制要求（试行）》，提出了总体编制要求，并分别对历史文化名城、历史文化街区、历史文化名镇名村的保护规划编制进行了细化和具体规定，对保护内容、调研评估、技术要求、成果表达等提出了基本要求。

2014 年 10 月，住房和城乡建设部印发《历史文化名城名镇名村街区保护规划编制审批办法》，自 2014 年 12 月 29 日起施行。该办法对历史文化名城、名镇、名村以及历史街区保护规划的编制和审批，包括规划主体、规划内容、规划期限、成果审查审批、规划修改等进行了细化和具体的规定。

针对保护实践中出现的拆真建假、过度商业化等行为，亟待出台新的保护技术标准从系统性、整体性和保护底线等方面充实内容，指导实践。2018 年 11 月，住房和城乡建设部、国家市场监督管理总局联合颁布国家标准《历史文化名城保护规划标准》（GB/T 50357—2018），自 2019 年 4 月 1 日开始实施，原国家标准《历史文化名城保护规划规范》（GB 50357—2005）同时废止。《历史文化名城保护规划标准》是在调查研究、认真总结全国各地保护经验和问题的基础上，结合新时代历史文化名城保护的新要求（图 5.1）制定而成的，是我国城乡历史文化保护领域目前唯一的国家标准。

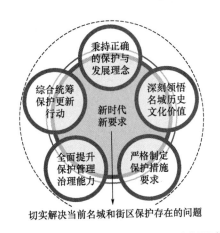

图5.1　新时代历史文化名城保护的新要求

《历史文化名城保护规划标准》以坚定文化自信为导向，坚持科学的保护理念和正确的保护方法，希望能为新时代我国历史文化名城的保护与发展提供正确的理念导向和技术支撑。该标准在编制过程中逐条落实《中华人民共和国文物保护法》《中华人民共和国城乡规划法》《历史文化名城名镇名村保护条例》等法律法规，并系统梳理了《历史文化名城名镇名村保护规划编制要求（试行）》《历史文化名城名镇名村街区保护规划编制审批办法》等政策文件、办法。此外，针对历史文化名城、历史文化街区的基础设施改善问题，该标准研究纳入了《消防给水及消火栓系统技术规范》等相关行业、地方标准的好经验、好做法。《历史文化名城保护规划标准》是历史文化名城制度40年理论实践的集成创新成果，对于明确保护底线、满足工作需要、促进治理能力现代化具有重要意义。

5.1.2　保护规划编制审批主体的演变

历史文化名城名镇名村保护规划的编制主体和审批主体也在不断发展变化。

根据1982年国务院印发的《关于保护我国历史文化名城的请示》的通知，"各有关省、自治区、直辖市的城建部门和文物、文化部门应当组织力量，对所在地区的历史文化名城进行调查研究，提出保护规划报国家城市建设总局和国家文物事业管理局审查"。当时的保护规划的编制主体是省级、自治区、直辖市的建设和文物、文化部门，而审批主体则是国家城市建设总局和国家文物事业管理局。

1986年国务院印发《关于请公布第二批历史文化名城名单报告的通知》，指出："历史文化名城保护规划要纳入城市总体规划，按《城市规划条例》规定的程序上报审批。"此时，直辖市的历史文化名城保护规划，由直辖市人民政府报国务院审批；省会历史文化名城和其他人口在100万以上的历史文化名城保护规划，由所在省、自治区人民政府审查同意后，报国务院审批；其他历史文化名城的保护规划，属于城市的，报省级人民政府审批，属于市管辖的县城的，则报市人民政府审批。

1993年，建设部和国家文物局在襄樊召开全国历史文化名城保护工作会议，提出要严格历史文化名城保护规划的审批制度，明确提出："由国务院审批城市总体规划的历史文化名城，其保护规划由国务院审批；其余国家历史文化名城的保护规划，由建设部和国家文物局审批；省级历史文化名城的保护规划由所在省、自治区人民政府审批。"保护规划的审批主体再一次发生了变更，这一规定更多考虑到历史文化名城的特殊性，加强了保护规划的审批力度。

2008年《中华人民共和国城乡规划法》颁布，以法律的形式规定了城市总体规划的审批。根据历史文化名城保护规划应纳入城市总体规划的规定，保护规划的审批主体分别是国务院和省、自治区人民政府。

2008年国务院颁布《历史文化名城名镇名村保护条例》，对历史文化名城名镇名村保护规划的编制主体、审批和备案主体都进行了明确规定。在编制主体方面，历史文化名城批准公布后，历史文化名城人民政府应当组织编制历史文化名城保护规划；历史文化名镇、名村经批准公布后，所在地县级人民政府应当组织编制历史文化名镇、名村保护规划。在审批和备案主体方面，保护规划由省、自治区、直辖市人民政府审批；保护规划的组织编制机关应当将经依法批准的历史文化名城保护规划和中国历史文化名镇、名村保护规划，报国务院建设主管部门和国务院文物主管部门备案。保护规划审批主体再次转变为省、自治区、直辖市人民政府，但是需要到国务院建设主管部门和国务院文物主管部门备案。

2014 年住房和城乡建设部印发的《历史文化名城名镇名村街区保护规划编制审批办法》是根据《中华人民共和国城乡规划法》和《历史文化名城名镇名村保护条例》等法律法规，为了规范保护规划编制和审批工作而制定的，增加了一些细致的工作内容，如要求：在历史文化名城、名镇、名村、街区保护规划成果编制阶段，历史文化名城、名镇、名村、街区所在地的省、自治区、直辖市人民政府城乡规划主管部门，应当组织专家对保护规划的成果进行审查；在国家历史文化名城保护规划成果编制阶段，国家历史文化名城所在地的省、自治区、直辖市人民政府城乡规划主管部门，应当提请国务院城乡规划主管部门组织专家对成果进行审查；历史文化名城、名镇、名村保护规划由省、自治区、直辖市人民政府审批；历史文化街区保护规划按照省、自治区、直辖市的有关规定审批；保护规划报送审批文件中应当附具专家对成果进行审查的意见采纳情况及理由，经听证的还应当附具听证笔录。

5.1.3 保护规划编制内容与要求

根据 2008 年国务院颁布的《历史文化名城名镇名村保护条例》第十四条，保护规划应包括：（一）保护原则、保护内容和保护范围；（二）保护措施、开发强度和建设控制要求；（三）传统格局和历史风貌保护要求；（四）历史文化街区、名镇、名村的核心保护范围和建设控制地带；（五）保护规划分析实施方案。这是以法规的形式对历史文化名城名镇名村保护规划内容的规定。

2012 年印发的《历史文化名城名镇名村保护规划编制要求（试行）》，综合参考了有关法规和规范的要求，对历史文化名城名镇名村保护规划的内容做出了明确规定，包括：（一）评估历史文化价值、特色和现状存在问题；（二）确定总体目标和保护原则、内容和重点；（三）提出市（县）域中需要保护的内容和要求；（四）提出城市总体层面上有利于遗产保护的规划要求；（五）确定保护范围，包括文物保护单位、地下文物埋藏区、历史建筑、历史文化街区的保护范围，提出保护控制措施；（六）划定历史城区的界限，提出保护名城传统格局、历史风貌、空间尺度及其相互依存的地形地貌、河湖水系等自然景观和环境的保护措施；（七）提出继承和弘扬传统文化、保护非物质文化遗产的内容和措施；（八）提出在保护历史文化遗产的同时完善城市功能、改善基础设施、提高环境质量的规划要求和措施；（九）提出展示和利用的要求与措施；（十）提出近期实施保护内容；（十一）提出规划实施保障措施。这是对历史文化保护规划的内容进行了深化与细化，并在保护非物质文化遗产方面做了进一步强调，为名城保护规划编制与实施提供了明确的参考。

2018 年颁布的《历史文化名城保护规划标准》适用于历史文化名城、历史文化街区、文物保护单位及历史建筑的保护规划，以及非历史文化名城的历史城区、历史地段、文物古迹等的保护规划；从技术层面上对历史文化名城和历史文化街区的保护规划编制内容做出了更加明确的规定，既包含了国际上普遍关注的文物古迹、历史保护区（历史文化街区）的保护，又针对中国古代城市先规划后建设、系统性、关联性的特色，强化了历史城区的整体保护要求，同时加强了保护与人居环境改善的统筹，其主要内容如下。

1. 针对历史性城市特色，构建名城整体保护的多层次方法体系

（1）强化名城保护的多层次方法体系。

《历史文化名城名镇名村保护条例》要求"历史文化名城应当整体保护"。《历史文化名城保护规划标准》对名城整体保护的要求进行了落实和细化，充分结合我国历史性城市的选址、营建特色，综合考虑快速城镇化时期造成的遗存碎片化问题，针对不同层次和不同尺度的保护对象制定了相应的保护内容和要求，层次清晰、重点突出地落实整体保护的基本理念，深化了名城保护的本土化理论。

（2）突出自然与人文的整体保护的基本理念。

《历史文化名城名镇名村保护条例》指出"历史文化名城不得改变与其相互依存的自然景观和环境"。《历史文化名城保护规划标准》落实和细化了这项要求，突出自然与人文的整体保护理念，将山川形胜作为名城保护的重要目标与内容，要求历史文化名城保护规划应对城址环境的自然山水和人文要素提出保护措施，对城址环境提出管控要求。

（3）将历史城区作为名城整体保护的重要载体。

《历史文化名城名镇名村保护条例》规定历史文化名城应当"保持传统格局、历史风貌和空间尺度"。为落实这项要求，《历史文化名城保护规划标准》沿用《历史文化名城保护规划规范》（GB 50357—2005）提出的"历史城区"概念——城镇中能体现其历史发展过程或某一发展时期风貌的地区，涵盖一般通称的古城区和老城区，特指历史范围清楚、格局和风貌保存较为完整、需要保护的地区。这个概念有两方面含义：一方面是历史城区的认定在空间维度上可以涵盖传统意义上的古城池、城外关厢地区等，在时间维度上可以涵盖古代、近现代城市发展印记；另一方面是保护规划需要划定清晰的历史城区范围边界，作为历史文化名城传统格局风貌保护的重要载体和抓手。《历史文化名城保护规划标准》中关于历史文化名城保护的一系列规定大多是针对"历史城区"范围提出的，并将"格局与风貌"作为单独一节，分别从城址环境、传统格局、历史风貌、历史城区建筑高度控制四个方面提出了具体的要求和措施。

2. 制定历史文化街区认定标准和划定方法，明确建筑分类保护整治措施

历史文化街区是历史文化名城的重要保护对象，是承载名城传统风貌特征的重要载体，也是评价名城保护工作成效的关键内容。

（1）结合相关法律法规的定义，优化历史文化街区认定的具体标准。

《历史文化名城保护规划标准》对历史文化街区的认定、划定、保护、提升等制定了详细要求，明确了历史文化街区保护范围界线划定的基本方法和技术要求。另外，坚持保护历史文化街区的真实性，强调街区的风貌完整性应当以遗存的真实性为前提。

（2）制定历史文化街区建筑分类保护整治的措施。

《历史文化名城保护规划标准》对历史文化街区内的各种建筑物、构筑物提出了分类保护与整治的具体要求和措施，要求编制历史文化街区保护规划时要对街区内需要保护的建筑物、构筑物的位置信息、建造年代、结构材料、建筑层数、历史使用功能、现状使用功能、建筑面积、用地面积进行逐项调查统计，对所有的建筑物、构筑物根据其保护级别、价值以及保存状况制定相应的保护与整治措施。

3. 明确历史城区、历史文化街区设施的提升要求，强化保护与民生改善相协调

历史文化名城、历史文化街区既是文化遗产，也是当代人生活的空间载体。因此，历

史文化名城和历史文化街区不能采取冻结式的保护方式，而应将保护与人居环境改善相结合，不断满足人民日益增长的美好生活需要。《历史文化名城保护规划标准》对历史城区和历史文化街区的道路交通、市政工程、防灾与环境保护等方面提出了与保护要求相适应的改善提升要求和措施。

（1）道路交通。

历史城区应保持或延续原有的道路格局；交通组织应以疏导为主，优先发展公共交通、步行和自行车交通；提高公共交通线网的覆盖率，营造人性化的交通环境。规定历史文化街区不应设置高架道路、立交桥、高架轨道、客货运枢纽、大型停车场、大型广场、加油站等交通设施；地下轨道选线不应穿越历史文化街区；采用宁静化的交通设计，可结合保护需要，划定机动车禁行区。

（2）市政工程。

历史城区应积极改善市政基础设施；市政设施建设应与历史城区整体风貌相协调。规定历史文化街区采用小型化、隐蔽型的市政设施，有条件的可采用地下式、半地下式或与建筑相结合的方式，形式应与景观风貌相协调；当街巷狭窄、管线敷设受到空间限制时，可采取提高管线强度和承载能力、加强管线保护等适宜性工程措施，合理调整管线净距，并满足工程管线的安全、检修等要求。

（3）防灾与环境保护。

历史城区应健全防灾安全体系，重视火灾及其他次生灾害的防治；不得布置生产和贮存易燃易爆、有毒有害危险物品的工厂和仓库；对历史留存下的防洪构筑物、码头等应提出保护与利用措施。规定历史文化街区设置专职消防场站，配备小型、适用的消防设施和装备，并建立社区消防机制等。

5.1.4　名城保护规划与相关规划的关系

名城保护规划是历史文化遗产保护制度的重要组成部分，是历史文化遗产进行保护管理、推动项目实施的重要技术支撑。

1. 名城保护规划是城市总体规划的前提和基础

历史文化名城保护规划是城市总体规划中的专项规划，其价值判断、技术路线、重要依据和研究结论成为城市总体规划中相关部分的专业技术支撑。名城保护规划需要分析历史文化名城的格局和风貌、与历史文化密切相关的自然环境、反映历史风貌的街区与建筑群、各级文物保护单位，以及民俗精华、传统工艺、传统文化等，并对自然与人文资源的价值、特色、现状、保护情况等进行调研与评估，以丰富、可靠的资料为依据分析研究名城的历史文化内涵、价值和特色。编制历史文化名城保护规划，应从总体层面上提出保护要求，包括城市发展方向、山川形胜、布局结构、城市风貌、道路交通、基础设施等方面，协调新区与历史城区的关系，构建历史文化名城保护体系，进而采取针对性的保护措施。这些内容都是城市总体规划前期工作的重要基础。

名城保护规划中划定的历史城区、历史文化街区、名镇、名村的保护范围，是城市总体规划进行战略分析和空间布局的前提条件。特别是历史文化街区和历史建筑的紫线，文物古迹和地下文物埋藏区的保护界线，保护规划确定保护的传统城市格局控制线、重要视廊和建筑高度控制线，需要保护的园林绿地、河湖水系控制线等各种保护界线，是城市总体规划进行"四区"划定的直接依据之一。总体规划在空间布局方案中应当进行避让，并提出相应的管控措施。

  2. 名城保护规划是城市总体规划的重要组成部分

  早在 1982 年印发的《城乡建设环保部关于加强历史文化名城规划工作的通知》就指出"历史文化名城保护规划就是以保护城市地区文物古迹、风景名胜及其环境为重点的专项规划，是城市总体规划的重要组成部分"，首次明确了名城保护规划与城市总体规划的关系。1993 年印发的《全国历史文化名城保护工作会议纪要》进一步要求"历史文化名城保护规划应当纳入城市总体规划"。2002 年颁布的《中华人民共和国文物保护法》则是从国家法律层面要求"名城保护规划应当纳入城市总体规划"。2008 年颁布的《中华人民共和国城乡规划法》也从国家法律上规定"历史文化遗产保护应作为城市总体规划的强制性内容"。2008 年印发的《历史文化名城名镇名村保护条例》规定"历史文化名城保护规划的规划期限与城市总体规划的期限相一致"；2012 年印发的《历史文化名城名镇名村保护规划编制要求（试行）》也要求"历史文化名城保护规划的规划范围与城市总体规划的范围一致"，从法律和规范层面上确定了名城保护规划是总体规划的重要组成部分这一法定性质。

  历史文化名城保护规划是属于城市总体规划范畴的专项规划，要细化总体规划要求的保护内容，从保护角度提出城市总体规划布局、用地、道路交通、市政工程、防灾与环境保护等相关要求。总体规划统筹协调保护与发展的关系，历史文化遗产保护是其中强制性内容。

  名城保护规划的内容中包括了一系列总体规划层次的保护内容和措施，如历史文化名城的历史沿革、形态演变、社会经济背景的分析与研究；保护地段的人口规模控制与疏解；调整用地布局改善古城功能的措施；古城规划格局、空间形态、视觉通廊保护与控制、建筑风貌控制；划定历史文化名城、历史文化街区、名镇、名村的保护范围等。这些均是名城保护规划工作成果中的基础性内容，可以直接纳入总体规划的相应章节。

  历史文化名城保护规划进行审批后，具有与城市总体规划同样的法律效力，因此在调整或修订总体规划时应当相应调整或继续肯定保护规划的内容；同时保护规划可反馈调整城市总体规划的某些重要内容，如城市发展方向、人口控制和调整、产业结构调整、用地与空间结构调整、交通道路调整等。

5.2　历史文化名城保护规划与实践

  早在 1978 年，我国部分城市编制的总体规划，就已经包含了历史文化保护或古城保护的内容，例如北京、西安等。到 1982 年，国家公布首批历史文化名城，一些名城就相继进行了专门的历史文化名城保护规划的编制工作，积累了非常多的经验。2018 年 11 月，住房和城乡建设部办公厅要求各地要尽快启动规划期限为 2035 年的保护规划编制工作。基于新时代历史文化名城保护的新要求，各地启动了新一轮保护规划的编制。据不完全统计，西安、洛阳、南京、杭州、天津、广州、成都、延安、凤凰、荆州、宜宾、汉中、蔚县、瑞金、韩城、柳州、都江堰等国家名城，以及大连、莆田、芷江、登封、新密、九江等省级名城的 2035 年版保护规划均已经编制完成或正在编制。

北京历史文化名城保护规划与实践

1949 年以来，北京一直在进行历史文化遗产保护工作的探索，在编制的 7 版总体规划中都有关于历史文化遗产保护的内容。特别是在 1982 年北京成为第一批国家历史文化名城后，名城保护体系日益深入和完善，成为北京城市规划的重要部分。

1. 名城保护规划的编制历程

1984 年版总体规划第一次提出了整体保护的概念，这是北京历史文化名城保护的一个重要节点。规划提出历史文化名城的保护措施，包括：扩大保护范围；重视保护文物周围的环境；注意整体保护，提出了皇城、三海地区、天坛、国子监街道等保护重点；古建筑保护要和园林水系保护结合起来。北京的历史文化名城保护规划，从一开始就考虑分层次保护各类历史文化资源，并逐步深化形成了多个层次的保护体系，为全国历史文化名城保护规划的规范化奠定了基础。

1993 年批复的《北京城市总体规划（1991 年—2010 年）》把"历史文化名城的保护与发展"列为专题，明确指出："北京历史文化名城的保护，是以保护北京地区珍贵的文物古迹、革命纪念建筑物、历史地段、风景名胜及其环境为重点，达到保持和发展古城的格局和风貌特色，继承和发扬优秀历史文化传统的目的。对于新的建设要体现时代精神、民族传统、地方特色，根据不同情况提出不同要求，使新旧建筑、新的建设与周围环境互相协调，融为一体，形成当代中国首都的独特风貌。"专章里全面叙述了名城保护的基本原则、重要措施、重点地区。规划提出了文物保护单位、历史文化保护区和古城整体保护三个层次的保护体系，对从整体上保护名城提出了 10 项重点保护工作。

2000—2001 年，根据《北京市国民经济和社会发展第十个五年计划纲要》要求，为加强历史文化名城整体保护，北京市计划委员会、市规划委、市文物局共同编制了《北京市"十五"时期历史文化名城保护规划》。规划明确"十五"期间，北京要坚持建首善、创一流，保护历史文化名城，建设现代化国际大都市；要进一步完善政治中心、文化中心和国际交往中心的功能，不断地向世界展现北京历史文化名城的新风貌和新成就。

2001 年 5 月—2002 年 10 月，编制完成了《北京历史文化名城保护规划》，这是历史上对北京历史文化名城进行多层面、全方位保护的第一个专项规划。规划从文物保护单位、历史文化保护区、古城整体格局三个层次由点到面逐层展开形成保护框架，主要内容包括历史河湖水系的保护、中轴线的保护与发展、皇城历史文化保护区的保护、明清北京城"凸"字形城郭的保护、旧城棋盘式道路网和街巷胡同格局的保护、旧城建筑高度的控制、城市景观线的保护、城市街道对景的保护、旧城建筑形态与色彩的继承与发扬、古树名木的保护、旧城危改与旧城保护、传统地名的保护、传统文化与商业的保护和发扬以及实施保障措施。

2005 年批复的《北京城市总体规划（2004 年—2020 年）》，对《北京历史文化名城保护规划》做了进一步的完善和提升。城市总体规划明确提出："北京是世界著名古都和历史文化名城。应充分认识保护历史文化名城的重大历史意义和世界意义。重点保护北京市域范围内各个历史时期珍贵的文物古迹、优秀近现代建筑、历史文化保护区、旧城整体和传统风貌特色、风景名胜及其环境,继承和发扬北京优秀的历史文化传统。"规划强调科学保护的原则,落实科学发展观,坚持整体保护、以人为本、积极保护,坚持保护工作机制不断完善与创新,体现出规划观念从静态保护转向保护的可持续发展,更加重视保护方法的科学性、人文性,重视规划实施的可行性和长效性。规划进一步发展确立了"三个层次、一个重点和传统文化的继承"的保护内容框架,涵盖了物质文化遗产和非物质文化遗产。"三个层次"指文物保护单位、历史文化街区和历史文化名城;"一个重点"指旧城区;"传统文化的继承"指传统文化、商业特色的继承和发扬,传统文化、商业和历史建筑、街区、城市的结合。

2005年5月为落实城市总体规划,作为北京市"十一五"经济社会发展规划重要专项规划之一的《北京市"十一五"时期历史文化名城保护规划》完成编制。规划将世界文化遗产、各级文物保护单位、历史文化保护区、旧城、市域历史文化资源作为北京市"十一五"时期的保护工作重点,制定并完善相关保护措施和政策法规。在"重点实施旧城的整体保护"基础上,将北京历史文化名城保护扩展到市域范围,扩展到历史人文资源与历史景观资源的全方位保护,提出重现金中都、元大都、明清时期逐渐形成的京郊风景名胜区。规划还提出,将加强对旧城区建筑色彩控制的研究,通过对传统建筑色彩的分析,提出旧城区建筑色彩控制的相关规定,并予以试行,鼓励国内外设计机构在旧城区内开展新建建筑设计与古都风貌相协调方面的探索。

2014年2月和2017年2月,习近平总书记两次视察北京,指出"北京历史文化是中华文明源远流长的伟大见证,要更加精心保护好,凸显北京历史文化的整体价值,强化'首都风范、古都风韵、时代风貌'的城市特色"。2017年9月,《北京城市总体规划(2016年—2035年)》公布,其中第四章是历史文化名城保护规划专章,内容包括五个部分:构建全覆盖、更完善的历史文化名城保护体系;加强老城整体保护;加强三山五园地区保护;加强城市设计,塑造传统文化与现代文明交相辉映的城市特色风貌;加强文化建设,提升文化软实力。

2017年9月,《北京城市总体规划(2016年—2035年)》获得党中央、国务院批复。批复中指出:做好历史文化名城保护和城市特色风貌塑造。构建涵盖老城、中心城区、市域和京津冀的历史文化名城保护体系。加强老城和"三山五园"整体保护,老城不能再拆,通过腾退、恢复性修建,做到应保尽保。推进大运河文化带、长城文化带、西山永定河文化带建设。加强对世界遗产、历史文化街区、文物保护单位、历史建筑和工业遗产、中国历史文化名镇名村和传统村落、非物质文化遗产等的保护,凸显北京历史文化的整体价值。

为贯彻《北京城市总体规划(2016年—2035年)》中关于历史文化名城保护的有关要求,坚持规划引领,处理好保护与发展、保护与利用、保护与民生、保护与自然的关系,做到历史文化保护与优化首都核心功能、合理利用文化资源改善人居环境、促进生态保护相结合,回应社会诉求,展现首都历史文化新名片,2022年3月北京市人民政府批复同意北京市规划和自然资源委员会(北京历史文化名城保护委员会办公室)组织编制的《北京市"十四五"时期历史文化名城保护发展规划》，明确了今后五年北京名城保护工作的时间表和任务图。

2.《北京城市总体规划（2016年—2035年）》中的名城保护规划专章

《北京城市总体规划（2016年—2035年）》中的名城保护规划专章的编制体现了历史文化名城保护规划编制的新趋势。

（1）名城价值与特色。

规划对北京历史文化名城的价值从全球视野下进行了重新认知，从更高层次、更全面地提炼名城的整体价值特色。规划指出：北京是见证历史沧桑变迁的千年古都，也是不断展现国家发展新面貌的现代化城市，更是东西方文明相遇和交融的国际化大都市。北京历史文化遗产是中华文明源远流长的伟大见证，是北京建设世界文化名城的根基，要精心保护好这张金名片，凸显北京历史文化的整体价值。

（2）规划思路。

规划强调以历史文化名城保护为基础，强化城市特色塑造。为此，首先需要通过深入挖掘保护内涵，构建全覆盖、更完善的保护体系。其次，依托历史文化名城保护，构建绿水青山、两轴十片多点的城市景观格局，加强对城市空间立体性、平面协调性、风貌整体性、文脉延续性等方面的规划和管控，为市民提供丰富宜人、充满活力的城市公共空间。最后，大力推进北京作为全国文化中心的建设，提升文化软实力和国际影响力。以培育和弘扬社会主义核心价值观为统领，以历史文化名城保护为根基，建设国际一流的高品质文化设施，构建现代公共文化服务体系，推进首都文明建设，发展文化创意产业，深化文化体制机制改革，形成涵盖各区、辐射京津冀、服务全国、面向世界的文化中心发展格局。

（3）名城保护体系与结构。

规划以更开阔的视角不断挖掘历史文化内涵，扩大保护对象，构建了"四个层次、两大重点区域、三条文化带、九个方面"的历史文化名城保护体系，强调"在保护中发展、在发展中保护"，让历史文化名城保护成果惠及更多民众，如图5.2所示。

① 四个层次。

规划视野从"老城—中心城区—市域"三个空间层次拓展到"老城—中心城区—市域—京津冀"四个空间层次。

② 两大重点区域。

两大重点区域是指老城和三山五园地区。

规划提出加强老城整体保护（图5.3），包括：保护传统中轴线；保护明清北京城"凸"字形城郭；整体保护明清皇城；恢复历史河湖水系；保护老城原有棋盘式道路网骨架和街巷、胡同格局，保护传统地名；保护北京特有的胡同-四合院传统建筑形态，老城内不再拆除胡同四合院；分区域严格控制建筑高度，保持老城平缓开阔的空间形态；保护重要景观视廊和街道对景；保护老城传统建筑色彩和形态特征；保护古树名木及大树。

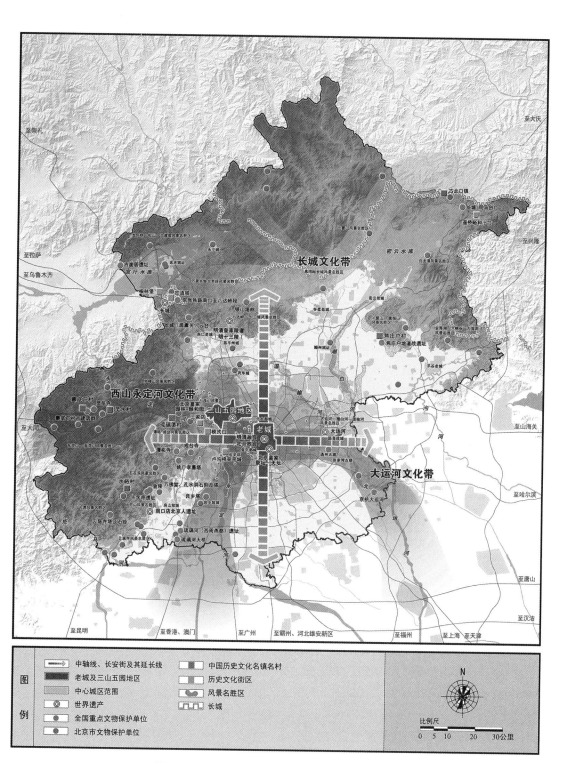

图 5.2　北京市域历史文化名城保护结构规划图

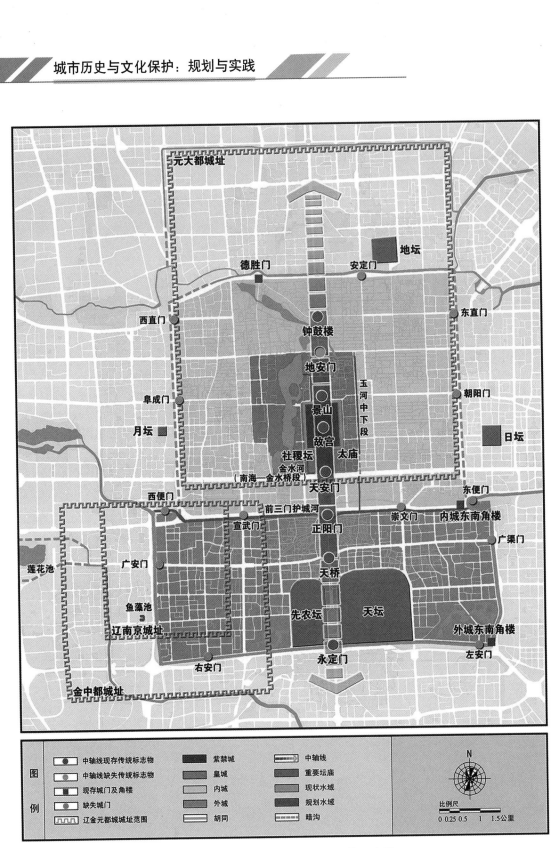

元大都城址

地坛

德胜门　　安定门

西直门

东直门

钟鼓楼

地安门

阜成门

玉河中下段

月坛

景山

故宫

社稷坛　太庙

朝阳门

日坛

金水河
（南海—金水桥段）

天安门

西便门

前三门护城河

崇文门　内城东南角楼

宣武门

正阳门

东便门

广渠门

莲花池

广安门

天桥

鱼藻池

先农坛

天坛

辽南京城址

外城东南角楼

左安门

右安门

永定门

金中都城址

N

比例尺

0 0.25 0.5　1　　1.5公里

图例	中轴线现存传统标志物		紫禁城		中轴线
	中轴线缺失传统标志物		皇城		重要坛庙
	现存城门及角楼		内城		现状水域
	缺失城门		外城		规划水域
	辽金元都城城址范围		胡同		暗沟

图 5.3　北京老城传统空间格局保护示意图

三山五园（图5.4）是对位于北京西北郊、以清代皇家园林为代表的各历史时期文化遗产的统称。三山指香山、玉泉山、万寿山，五园指静宜园、静明园、颐和园、圆明园、畅春园。三山五园地区是传统历史文化与新兴文化交融的复合型地区，拥有以世界遗产颐和园为代表的古典皇家园林群，集聚一流的高等学校智力资源，具有优秀历史文化资源、优质人文底蕴和优美生态环境，应建设成为国家历史文化传承的典范地区，并使其成为国际交往活动的重要载体。

图5.4　北京三山五园地区（局部）意向图

③ 三条文化带。

规划提出推进大运河文化带、长城文化带、西山永定河文化带的保护利用，在凸显北京历史文化名城核心地位的基础上，强化北京历史文化名城文化脉络体系的区域性和辐射性。

大运河文化带的保护要求以元明清时期的京杭大运河为保护重点，以元代白浮泉引水沿线、通惠河、坝河和白河（今北运河）为保护主线，以北京城市副中心建设为契机，推动大运河遗产的保护与利用，加强故城遗址保护，全面展示大运河文化魅力。

长城文化带的保护要求对长城保护范围及建设控制地带内的城乡建设实施严格监管，有计划推进重点长城段落的维护修缮，加强未开放长城的管理。以优化生态环境、展示长城文化为重点发展相关文化产业，展现长城作为拱卫都城重要军事防御系统的历史文化及景观价值。

西山永定河文化带的保护要求依托三山五园地区、八大处地区、永定河沿岸、大房山地区等历史文化资源密集地区，加强琉璃河等大遗址保护，修复永定河生态功能，恢复重要文化景观，整理商道、香道、铁路等历史古道，形成文化线路。

④ 九个方面。

规划提出加强世界遗产和文物、历史建筑和工业遗产、历史文化街区和特色地区、名镇名村和传统村落、风景名胜区、历史河湖水系和水文化遗产、山水格局和城址遗存、古树名木、非物质文化遗产九个方面的文化遗产保护传承与合理利用。

（4）规划特色。

① 强调保护利用的全面保护。

规划遵循保护、利用与发展有机统一的原则进行编制，强调全面保护，体现在以下方面。

A. 认识的全面：在认识上，名城保护不是单一的事项、单一的事业，而是整个国家在建设过程中一个重要的组成部分。在保护中发展，在发展中保护，实现经济、政治、社会、文化、生态效益多赢的目标，是新时代传承优秀文化、弘扬社会主义核心价值观、实现伟大中国梦的一项重要任务，是国家和城市战略发展的重要组成部分，是实行中国特色社会主义建设的基本国策。

B. 内容的全面：包括物质遗产和非物质遗产。物质遗产包括人工遗产、自然遗产和人工自然混合遗产（如颐和园、天坛、周口店、故宫、十三陵、大运河北端等，都是世界文化遗产），还包括城市山水格局、独特的文化自然景观。非物质文化遗产则指传统的口头文学以及作为其载体的语言、传统美术、书法、音乐、舞蹈、戏曲、曲艺和杂技，传统的技艺、医药、历法，传统的礼仪、节庆和民俗等。

C. 范围的全面：包括老城、历史文化街区、名镇名村、传统村落、文物保护单位、工业遗产、历史建筑、传统民居、名人旧居、地下埋藏、风景名胜、全市域及京津冀等。时间上，包括古代、近现代，农耕文明、工业文明、新时代文明等。空间上，包括地上遗产、地下（水下）遗产等。其类别可以分成政治、军事、农业、民族、科技、文学、红色革命传统等。

D. 措施的全面：一是疏解，核心区范围内要严控增量、盘活存量，着力控制开发行为；历史文化街区内建筑的拆除应征求专家学者、社会公众的意见。二是整治，开展城市生态修复肌理修补，治理脏乱差的环境。三是利用，保护利用历史建筑、历史文化街区、名镇名村、传统村落、工业遗产、不可移动文物。

E. 体系的全面：包括四个层次、两大重点区域、三条文化带、九个方面。

F. 实施的全面：规划实施要"三态合一"，包括空间形态、环境生态、功能业态。规划的目标是实现延续城市历史文脉，保留城市文化基因，让古都风貌创造性地融入现代智慧，让历史元素串起来、活起来、动起来、亮起来，让古老的北京在新时代焕发新光彩。只有"三态合一"，历史文化名城才能够在继承原有历史文化遗产的基础上保持旺盛的生命力，并不断创造出新的、可贵的文化遗产。

G. 政策的全面：客观分析城市现代化发展的实际需求，统筹考虑民生改善、环境提升、产业置换、人口疏解等现实问题，坚持经济效益、政治效益、文化效益、社会效益、生态文明共赢的原则，高标准制定全面保护的政策。全面保护的政策，包括保护制度的建设、内容的确定、规划的编制、项目的实施、措施的制定和责任的追究。

H. 参与的全面：名城保护不是规划部门、自然资源部门、文物部门、文化部门等某个部门单独的事情，而是全民的事情。

② 与城市设计相结合的保护规划。

规划提出"建立贯穿城市规划建设管理全过程的城市设计管理体系，更好地统筹城市建筑布局、协调城市景观风貌"，"加强城市设计，塑造传统文化与现代文明交相辉映的城市特色风貌"。规划进行了北京市域特色风貌分区（图5.5）：在中心城区形成古都风貌区、风貌控制区、风貌引导区三类风貌区；中心城区以外地区分别建设具有山区特色、山前特色与平原特色的三类风貌区。

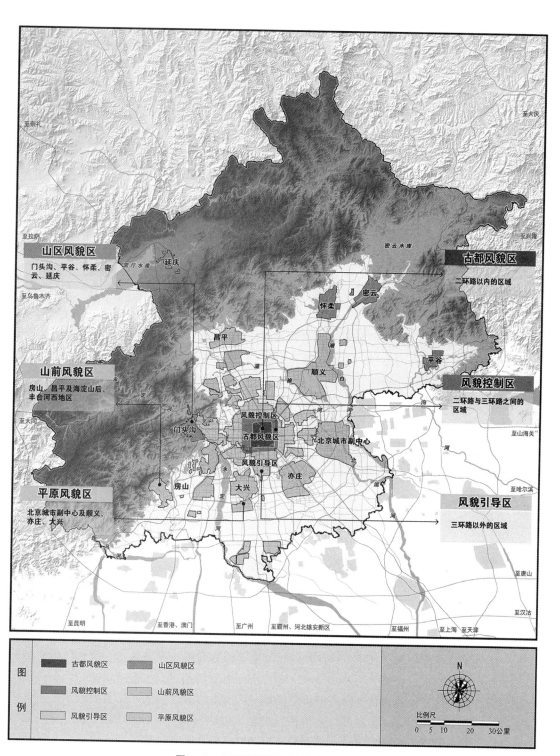

图 5.5　北京市域特色风貌分区示意图

规划要求尊重和保护山水格局，加强城市建设与自然景观有机融合，突出山水城市景观特征，构建绿水青山、两轴十片多点的城市整体景观格局。加强建筑高度、城市天际线、城市第五立面与城市色彩管控，让人们更好地看城市、看山水、看历史、看风景。重视建筑的文化内涵，加强单体建筑与周围环境的融合，努力把传承、借鉴与创新有机结合起来，打造能够体现北京历史文脉、承载民族精神、符合首都风情、无愧于时代和人民的精品建筑。通过衔接大型公共服务设施、建设城市绿道、优化滨水空间、打开封闭街区、打通步行道、拆墙见绿、促进公园绿地开放共享等多种手段，增强公共空间有效连通，提高可达性，建设更加完善的公共空间体系。以两轴为统领，完善重大功能性文化设施布局。深入挖掘核心区文化内涵，扩大金名片影响力。

③ 保护基础上的展示与利用。

规划提出要以各类文化资源为载体，搭建多种类型、不同层级的文化展示平台。例如通过数字技术等手段虚拟重现近期难以原址恢复的重要文化遗产，丰富展现方式，增进文化体验。深入挖掘中华文化精髓，打造十片传承历史文脉、体现时代特征的重点景观区域，集中展示国家形象、民族气魄及地域文化多样性。依托文物保护单位及城市交通门户空间，建设若干主题突出的重要景观节点，增强城市可识别性。

组织开展重大文化活动，打造一批展现中国文化自信和首都文化魅力的文化品牌。利用重大活动、重要节庆日，组织有教育意义和有庄严感的典礼仪式，举办重大主题教育和重要主题展览，激发爱国热情，凝聚全市人民精神力量。

充分运用数字传媒、移动互联等科技手段，构建立体、高效、覆盖面广、功能强大的国际传播网络。深入开展国际文化交流合作，发挥首都示范带头作用，讲好中国故事，传播好中华文化，不断扩大文化竞争力、传播力和影响力。

5.2.2　西安历史文化名城保护规划与实践

【西安2020—
古都新局】

中华人民共和国成立初期，西安就率先施行了"保老城，建新城"的发展战略。自 1982 年被国务院公布为国家首批历史文化名城以来，西安结合历版城市总体规划编制了 4 版历史文化名城保护规划。

1. 名城保护规划的编制历程

第一版保护规划是结合《西安市 1980 年—2000 年城市总体规划》编制的古城及明城保护规划。这版规划明确将历史文化名城作为城市性质的首位，坚持保护与建设相结合的方针，把城市的各项建设与古城风貌特色保护相结合，要求历史文化名城整体保护的理念融入城市总体规划。其中古城保护规划的主要内容包括 5 个方面：①保护明城完整格局，保护周、秦、汉、唐重大遗迹；②对文物古迹分级分类划定保护范围；③对历史传统街区划定成片保护区；④建设古遗址公园；⑤恢复市区及市郊的著名的历史名胜风景区。其中最重要的成就就是确立了"保护明城完整格局，显示唐城宏大规模，保护周、秦、汉、唐重大遗迹"的基本原则，为西安古城保护和彰显古城特色打下坚实的基础。

第二版保护规划是结合《西安市城市总体规划（1995—2010 年）》编制的专项规划，沿袭了"保护明城完整格局，显示唐城宏大规模，保护周、秦、汉、唐重大遗迹"的基本原则，拓展了保护范围，深化了保护的要求和内容。规划提出西安的城市建设必须保护地上与地下的文物古迹，保护具有历史传统特色的地段，保护和延续古城格局和风貌特色，继承和发扬城市的传统文化，主要内容包括5个方面：①以保护珍贵的文物古迹为重点；②严格保护唐大明宫等大遗址，做到保护与开发利用相结合；③将文物保护、景观建设与旅游开发相结合；④深化明城的保护与改造，完善西安城墙路、城、林、河四位一体的环城工程，划定4条传统风貌街区和18处历史文化保护区，确定其保护和整治目标；⑤从城市格局和宏观环境上整体保护古城风貌。

第三版保护规划是结合《西安市城市总体规划（2008—2020年）》编制的专项规划。在这版规划中，确立了西安"国家历史文化名城，并将逐步建设成为具有历史文化特色的现代城市"的城市性质，要求"突出古代文明与现代文明交相辉映，老城区与新城区各展风采，人文资源与生态资源相互依托的城市特色。"保护内容主要包括：重大遗址；帝王陵寝；历史重要事件遗迹；城市历史格局；古镇、古街、古园林、古村落；宗教文化遗存（宫观寺庙）；人类聚落遗存；历史文化街区；历史建筑；非物质文化遗产；古树名木和自然生态环境等。总体来看，这一版的保护规划，基本上是在整体保护古城基础上的历史文化遗产分类保护规划，并形成了"全域空间＋多种类型""物质遗存＋人文要素"的保护路径。

第四版保护规划是2021年3月印发的《西安历史文化名城保护规划（2020—2035年）》，它是根据国家在国土空间规划中加强历史文化遗产保护利用和管理的相关要求，以文化地理学、城市历史景观、文化遗产空间等与历史文化保护相关的理论为支撑开展的专项规划，构建了国土空间规划体系下历史文化遗产保护传承专项工作的总体框架。

2.《西安历史文化名城保护规划（2020—2035年）》

规划范围为西安市行政辖区，规划期限为2020—2035年，其中，近期规划年限为2020—2025年，远期规划年限为2026—2035年。规划主要内容包括总则、历史文化价值特色、保护内容与框架、市域历史文化遗产保护、历代都城遗址遗迹保护、历史城区保护、历史地段保护、历史建筑保护、不可移动文物保护、非物质文化遗产保护、历史文化遗产展示利用、实施管理体系、历史文化保护信息平台建设等。

【图5.6～图5.13彩图】

（1）名城价值与特色。

规划对西安历史文化名城的价值从区域角度进行了整体认知，从而更全面地提炼名城的价值特色。

① 西安是中华民族的重要发祥地，长期作为中国古代政治、经济、文化的中心而存在。西安市域内具有代表性的史前文化遗址，构成了系列完整、层次清晰的人类社会演进史；同时西安是中华文明的思想文化摇篮，也是古代国家治理体系的重要始发地。

② 西安是中华文明的重要标识地。首先，秦岭"和合南北、泽被天下"，是中华文化的重要象征。同时，西安系统完整地展示了五千年中华民族的文明。黄河文化是中华文明最具代表性、最具影响力的主体文化。渭河是黄河最大的支流，文脉延续数千年，西安作为渭河遗产体系的核心，是一座"天然历史博物馆"，见证了中华文明发展演进的完整历程，是彰显中华文明的重要基地。此外，在近代中华民族危急存亡之际，西安见证了抗日民族统一战线的建立，具有光荣的革命传统。

③ 西安是东西方文明交流的中心。丝绸之路是以西安为起点，经由河西走廊，穿过中亚，直抵欧洲的古代贸易路线，全长 7000 多千米，是多种文明交流的纽带，对于文化传承、国际合作、打造"人类命运共同体"有着深刻的现实意义。

④ 西安是中国古代都城文化的缩影。西安有着长达 3100 多年的建城史和十三个朝代逾 1100 年的建都史，是中国历史上建都朝代最多、时间最久的古都。周、秦、汉、唐等历代都城文明递进、城址变迁（图 5.6），清晰折射出中国古代都城的格局秩序和演变脉络，是中国古代都城文化的缩影和古代都城营建的典范。尤其是隋大兴、唐长安城形成的"九宫格局、中轴对称、里坊布局、规制严整"的都城格局，将中国古代都城营建推向顶峰，其营城理念对东亚地区诸多城市营建产生了深远影响。

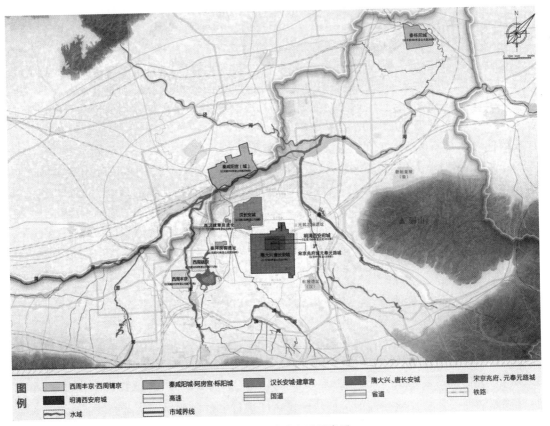

图 5.6　西安城址变迁示意图

（2）规划思路。

规划以"深入挖掘黄河文化蕴含的时代价值，讲好'黄河故事'，延续历史文脉，坚定文化自信，为实现中华民族伟大复兴的中国梦凝聚精神力量"为指导思想，遵循"区域统筹、全域保护；整体保护、应保尽保；保护历史文化遗存真实性；合理利用、永续发展"的原则，树立了"全面保护历史文化资源，传承优秀传统文化，发掘和用好文化资源，有效协调保护与发展的关系，让历史文化融入现代生活，改善人居环境，彰显城市特色，展现古都风采"的保护目标。

规划基于文化地理学、城市历史景观、文化遗产空间等与历史文化保护相关的理论，形成了国土空间规划体系下历史文化遗产保护传承工作的总体思路。首先，立足于区域遗产观识别历史文化遗产价值。然后，基于城市历史景观理论，关注历史文化遗产的动态层积性与整体关联性，构建整体保护格局。同时，加强历史文化遗产与自然地理单元的有机联系，构建文化生态保护网络。划定文化遗产空间控制线，增强文化遗产空间识别管控的科学性，"守底线"与"促发展"相结合，塑造历史文化空间特色风貌，以文化遗产空间为核心塑造魅力国土空间。最后，结合城市体检评估机制，建设历史文化保护"一张图"，并将之纳入国土空间规划"一张图"，从而满足历史文化遗产的信息查询、辅助决策、动态监测、保护预警等功能需求，实现历史文化遗产全生命周期管理。

（3）名城保护体系与结构。

规划基于城市历史景观理论，将历史文化保护传承的视野拓展至西安都市圈范围，综合考虑区域地理环境和历史文化脉络，从空间分布、对象类型、保护方法3方面构建保护体系（图 5.7）。

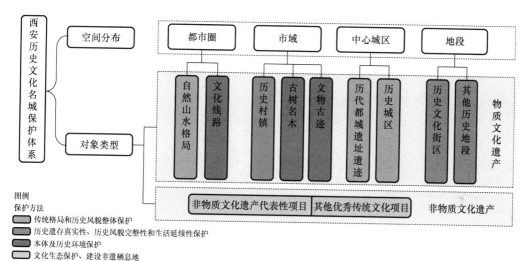

图 5.7 西安历史文化保护体系示意图

在空间分布层面，规划立足于区域统筹视角，充分考虑自然山水格局和历史行政区域的关系，实现从市区城镇空间到市域郊野空间的历史文化遗产全面认知，主要包括都市圈、市域、中心城区与地段，共4个层次。都市圈的形成考虑西安在关中平原城市群的地理区位以及在"一带一路"中的地位，要求加强与周边相关地区的协调合作，协同保护历史空间环境内的各类文化遗存。市域是西安历史文化名城保护与发展的重要区域，重点保护历史村镇、古树名木、文物古迹等重要遗存，并对研究范围内的相关遗存提出保护建议。中心城区与西安市国土空间规划划定的中心城区范围一致，重点保护历代都城遗址遗迹与历史城区的遗存。地段包括历史文化街区与其他历史地段的保护，同时要求对市域历史文化资源进行持续挖掘，将符合标准的片区，增补为历史地段。

在对象类型上，主要分为物质文化遗产和非物质文化遗产两类。其中，物质文化遗产包括历史城区、文物古迹、自然山水格局、历代都城遗址遗迹、历史村镇、文化线路、古树名木等。非物质文化遗产则包括非物质文化遗产代表性项目以及其他优秀传统文化。

在方法体系上，规划采用3种不同的保护方法，应用于不同的对象类型。首先，传统格局和历史风貌整体保护，应用类型包括自然山水格局、历代都城遗址遗迹、历史城区。其次，历史文化遗存真实性、历史风貌完整性和生活延续性保护，应用类型包括历史地段、历史村镇。最后，本体及历史环境保护，应用类型包括文物古迹、文化线路、古树名木。

在市域历史文化遗产保护中，形成了"一心、两轴、两廊、三带"全时空、全要素的整体保护结构（图5.8）。

"一心"指历史名城保护核心区，包括从西安建城至今历朝历代的城市遗存，为西安历史文化名城保护核心区域。"两轴"指南北向由秦岭山脉—电视塔—南门—钟楼—北门—未央广场—渭河—北山山系串联形成的城市发展中轴线；由涝河—丝绸之路群雕—西市—东市—骊山串联形成的东西向文化交流轴线。"两廊"指串联蓝田猿人遗址、半坡遗址等早期人类活动遗迹的古人类遗存廊，以及向北跨越渭河至秦咸阳城，向南串联汉长安城、秦阿房宫、西周丰京和镐京的都城遗址廊。"三带"指北部古遗址古陵墓保护带、中部历史地貌河湖水系保护带、南部自然和人文景观保护带。

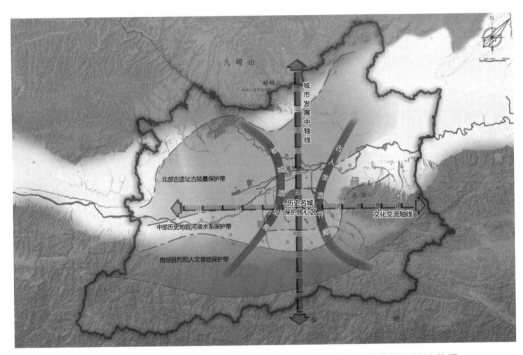

图5.8 《西安历史文化名城保护规划（2020—2035年)》的整体保护结构图

（4）规划特色。

① 建立区域协同保护。

西安在古代作为都城时的行政管辖范围非常广泛，如秦内史、汉三辅、唐京兆府等区域覆盖了如今的西咸新区、咸阳、渭南富平等地。关中历史京畿地区"背山面水、八水绕城"，自然山水格局特色鲜明，而且拥有丝绸之路、秦岭古道、秦驰道、历史漕渠等文化线路遗产，以及各级各类非物质文化遗产，如图5.9、图5.10所示。

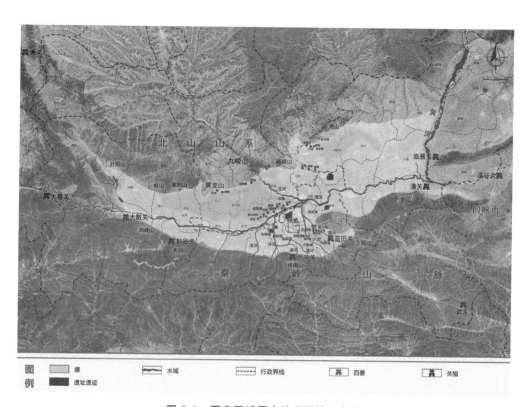

图 5.9　西安区域历史地理环境示意图

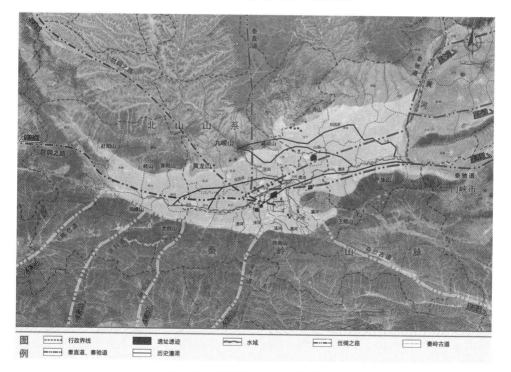

图 5.10　西安区域文化线路示意图

规划基于西安在关中平原城市群的地理区位以及在"一带一路"中的地位，要求加强与周边区域的协调合作，保护山川形胜形成的关中"四塞"地理环境，构建多层次、网络化的文化线路保护体系。同时，在该地区划定协同环境管控空间，包括都市圈尺度需要整体保护和展示的文化线路、非物质文化遗产栖息地，以及具有历史文化价值、兼顾文化遗产环境的生态空间等必要管控空间。

② 运用新技术实现文化遗产信息化管控。

一方面，通过搭建西安历史文化地理信息平台作为技术支撑，开展保护、宣传和体检评估等工作，对文化遗产进行整合管理和有效利用。该平台不仅包括保护规划、资源信息、法律法规、文史数据和查询统计等功能模块，为严格管控历史风貌，城市设计成果也将纳入管理信息平台。

将文物保护单位保护区划、历史文化街区保护范围、历史建筑保护范围等管控边界统一纳入西安历史文化遗产保护线（图 5.11），加强历史文化遗产的全要素保护，推进文化遗产空间管控底线的矢量化。国土空间规划中历史文化保护思维已经从传统的静态保护转向动态的保护更新与合理利用上，强调历史文化保护利用工作对于新型城镇化背景下经济、社会发展的驱动力与影响力。历史文化保护控制线也应当兼顾保护管控与活化利用，建立正负面清单，做好保护线内的历史风貌指引。同时，规划要求联合保护要素各管理部门，校核所有保护对象线位信息，建立完善的保护线信息档案数据库，校核基本信息、核心保护范围、建设控制地带范围，明确管控要求。并将其纳入西安历史文化地理信息平台，形成历史文化保护"一张图"，利用该平台协同管理历史文化保护空间与生产空间、生活空间、生态空间。

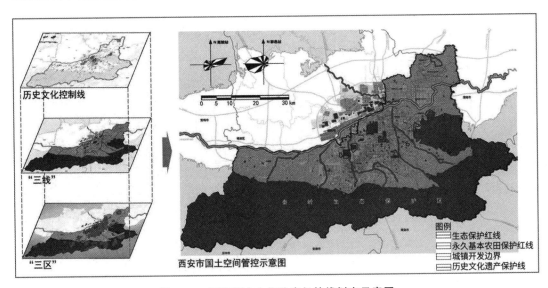

图 5.11　西安历史文化遗产保护线划定示意图

另一方面，加强实施监督管理。一是完善法规体系，修订历史文化名城保护条例、编制保护传承管理办法，建立"法规—规章—规划导则"的传导路径，形成"横向到边、纵向到底"的西安历史文化遗产保护工作体系（图 5.12）。二是按照"一年一体检、五年一评估"的工作思路，制定"保护体检一览表"，明确分项指标，做到规划实施可衡量、可评估、可监督。三是衔接"全国城乡历史文化保护传承体系"的相关要求，建立市区联动的工作模式，通过"四图一表"落实区（县）、开发区对保护内容和措施的刚性传递，做到"保护有据可依、破坏责任可追"。其中，"四图"指现状遗存图、保护区划图（法定）、保护区划图（建议）、展示利用图；"一表"则是指《历史文化遗产保护清单一览表》。

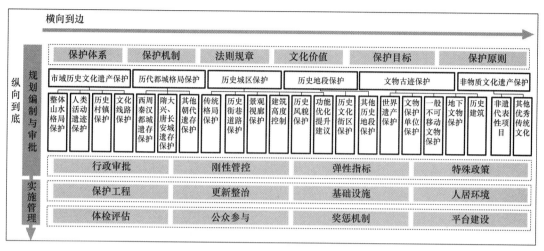

图 5.12 西安历史文化遗产保护工作体系框架图

③ 通过展示体系建构让文化遗产融入现代生活。

规划要求充分利用现代科技手段与创新展示利用方法，以历史文化价值特色为导向，重点展示最具西安特色的历史文脉和空间载体，将文化遗产融入现代生活，传承文化基因，使全社会共享文化和科技发展成果，彰显古都西安的历史文化魅力。

在市域层面，建立包括片区、线路、节点等要素构成的网络化展示利用体系。在中心城区层面，对现存都城遗址和历史城区等重点区域的历史文化遗产进行展示。以西安历史城区文化遗产展示为例（图5.13），规划要求充分利用历史城区不同时期的文化遗产，配合建设主题博物馆、文化广场、口袋公园、绿地等空间建设，通过步行、骑行、旅游公交等方式组织文化展示线路，形成隋唐盛世长安体验、五代至宋元文人墨客体验、明清民居与宗教文化体验、近代红色文化体验等主题的展示路径，沿线设计体现历史信息和文化内涵的景观小品。同时，依托西安城墙区域、历史地段、文物保护单位等文化空间，对秦腔、西安鼓乐等非物质文化遗产、中华老字号等其他优秀传统文化进行创意性旅游项目开发和旅游产品设计。

对于文化展示配套设施，规划要求建设历代都城博物馆系列、历史名人纪念馆系列、非物质文化和优秀传统文化展览馆系列，设立文化遗产导引和标识体系。除此之外，规划还要求不断完善和优化西安文化遗产信息数据库，利用现代高科技手段，以网站和移动端为载体，客观全面地展示西安历史文化资源信息，对重点文化遗产保护内容建立专题应用展示，包括历史文化保护规划成果展示、历史影像地图展示、文化遗产点查询、旅游文化导览、非遗博览馆等。

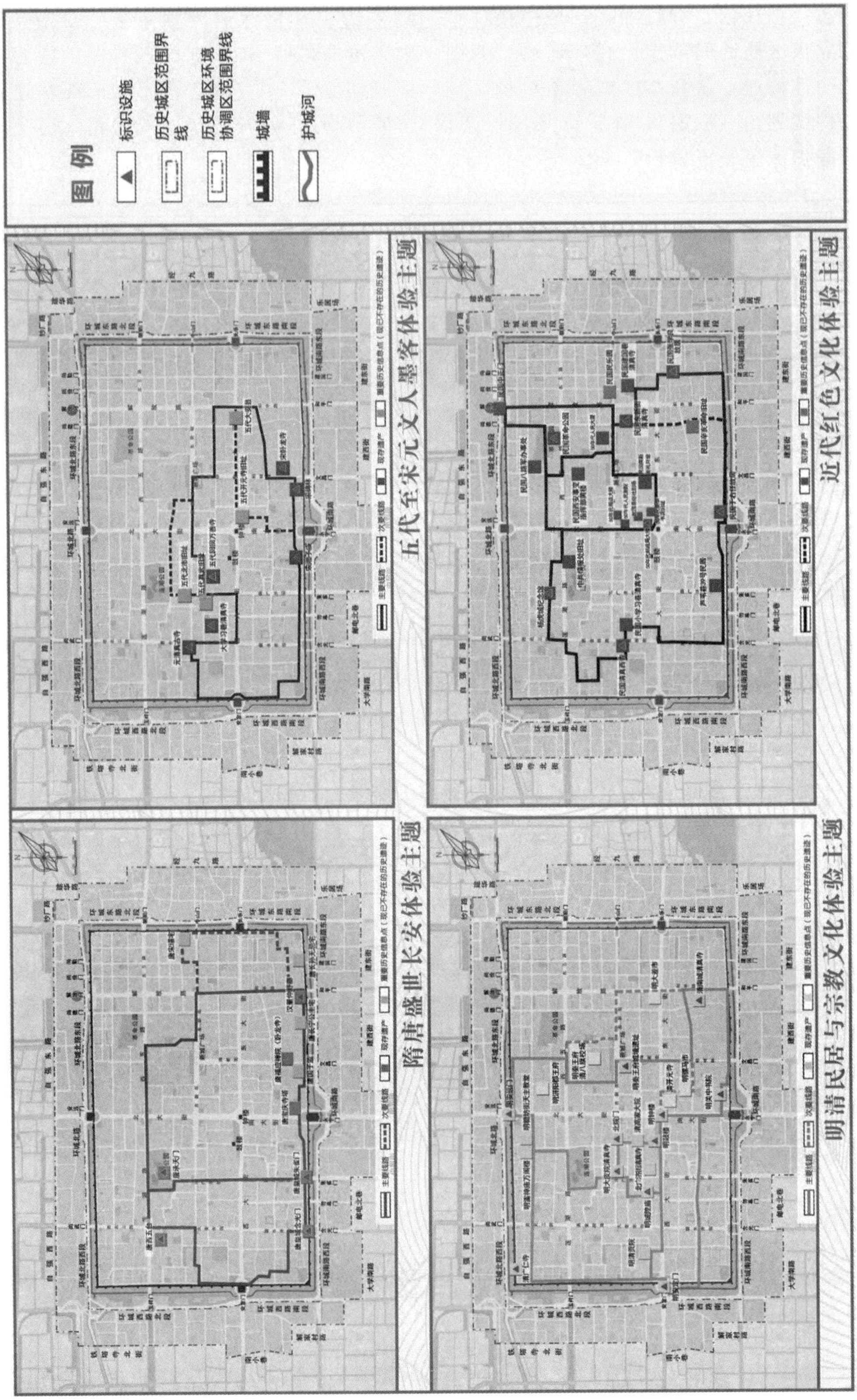

图 5.13　西安历史城区文化遗产展示路径规划图

5.2.3　成都历史文化名城保护规划与实践

成都是 1982 年国务院首批公布的 24 座历史文化名城之一，素有"天府之国"的美称，是我国"城址未变、城名未改"，延续至今最古老的城市之一。

1. 名城保护规划的编制历程

【图5.14~图5.21彩图】

1984 年，基于对当时城市现存的历史文化遗产调查研究，成都制定了历史文化名城保护发展专项规划，保护对象涵盖了文物古迹、历史地段、旅游风景区、古树名木等内容。虽然尚未形成明确的保护体系，但是对城市历史文化价值、空间格局等有了初步价值判断，实现了成都名城整体性保护工作的从无到有。

1995 年，成都市人民政府编制的《成都市城市总体规划（1995—2020）》中，《历史文化名城保护规划》作为单行本上报并取得批复。规划提出要树立历史文化名城的"发展观"与"保护观"，要充分估计历史文化名城保护对旧城区改造发展的制约，揭示和正视这一对矛盾，发展的同时必须竭力保护能体现成都特色的历史文化遗存，将之挖掘并展现出来。规划首次提炼总结了成都古城的格局特征与核心保护要素，初步建立了保护与展示两个并行的体系。其中，保护体系由风景名胜区、文物古迹、有特色的传统建（构）筑物、历史文化保护区、古树名木、地下文物、传统特色文化、相关的历史文化名村名镇、成都古城 9 大要素构成，涵盖了历史文化名城、历史地段、文物古迹保护的三个层次。展示体系则突出成都历史文化名城的内涵与特色，努力协调名城发展与古城保护的关系。

然而，随着城镇化的快速推进，成都的城市经济发展建设与历史文化保护的矛盾日益凸显，出现了非法定的文化资源遭受严重破坏、保护手段单一等问题，合理协调城市文化空间保护与城市建设迫在眉睫。针对这些实际问题，2011 年开始，为深化落实《成都市城市总体规划（2011—2020）》相关内容，成都市人民政府又编制了《成都历史文化名城保护规划（2015—2020）》。

《成都历史文化名城保护规划（2015—2020）》从历史特征与文化特征两方面提炼了名城的价值特色，贯彻"全面彰显成都历史文化价值，科学统筹名城保护与城乡发展"的指导思想。因为以往"法定序列"的规划编制理念已经无法应对快速城镇化带来的大量城市记忆被破坏的挑战，所以该规划突破传统历史名城保护规划在保护对象方面的局限，将工业遗产、特色风貌街道与片区、历史地名、具有传统风貌和时代意义的老建筑、民居等非法定性要素纳入保护体系，对各类历史文化资源都遵循"应保尽保，合理利用"的原则进行保护，构建完整、系统的成都历史文化保护体系框架。从空间层次上，分为市域和中心城区两个层次，包含规划控制、法定保护和登录保护 3 类，分层级对文化资源依次展开保护和利用。在市域范围内，规划在充分研究城市发展沿革与自然环境的基础上，对自然文化生态格局进行总体把控，提出严格保护由龙门山及龙泉山"两山"、岷江及沱江"两水系"、都江堰精华灌区、川西特色林盘构成的自然文化生态格局；保护成都自古以来集商贸、交通、交流于一体的文化廊道，包括古蜀道、茶马古道、南方丝绸之路 3 条文化廊道，以及众多历史建筑与重要遗址等；确立了"一核、两带、四廊、多点"的展示结构体系（图 5.14）。中心城区的保护则是以历史城区为主体，同时包括历史城区周边的重要古迹和遗址，形成了"一心、九区、四廊、四河、三主题线路"的展示结构体系（图 5.15）。

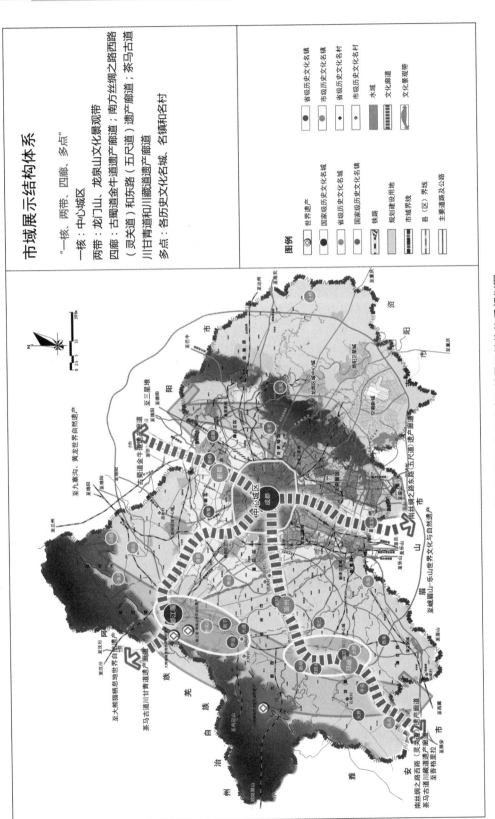

图 5.14 成都市域历史文化遗产保护展示结构体系规划图

中心城区展示构结构体系

"一心、九区、四廊、四河、三主题线路"

"一心"指历史城区

"九区"指认成都著名的历史文化遗迹及特色文化资源为中心规划的标志性文化片区、工业遗存生态文化片区、音乐文化片区、三国文化片区、浣花清韵文化片区、禅林文化片区、当代艺术片区、文化记忆片区、古蜀文化片区

"四廊"指蜀道、茶马古道、南方丝绸之路在中心城区所形成的四条文化廊道

"四河"指府河、南河、清水河、沙河

"三主题线路"指古蜀展示主题、古城民风展示主题、东郊印迹展示主题

图例

历史城区		工业遗产	
国家级文物保护单位		历史建筑	
标志性文化片区		中心城区范围线	
河流廊道		建设用地	
文化廊道		展示主题线路	
河流水体		非建设用地	

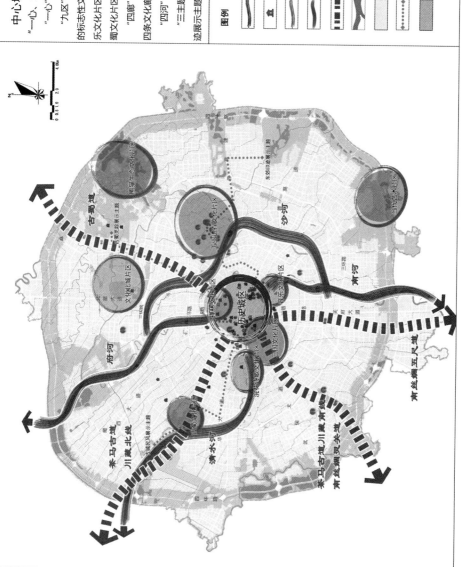

图5.15　成都中心城区历史文化名城展示构结构体系规划图

随后，新一轮城市总体规划明确了成都世界文化名城的战略定位，要求名城保护规划需进一步挖掘和发扬历史文化优势，并将此优势融入城市现代化发展的各个层面，提升成都文化名城影响力。2021 年 12 月，成都又公布新版的保护规划——《成都历史文化名城保护规划（2019—2035）》，这是根据《关于在国土空间规划编制和实施中加强历史文化遗产保护管理的指导意见》，深入贯彻《关于在城乡建设中加强历史文化保护传承的意见》，按照"大历史观、大遗产观"的保护理念，为统筹历史文化名城保护与城乡发展，结合成都发展实际编制的专项规划，是指导成都历史文化名城保护和管理的重要依据。

2.《成都历史文化名城保护规划（2019—2035）》

规划范围为成都市行政辖区，包括市域、主城区和历史城区三个规划层次，其中重点规划层次是历史城区，规划期限为 2019 年至 2035 年。

（1）名城地位与价值特色。

规划立足于中华文明五千年发展演进历程，从政治、经济、文化和地理四个维度审视成都的文化发展脉络，提出了名城地位、五大核心价值和十一类代表性文化。规划指出成都历史文化名城地位是古蜀文明孕育和发展中心；长期以来具有重要历史地位的文化、经济、政治中心；商贸往来、文化交流的重要枢纽。五大核心价值是体现农耕文明的田园休闲城市；崇文重教、多元艺术蓬勃发展的城市；具有千年商业发展历史的城市；兼容并蓄、开放包容的活态遗产城市；开拓创新的引领性城市。十一类代表性文化是古蜀文化、水利文化、林盘文化、传统工商业文化、诗歌文化、农耕文化、学府文化、三国文化、移民文化、休闲（市井）文化、名人文化。

（2）规划思路。

立足于新时期历史文化名城保护要求，按照"大历史观、大遗产观"的保护理念，遵循"真实性、整体性、活态保护、地域特色、适度利用"的原则，树立了"保护成都传统空间格局、历史人文格局和文化遗存格局，保护各类物质历史文化遗存及其历史环境要素、历史文化微小空间、历史文化街区与街巷格局，做到空间全覆盖、要素全囊括，继承弘扬成都民俗文化传统和非物质文化遗存，对各类历史文化资源进行科学保护和多样化利用展示"的保护目标，促进优秀历史文化和现代生活的融合，强化人民群众对成都历史文化的记忆与感知。

规划在统筹成都市域自然、人文、历史资源的基础上，形成了历史文化遗产保护传承工作的总体思路。首先，识别历史文化遗产价值，拓展保护视野、丰富保护对象。然后，落实国土空间规划体系要求，依据资源空间特性和文化价值重要程度确定了规划编制框架与层次，构建"三层三级多要素"的保护体系，建立起科学的控制体系与有效的管控措施。最后，通过大规模的资源数据分析和处理，寻找到妥善处理历史文化名城展示利用的合理方式与途径，促进历史文化名城保护与城市经济、社会和文化的相互融合。

（3）名城保护体系。

规划依据资源空间特性和文化价值重要程度，采用"分层次＋分等级＋分类别"的方式，构建了"三层三级多要素"保护体系（图 5.16）。

"三层"：依据文化资源空间分布特征划定市域、主城区和历史城区三个空间保护层次。

"三级"：即保护等级。依据文化遗产价值重要程度、规划管理高效等因素，划定法定保护、登录保护与规划控制三大管控层级。法定保护是指对国家法律法规及四川省、成都

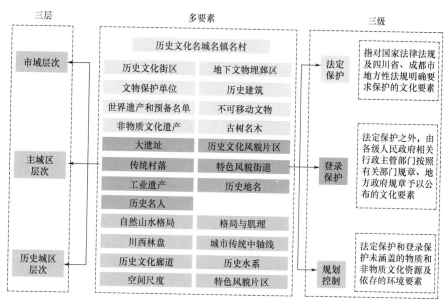

图 5.16　"三层三级多要素"保护体系示意图

市地方性法规明确要求保护的文化要素实行依法保护，强调其真实性和完整性；登录保护指对法律法规没有明确规定但对于成都有重要意义的历史文化遗产，由各级人民政府相关行政主管部门按照有关部门规章、地方政府规章予以公布的文化要素进行保护；规划控制指对法定保护和登录保护未涵盖的物质和非物质文化资源及依存的环境要素实行控制保护，鼓励多元化的传承利用。

"多要素"：涵盖历史文化街区、历史文化风貌片区、城市传统中轴线、地下文物埋藏区、大遗址、传统村落、工业遗产、川西林盘和历史名人等23个类别的保护要素。

（4）规划特色。

① 全面保护与重点保护相结合。

划定三个空间保护层次，明确不同空间层次的保护内容、保护重点及保护主题，实现历史文化各类资源的全面保护与重点保护。其中，重点规划层次是历史城区。

市域层次：梳理全域文化资源点位，构建覆盖全市域、全要素的保护体系，强化系统性保护。成都市域历史文化资源包括历史文化名城5个；历史文化名镇名村40个；历史文化街区14处；历史建筑314处；成都市域各级文物保护单位625处；尚未核定公布为文物保护单位的不可移动文物6914处；世界遗产2处，世界灌溉工程遗产1处，世界文化遗产预备名录3处，世界自然文化双遗产预备名录（蜀道申遗点）2处；传统村落59处；大遗址6类35个遗址点。规划对于历史文化名城名镇名村、传统村落、历史文化街区、文物保护单位、世界遗产和预备名单、大遗址、历史建筑、文化廊道保护分别提出保护要求，明确其保护范围和控制要求，制定相应实施细则和管理条例。

主城区层次：梳理历史文化资源点位，拓展保护内涵，深化落实保护要求，强化名城特色价值。在全面梳理主城区历史文化资源基础上，规划对于历史文化风貌片区、特色风貌片区、特色风貌街巷、工业遗产分别提出保护要求，明确其保护范围和控制要求。规划还要求建立相关配套政策，对"主城区"范围内8处历史文化街区保护规划进行审核，建立一图一表，分总体格局、空间形态、风貌特色三项保护要素，建立6大类16项管控指标；编制完成 14 片历史文化风貌片区保护规划，对 221 条特色风貌街巷明确"不拓宽、不减绿、不增高、不破坏风貌特征、不破坏传统文化"的"五不"规划控制原则，对包括玉林片区在内的 15 处特色风貌片区提出延续传统风貌、保留具有历史价值建筑、合理更新改造的规划控制要求。

历史城区层次：作为名城整体保护的重要载体，是彰显名城文化特征与价值的核心区，重点强化整体格局肌理、特色风貌和空间形态的保护与控制。《成都历史文化名城保护规划（2015—2020）》中划定的历史城区以成都古城为主体，主要覆盖唐朝时期形成的两江抱城区域，即唐罗城范围。《成都历史文化名城保护规划（2019—2035）》拓展了历史城区的范围，在唐罗城至清大城形成的"两江环抱、三城相重"区域的基础上，将青羊宫等历史文化风貌片区及周边区域纳入其中。

规划全面梳理了历史城区内的历史文化资源，要求整体保护历史城区格局和历史环境要素，严格控制历史城区及周边建筑高度和空间视廊，疏解人口密度，优化交通系统，加强配套基础设施建设，完善公共服务和综合防灾体系，不断改善人居环境质量。

在千年蜀国古都、市井繁荣都会、文教交流中心的保护主题下，规划确定成都历史城区保护结构（图 5.17）为"两江环抱、三城相重、两轴一心、多苑环绕"。"两江环抱"是

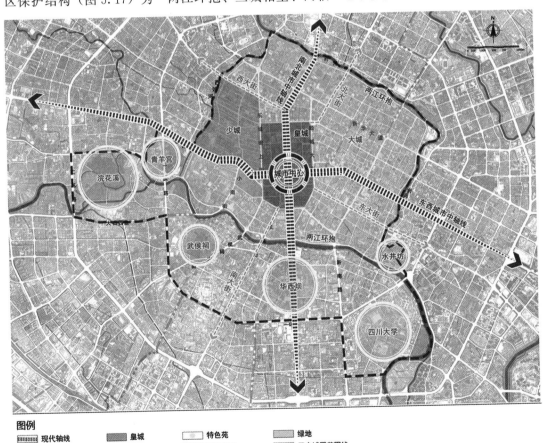

图例

现代轴线	皇城	特色苑	绿地
历史轴线	少城	道路红线	历史城区范围线
城市中心	大城	水域	

图 5.17 成都历史城区保护结构图

指由府河、南河环抱而成的城市边界；"三城相重"是指少城、皇城、大城三城相套的空间肌理；"两轴一心"的"两轴"是指体现城市礼制、顺应风水的两条城市轴线，"一心"是指城市中心（皇城）；"多苑环绕"是指环绕在两江环抱区域外的 6 个特色苑，分别为华西坝、青羊宫、浣花溪、四川大学、武侯祠、水井坊。同时，规划结合各类法定保护要素的高度控制要求，对历史城区高度进行分区控制（图 5.18）。文物保护单位、历史建筑严格按照其划定的核心保护区和建设控制地带内建筑高度控制要求进行高度控制；历史文化街区严格按照其保护规划高度管控要求进行高度控制；历史文化风貌片区核心保护范围内，新建、改建、扩建建筑的高度不得超过其范围内认定为文物保护单位和历史建筑等保护主体高度的最高值，建筑控制地带内根据历史文化风貌片区保护规划高度管控要求进行高度控制。

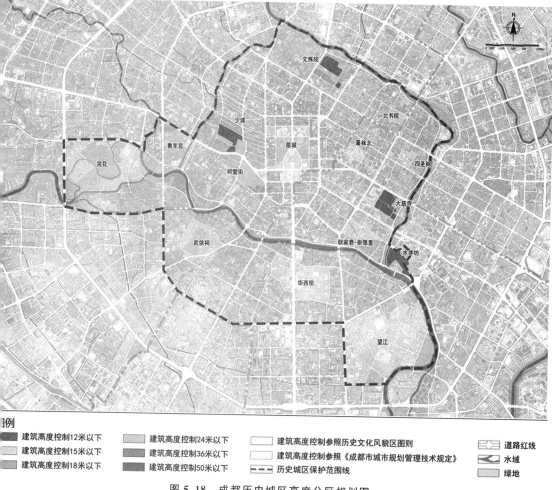

图 5.18　成都历史城区高度分区规划图

此外，规划要求保护成都历史城区 12 条视线廊道（图 5.19），通过控制文物古迹主要景观点之间、传统街巷与主要景观点之间的建筑高度，强化景观地标、标志性建（构）筑物的可观赏性。禁止前景建筑遮挡与背景建筑干扰，保证开阔的视野和良好的景观，创造成都独特的城市景观。

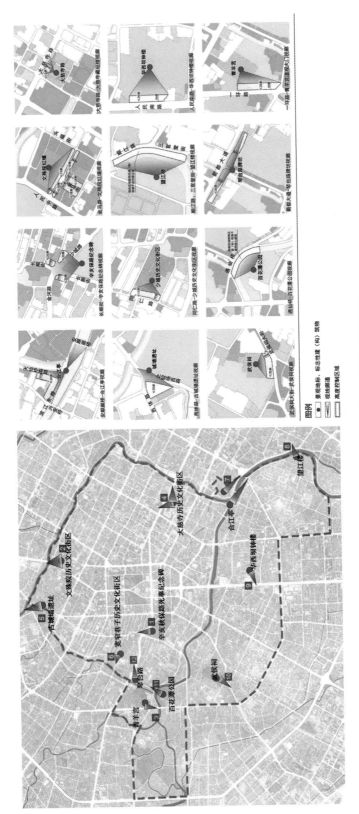

图 5.19 成都历史城区视线廊道控制规划图

② 历史文化遗产展示利用。

规划沿袭历版保护规划中保护与展示利用并行的思路，全面梳理、整合历史文化遗产，努力寻找妥善处理历史文化名城展示利用的合理方式与途径，形成了两个层次的展示利用体系，使其成为对成都名城保护体系的重要补充，二者共同构成了成都市历史文化名城保护框架。

市域层次：形成"一核、一环、七线、二十片"的市域历史文化展示利用结构（图 5.20）。"一核"是指历史城区文化核心区；"一环"是指串联古蜀文化遗产的水上环线，通过岷江、沱江等水网串联各类历史文化资源，形成水上遗产线路；"七线"是指古蜀道金牛道，南方丝绸之路（灵关道、五尺道），茶马古道（川藏道、川甘青道），成渝古驿道（东大路、东小路），S106 川西旅游环线局部。"二十片"是指体现道法自然、崇文重教、兴商富民等五类文化特征的 20 处文化体验片区。

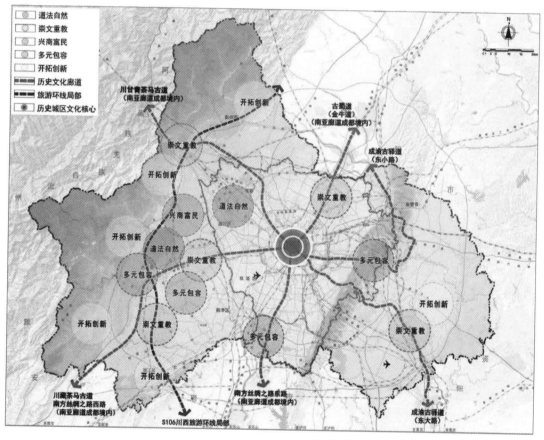

图 5.20　成都市域历史文化展示利用图

历史城区层次：强化空间、时间、活动的关联，构建"蜀都探源、市井体验、文教交流"三条主题展示游线，串联各类历史文化资源，形成有机联系的空间网络（图 5.21）。"蜀都探源"重点展示包括千年城郭、两江格局水系、历史轴线、皇城中心和风貌片区等。"市井体验"重点展示寺庙、学校、教堂等文化建筑，以及与核心代表人物相关的空间场所。"文教交流"重点展示传统街巷、民居、业态，以及体现非遗文化传承的文化载体。

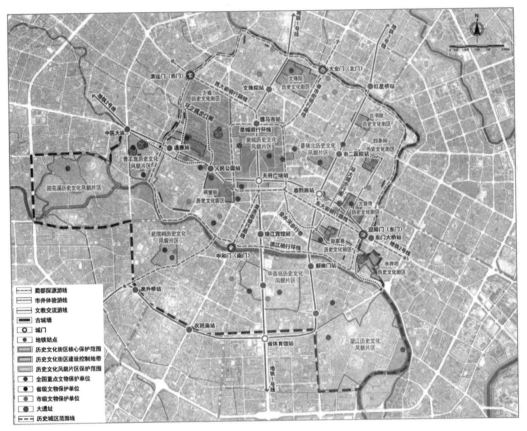

图 5.21　成都历史城区历史文化展示利用图

5.2.4　苏州历史文化名城保护规划与实践

【数字苏州建设】

　　苏州是首批 24 个国家历史文化名城之一，著名的东方水城，也是全国历史文化名城保护示范区。早在 20 世纪 80 年代初，苏州便开启全面保护古城的工作，规划始终在苏州历史文化名城保护中起到战略性引领作用。

1. 名城保护规划的编制历程

1982 年以来，苏州结合城市发展实际，编制了 7 版保护规划。

第一版保护规划是 1983 年 10 月编制完成的《苏州市城市总体规划（1985—2000）》中的历史文化名城保护专项规划，确定了苏州的城市性质为"著名的历史文化名城和风景旅游城市"。苏州名城的保护价值在于城市规划布局、城市古建筑、园林、文物和古城风貌 5 个方面，其中对于城市规划布局特色和古城风貌特色的总结提炼十分精准，奠定了苏州历史文化名城保护框架体系。规划在当时的技术条件下对探索全面保护古城风貌的方法和途径进行了有益的尝试，并且有效地规范和指引了当时的保护工作。

　　1986 年，国务院对苏州市城市总体规划做了批复，明确了"全面保护古城风貌，积极建设现代化新区"的指导思想。在此方针指引下，1986 年版的《苏州历史文化名城保护规划》确定了"一城两线三片"的历史文化名城保护范围,将古城外的山塘街、枫桥路、山塘河、虎丘、寒山寺、留园、西园等纳入保护范围。规划提出了"二个保持、一个保护、二个继承和发扬"的古城风貌保护总体策略。"二个保持"指保持路河平行的双棋盘格局和道路景观,保持三横三竖加一环的水系和小桥流水的水巷特色;"一个保护"指保护古典园林、文物古迹及古建筑;"二个继承和发扬"指继承和发扬古城环境空间处理手法和传统建筑艺术特色,继承和发扬优秀的传统地方文化艺术。

【图5.22～图5.25彩图】

此后,1996年版和2003年版保护规划都延续了1986年版保护规划的保护方针和整体框架,配合苏州城市整体发展格局进行了相应调整。在"全面保护古城风貌"方针的指导下,对相关保护对象进行了系统的梳理,在保护内容、保护要求和保护措施上进行了深化,增加了保护规划的可实施性。

《苏州历史文化名城保护规划(2007—2020)》在历版规划的基础上,结合2000年以来新颁布的国家法律法规相关要求,进一步拓展保护内涵,完善规划编制层次,细化相关规划措施,增加历史文化环境保护,将周边重要的自然生态资源(包括河湖水系、生态湿地以及风景名胜区等)纳入保护体系。在保护措施上强调文化遗存的全面保护与利用。

2013年2月,《苏州历史文化名城保护规划(2013—2030)》印发,规划提出了"全面的名城保护观",构建了分层次、分年代、分系列的"三分"保护体系,将历史文化名城保护纳入社会经济整体发展格局中,创新保护思路,拓展保护途径,使保护和利用历史文化成为一种可持续的发展方式。它是苏州目前现行的历史文化名城保护规划。

2020年10月,为落实国家文化发展战略,推动优秀传统创造性转化、创新性发展,凸显苏州文化自信;为拓展苏州历史文化名城价值体系,科学保护与合理利用历史文化资源;为全面保护古城风貌,改善人居环境,指导城市保护和更新协调发展,提升城市活力,增强人民群众获得感,促进城市经济社会全面协调可持续发展,苏州印发了《苏州历史文化名城保护专项规划(2035)》(公示稿)。作为重要的专项规划,它构建了国土空间规划体系下苏州历史文化遗产保护传承专项工作的总体框架(图5.22)。

在《苏州历史文化名城保护专项规划(2035)》(公示稿)中,规划范围与国土空间规划衔接,为苏州市域;重点范围为苏州历史城区,与苏州市国土空间规划保持一致;规划期末为2035年,近期目标年为2025年。规划构建了市域、市区、历史城区三个历史文化空间保护层次,形成涵盖物质和非物质两个方面,包含自然生态环境及景观、文化生态带(廊)、文化景观区、世界遗产、江南水乡历史文化聚落体系、历史文化街区和历史地段、文物保护单位和历史建筑、非物质文化遗产和优秀传统文化8个类型的苏州名城保护内容体系。主要内容包括:总则、名城价值与特色综述、保护目标原则与保护体系、市域历史文化的保护、市区历史文化的保护、苏州历史城区的保护、非物质文化遗产与优秀传统文化的保护、历史文化的展示利用与弘扬、实施保障机制的完善。

【《苏州历史文化名城保护专项规划(2035)》(公示稿)】

2. 《苏州历史文化名城保护规划(2013—2030)》

规划范围为苏州市区行政辖区范围,包括姑苏区、高新区、工业园区、相城区、吴中区和吴江区。规划期限为2013—2030年,其中近期为2013—2020年,远期为2021—2030年。

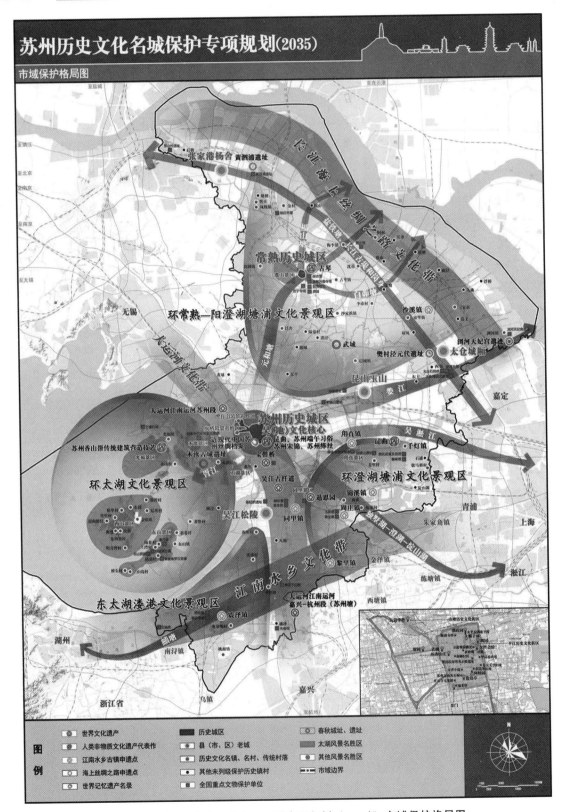

图 5.22 《苏州历史文化名城保护专项规划（2035）》市域保护格局图

（1）名城价值与特色。

规划从城市性质地位——国家历史文化名城、东方水城、国家历史文化名城保护示范区出发，对苏州历史文化价值进行再认识，从而提炼出名城的如下价值特色。

① 文脉千年延续。苏州是吴（地）文化发祥地，文物古迹星罗棋布，地方文化优秀灿烂，物华天宝、人杰地灵。

② 山水与城共融。苏州是古代中国水网地区城市建设典范，典型的江南水乡城市，以"水"为中心进行城市规划建设，"八方湖泊两面山，小桥流水城中牵，古典园林甲天下，人间天堂姑苏仙"，既代表了我国古代城市规划的基本思想，又反映了平原水网地区城市选址和规划建设的成就。

③ 古城风采依旧。苏州古城现有古城遗存与宋代《平江图》中记载的城市格局、道路、水系和主要名胜大体相同，城址至今未变。路河平行的城市格局、粉墙黛瓦的建筑风貌、精致典雅的宅第园林和崇文细腻的民风民俗都体现了古城的风采。

④ 人文独具特色。苏州名人贤士举不胜举；苏州有着务实创新、精细典雅的城市品格。

（2）规划思路。

如图 5.23 所示，规划以"全面的名城保护观"为指导思想，强调保护、利用与发展的协调统一，基于"全面保护，专业保护；合理利用，有效利用；特色发展，持续发展"的原则，确立了名城整体和古城两个层次的保护目标，凸显历史文化与地域特色。名城整体保护目标强调可实施、可持续，全面保护历史文化资源，系统传承优秀传统文化，科学统筹保护与发展，健全完善名城保障机制，实现"人本性保护""专业化保护""发展性保护""探索性保护"。在名城整体保护目标的指导下，规划构建了"三分"整体保护体系，对古城提出本体保护和系统保护，积极引导传统产业发展，合理优化古城人口，适应转型

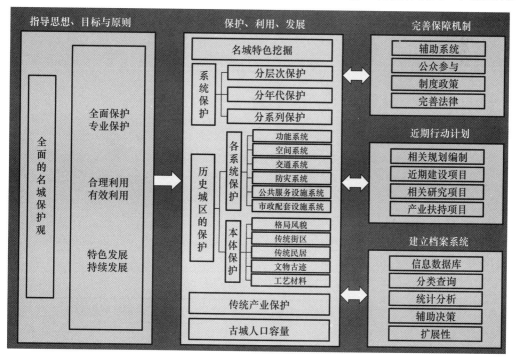

图 5.23 苏州历史文化名城保护规划思路示意图

发展新形势，更好地指导古城的保护、利用与发展。最后，规划要求健全完善保障机制，系统建立历史文化信息档案，并提出了近期行动计划。

（3）名城保护体系。

规划构建苏州名城整体保护分层次、分年代、分系列的"三分"保护体系，使孤立的历史文化要素建立起空间、时间、专业和文化特性的关联性，成为有机联系的整体，为历史文化的整体、专业保护与发扬奠定了坚实的基础。

① 分层次保护：根据苏州城市空间发展演变的历程及趋势，将规划区划分为市区、城区和历史城区3个层次，厘清文脉关系以及历史文化要素在各层次的空间布局，明确不同空间层次的保护内容、保护重点及工作主体，实现全面保护与重点突出相结合，如图5.24所示。

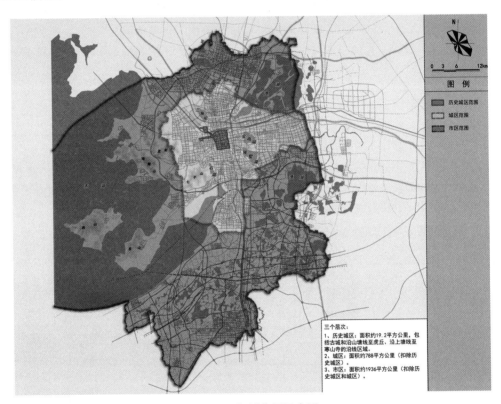

三个层次：
1、历史城区：面积约19.2平方公里，包括古城和沿山塘线至虎丘、沿上塘线至寒山寺的沿线区域。
2、城区：面积约788平方公里（扣除历史城区）。
3、市区：面积约1936平方公里（扣除历史城区和城区）。

图5.24 规划范围层次图

② 分年代保护：将苏州发展历史分为隋以前、隋至元、明清、民国、新中国成立后5个时期，挖掘各年代特色，找出历史文化要素的时间序列，明确各年代的重点保护内容，并提出相应的保护与利用策略，如表5-1所示。

表5-1 分年代保护与利用一览表

年代	特色	重点保护内容	保护与利用策略
隋以前	吴文化中心、军事重地	历史场景	着重展示整体城市格局和重要历史遗迹，选择合适位置设立考古博物馆，公开展示
		子城与城墙遗址、城河水系等	

年代	特色	重点保护内容	保护与利用策略
隋至元	运河大市、江南枢纽	大运河历史航道	组织大运河遗产专题旅游线路；恢复古城部分历史河道；古城外重点加强名镇名村的保护
		古城河道水系	
明清	丝织首府、商业都会	历史文化街区、历史地段	重点恢复、提升、整合一批传统产业特色街巷；设置家居式旅馆；完善环古城步行系统；继续实施河道水质提升工程；在城市的重要遗产地竖立标识
		传统商业老字号、行业会馆、行业习俗	
		传统手工业生产场所、生产工艺、管理机构等相关遗存	
		传统民居	
民国	城市花园、休闲都会	民族工业遗存、商号店铺	对民国建筑较为集中的街巷整治修复；利用里弄住宅引入书场、会所、家居式旅馆等功能；利用名人故居设置博物馆、展示馆；对遗留下来的工业遗存提出分类综合利用措施
		名人故居、里弄住宅	
新中国成立后	人居名城	工业遗产	挖掘及整理相关现代遗产，拓展保护对象，展现中华人民共和国成立后苏州的发展历程
		代表性市政设施	
		代表性商服设施	
		代表性工人新村	
		代表建筑、空间场所	

③ 分系列保护：根据苏州文化传承的脉络以及历史文化要素的专业特性、文化特性梳理文化系列，将物质与非物质文化遗产紧密结合，形成了12个系列的保护内容。从专业技术角度明确各系列的保护重点，从旅游策划角度明确保护亮点，为文化专题旅游线路策划提供基础，提升历史文化保护与利用的专业化水平，如表5-2所示。

表5-2　分系列保护与发扬一览表

系列名称	价值特色	保护内容	保护与发扬策略
园林系列	苏州园林甲天下	古典园林本体以及与之相关的造园艺术、建筑技艺	1. 完善动态信息和监测预警系统 2. 发扬造园艺术和建筑技艺，用于民居宅院、宾馆、饭店、茶楼等，提高历史文化名城的文化艺术品位 3. 控制园林周边环境及视觉景观
工艺美术系列	苏州工，天下最	列入各级非物质文化遗产保护名录的传统美术和传统技艺	1. 生产性保护与政策性扶持相结合 2. 将创新作为保护与发扬的原动力 3. 加强与旅游的结合：参与性项目，特色街巷，特色村镇，旅游工艺品

系列名称	价值特色	保护内容	保护与发扬策略
建筑系列	江南传统建筑的代表	古建遗存、布局理念、建筑工艺（香山帮营造技艺）、建筑材料等	1. 成立传统建筑技艺专业培训机构 2. 整理研究有形资料 3. 培育优质古建筑企业
蚕桑丝绸系列	日出万匹，衣被天下	相关传统技艺、相关文物古迹、相关工业遗产	1. 振兴丝绸产业 2. 强化非物质文化遗产的传承保护 3. 加强宣传、展示和教育
大运河系列	发祥地之一，繁华之因	水利工程及相关文化遗产、聚落遗产、其他物质文化遗产、生态与景观环境以及相关非物质文化遗产五大类	1. 加强遗产保护 2. 积极配合申遗 3. 开放展示大运河遗产点 4. 设立运河博物馆 5. 组织大运河水上旅游
水乡古镇系列	原真留存，传承文化	各水乡古镇的格局与风貌，以及物质与非物质文化遗产	1. 挖掘文化，错位发展 2. 完善配套，均衡协调 3. 控制人流，保护环境
戏曲曲艺系列	百戏之祖，百戏之师	传统戏曲，如昆曲、苏剧、评弹、滑稽戏等；相关文物古迹，如全晋会馆、昆曲传习所	1. 加大政府扶持力度 2. 营造戏曲文化生态 3. 通过创新提升自身潜力
美食系列	属淮扬菜系，四大菜系之一	苏式糕点、苏式糖果、苏帮菜制作技艺、苏派酿酒技艺、老字号等	1. 注重老字号的品牌宣传，提高品牌知名度和美誉度 2. 开拓特色美食，注重创新、与时俱进 3. 打造美食特色街、特色夜市排档 4. 组织美食节、美食论坛等活动，促进美食文化交流
民俗系列	水乡风韵，重教崇礼	与民俗文化相关的物质和精神层面的所有内容，如农桑稻作、日常生活与礼仪、文体娱乐、岁时节令等	1. 加强文化空间的打造，培养民俗文化保护者 2. 与旅游相结合，走可持续发展之路 3. 建立和完善有利于民俗文化资源保护的法规
名人系列	状元之乡，院士故里	名人故（旧）居、名人遗物、名人事迹典故等	1. 保护名人故（旧）居，打造名人教育与旅游基地 2. 整理名人风采手册，发挥名人效应 3. 结合苏州名人馆，举办"名人文化节"
宗教系列	有一定的国际知名度	宗教建筑、碑刻、宗教饮食、宗教文化与习俗等	1. 挖掘宗教资源，丰富宗教旅游观光景点 2. 发扬宗教特有的园林、建筑、碑刻、饮食等艺术文化特色，丰富宗教旅游内涵

系列名称	价值特色	保护内容	保护与发扬策略
重大历史事件系列	历史见证	伍子胥筑城、春申治吴、运河贯通、明抗倭、康熙南巡、苏州开埠、五卅运动等历史事件见证	1. 历史场景展示 2. 多媒体展示 3. 遗存遗迹展示

（4）规划特色。

① 统筹空间结构，突出保护重点。

规划从专业保护、有效利用的角度出发，在全面保护苏州古城风貌的前提下，根据历史文化遗存的现状分布和保护、发展要求，提出"两环、三线、九片、多点"的古城保护结构（图5.25）。

"两环"是指"城环"与"街环"。"城环"是环古城风貌带，包括环城河、古城墙保护以及环城绿化带。在保护、延续传统风貌的基础上，通过设置十大主题节点、四十八景点，适度增设文化休闲与娱乐等服务设施成为"人文画卷、慢行绿环、活力走廊"。"街环"和"三线"都是古城内最具有传统风貌特色的街巷与水巷。规划延续现有街巷与水巷格局，通过整合、串联，使之与"城环"有机联系，实现互动。增设公共开放空间，并导入具有苏州特色的传统产业及休闲功能，使"街环""三线"成为传统风貌展示带、特色产业集聚带，促进古城传统产业和旅游休闲业的提升发展。"九片"的划定以5个历史文化街区和7个历史文化片区为依托，综合考虑各片区功能、特色的内在联系，使之成为古城保护的重点文化片区，以及发展特色商业、休闲旅游和文化创意产业的主要集聚空间。"多点"是指标志性、代表性节点和旅游展示的亮点。

② 激活产业发展，优化人口结构。

作为国际知名的历史文化名城、旅游城市，必须协调好保护与发展的关系。因此规划从产业与人居两方面着手，提出了引导产业调整优化，提升宜居环境，完善旅游配套设施，保护与传承优秀传统文化的策略。规划指出传统产业有条件成为苏州转型发展的重要环节。一方面，加强传统产业与旅游业的紧密结合，并提供独具苏州特色的旅游产品和项目，进一步丰富游客的文化体验，提升苏州旅游业发展水平；另一方面，通过对行业领域、生产方式、经营模式、人才培养等的全面梳理，提出鼓励、支持创新的措施和政策建议，为传统产业的发展注入现代活力。将保护历史文化与城市转型、低碳发展、民生幸福、生态宜居及推进现代化紧密结合起来，使传统产业更新成为现代城市协调发展、居民收入提高、传统文化传承与发扬的重要领域。

苏州古城内居民老龄化严重，不能保持正常的社会结构，这对传统文化的传承、古城自主保护和可持续发展构成威胁，因此优化人口结构是促进古城高质量发展的重要策略。规划从优化常住人口结构、降低通勤人口、关注老龄化问题、引导外来旅游人口等方面入手，使古城保持传统氛围、特色文化、发展活力，实现可持续的协调发展。对常住人口重点优化年龄结构、收入层次和受教育程度等，而不是疏散人口数量。提高古城内居民在城内就业的比例，从而减少进出古城的通勤交通流量，缓解交通压力和环境压力。完善社区配套，优化市政设施和交通组织，改善传统民居，全面提升古城宜居环境，吸引年轻人群和高技能人群回流。通过完善养老设施、优化养老环境、增加人文关怀等措施，缓解古城

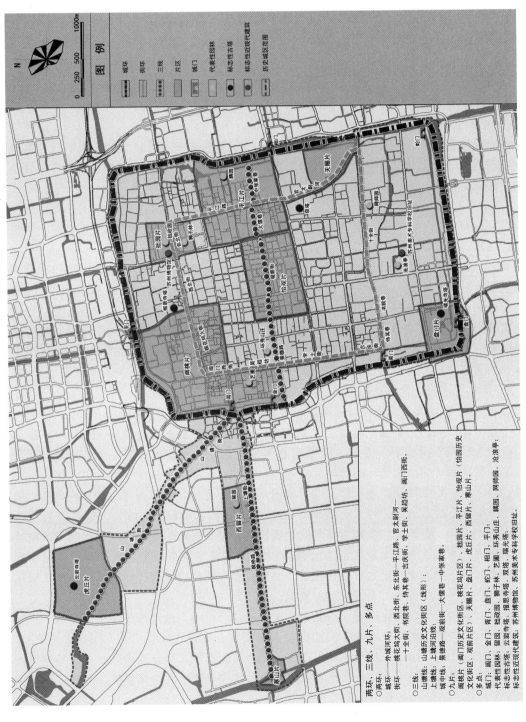

图 5.25　苏州历史城区保护结构图

日益突出的人口老龄化问题。对于外来旅游人口，通过提供特色化旅游产品、完善旅游服务设施、提高服务质量等，提高游客人均消费；稳步增加旅游收入的同时，尽可能减少游客对古城带来的影响。

③ 建立信息辅助，提供机制保障。

为了全面落实规划意图，提升名城保护水平，促进名城可持续发展，以名城保护规划翔实的历史文化资源调查和深入的历史研究、文化梳理为基础，苏州建立了涵盖物质与非物质文化遗产、门类齐全、地理和文化信息完整的历史文化要素数据库，并针对专业研究、政府决策、公众查询等不同需求，建设不同信息公开程度的查询平台。除此之外，规划要求完善涵盖辅助培训、制度政策、法律法规、公众参与等多元化的保障机制。其中，辅助培训侧重于产业策划、技能培训、品牌宣传和专业教育；制度政策主要包括专业化、专门化研究机制，传统民居产权政策，传统产业扶持政策，差别化考核机制等；法律法规则注重细致的专项保护立法，使苏州优秀的传统文化得以传承与发扬，并能有效服务于现代化发展；公众参与强调拓展参与途径，使公众成为名城保护的主体，并能从保护中获益。

5.3 历史文化街区保护规划与实践

5.3.1 广州人民南历史文化街区保护与更新

1. 项目概况

人民南历史文化街区是《广州历史文化名城保护规划》确定的广州26片历史文化街区之一。它以人民南路骑楼街为骨架，面积39.57公顷，南临珠江，周边毗邻沙面、和平中、上下九—第十甫路、光复南、海珠南—长堤5片历史文化街区，历史上曾是广州的对外贸易内港和十三行所在地，具有独特的地理区位，如图5.26所示。

人民南历史文化街区的历史沿革和演变过程可以划分为4个阶段。

① 古城时期（1918年前）。人民南路曾是广州古城墙所在地，整个历史文化街区范围在空间上曾被城墙分割为两部分。该地区对外贸易和商业经过长期的集聚和发展，形成繁荣昌盛的局面，因内港、十三行的存在而成为广州的商业中心。

② 近代时期（1918—1949年）。1918年民国政府拆除城墙。以太平路（今人民路）建成为标志，人民南沿线东西片地区由于城墙拆除、西濠填平而融为一体，市政设施开始建设完善，逐渐形成近代商业区，重现了经济繁荣、市场活跃的景象。然而抗日战争爆发以后，广州城市建设遭到严重打击，该地区众多道路和标志性建筑被毁，在抗日战争胜利之后才开始逐步恢复建设。

③ 恢复时期（1949—1987年）。中华人民共和国成立后，经商业网点调整和经营管理方式调整，太平南路沿线商业开始复苏，特别是西堤商业区成为"华南土特产展览交流大会"会址后，带来一系列建设活动，对恢复广州经济起了重要作用。

④ 衰退时期（1987—2017年）。人民路高架桥于1987年建成通车，解决了当时市区南北向的交通拥堵，但也给人民南路地区带来了很多问题。高架桥破坏了街道的环境，道

图 5.26　人民南历史文化街区周边区位

路空间显得狭窄，影响了周边居民生活的便利性，干扰了原有的商业活动。同时，珠江的客运功能逐渐退化，码头数量大大减少，城市中心逐渐东移。在这些因素的共同影响下，人民南路商业街区逐渐走向退化。

　　为彰显与传承人民南历史文化街区的文化内涵与魅力，保护历史文化遗产和历史环境，保护和延续街区传统格局和风貌，探索历史文化街区保护和活化利用，使地区业态提升和规划管理相互协调，广州于 2016 年 8 月正式开展了《人民南历史文化街区保护利用规划》的编制工作。经过多轮专家审查和征求市直部门以及相关区政府的意见，2017 年 1 月 20 日—2017 年 2 月 25 日期间面向社会公众进行意见征求。在对各方面意见逐条优化和完善的基础上，于 2017 年 6 月 14 日通过广州市文物管理和历史文化名城保护委员会的审查。2017 年 12 月 14 日获得广州市人民政府批准。

　　2. 街区历史文化价值与特色及主要问题

　　(1) 历史文化价值与特色。

　　人民南历史文化街区所在地区是古代广州乃至中国对外贸易的南大门、广州古今商业发展和对外贸易的见证地。在古代，该地区是广州西壕内港所在地，见证了广州海上丝绸之路的发源，与外国人聚居的蕃坊、对外贸易集中地十三行有密切的关系，也是广州本地商业萌芽和发展繁荣的地区；在现代，该地区曾经举办"华南土特产展览交流大会"（广交会的前身），留下了一系列优秀的历史建筑，显示了广州源远流长的对外贸易历史和传统，也彰显了广州重商务实、开放创新的城市精神。

人民南历史文化街区建筑集岭南建筑艺术之大成，是岭南建筑艺术的典型范例。人民南历史文化街区内拥有连续度非常高的骑楼街——人民南路，而状元坊等地保留了典型的传统城市肌理，多种典型岭南民居坐落其中；长堤地区的新亚大酒店、南方大厦、粤海关旧址等建筑代表了近代广州岭南建筑艺术的伟大成就；文化公园的主体建筑如水产馆等，已被评为广州市历史建筑，是新岭南建筑的一系列表现形式。

（2）街区的主要问题。

人民南历史文化街区城市历史环境格局特色鲜明，不可移动文化遗产丰富，然而高架桥等开发建设活动对建筑遗产、街区肌理和历史风貌造成了严重的破坏（图5.27）。部分街区肌理遭到现代建筑的建设性破坏，高层建筑对城市风貌产生影响，旧城历史风貌保护与业态活动、交通之间的矛盾较为突出。

图 5.27　被高架桥分割的骑楼街

人民南历史文化街区曾是广州古城西南侧的对外贸易内港和商业重地，也是解放初期广州西堤商圈复兴的核心地区。然而随着内港外迁，区位优势下降，地区商业面临着不可避免的衰败（图5.28）。目前，街区汇聚了大量的服装、电子产品等批发贸易功能，是连接上下九、民间金融街、清平市场等旧城传统商贸街区的纽带。批发业繁忙错杂，部分商业街巷业态衰败，居住环境拥挤，并且大部分被仓储空间侵占，配套设施不足。骑楼街呈现出不同程度的功能性衰败，低端业态繁荣，消防隐患增加，街区急需进行保护和提升。

3. 规划内容与特色

（1）丰富价值内涵，扩充保护对象。

通过全面调研和深入挖掘，针对价值扩充保护对象。基于"整体性保护"概念，强调广义的历史文化遗产保护，将保护对象从狭义的文物古迹和传统街巷扩大到近现代遗产、非物质文化遗产等，将保护范围延伸到与当地遗产相关的历史环境和非物质文化遗产影响地区。建立起物质与非物质文化遗产相结合的保护对象体系（图5.29）。规划对包括解放初期华南土特产展览交流大会会址的5座历史建筑，以及传统戏服店铺、老字

(a) 街区范围古地图 (b) 西濠涌暗渠 (c) 玉带濠

(d) 十三行旧貌 (e) 十三行现状 (f) 状元坊现状

图 5.28 人民南历史文化街区现状

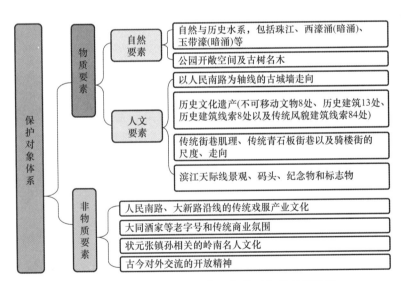

图 5.29 人民南历史文化街区保护对象体系示意图

号大同酒家、沙基惨案纪念碑等历史事件和记忆的空间场所、地标构筑物等，构建了更加完整的保护体系，实现了新型遗产和传统遗产的整体性保护。

　　规划确定了街区串联周边三大商圈，保护"一轴、一带、三片区"的空间格局和城市肌理（图5.30）。"一轴"是指以骑楼建筑为基本单元组成的人民南路，要求保护传统商业界面。"一带"是指衔接海珠南—长堤和沙面历史文化街区的沿江西路，要求保护沿江西路沿线主要建筑界面。"三片区"是指保护并修复以大屋民居为基本单元组成的状元坊片区、安业里片区，保护控制以华南土特产展览交流大会旧址历史建筑群为中心的文化公园片区。规划还提出要保护文化公园、儿童公园和滨江绿地，维持原西濠涌、玉带濠历史水系的走向和宽度，整治周边建筑与环境。

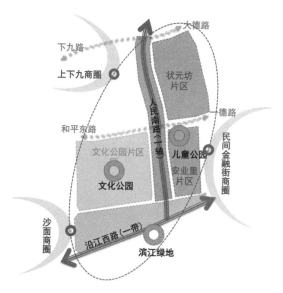

图5.30　人民南历史文化街区保护结构示意图

（2）保护区划与控制要求。

　　规划划定了人民南历史文化街区的保护范围（图5.31），包括核心保护范围和建设控制地带，由于本街区全部位于历史城区内，故未划定环境协调区。核心保护范围面积为13.46公顷，除建设必要的基础设施和公益性公共服务设施外，不得进行新建、扩建或改建活动，新建、扩建建筑高度控制在12米以下。建设控制地带面积为26.16公顷，

【图5.31~图5.33彩图】

进行新建、扩建、改建活动时，在体量、色彩、材质等方面应与街区历史风貌相协调，不得破坏街区传统格局和风貌特色，新建、扩建建筑高度控制在18米以下。人民南历史文化街区建筑高度控制如图5.32所示。

（3）聚焦建筑分层与街道空间引导，创新三维管控。

　　规划从三维空间的角度对街区的保护进行深入研究，引入城市设计手法，基于三维空间模型，提出建筑功能的分层控制、紫线和道路红线协调、建筑贴线率等方面的管控要求和措施，实现刚性、弹性控制相结合，横向、竖向指引相结合。例如，骑楼街核心保护段规划控制要求（图5.33），将骑楼立面分段控高与相邻建筑风貌协调相结合，提出面向骑楼街保护与活化的精准化控制与引导措施。平面布局方面，精确补全骑楼街立面，协调道路红线，保障连续度。高度控制方面，通过对骑楼街首层、檐口、总体高度的分析，实事求是地提出紧扣现状的控高标准和建设指引，更具弹性和合理性。同时允许部分连续的骑

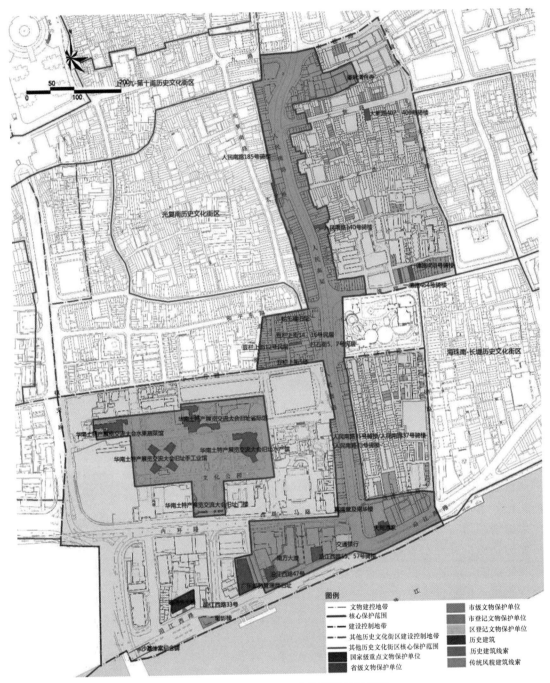

图 5.31　人民南历史文化街区保护区划图

楼在严格保护外观风貌的前提下，打通整合内部空间，以适应现代功能的空间需求，进一步提升街区活力。

（4）创新数字平台，实现数字建档和精准实施管理。

为更好地支持城市更新与微改造，进一步强化规划成果的可操作性，规划基于移动终端调研系统、实景影像、无人机摄影、三维激光扫描等数字化技术手段，建立了广州首个

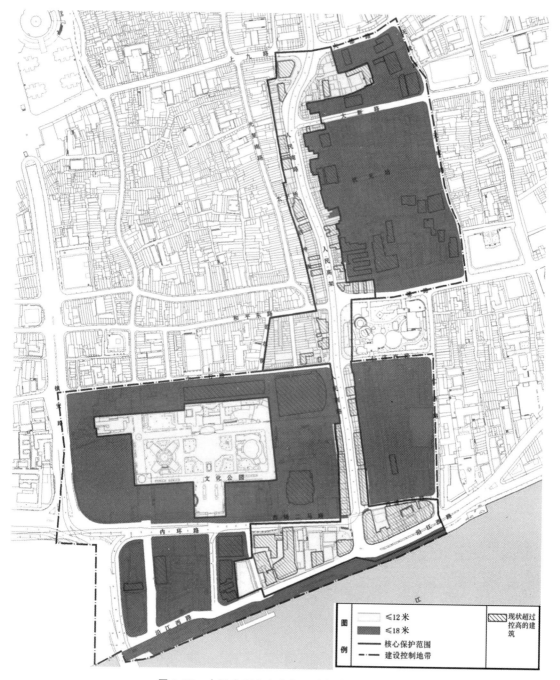

图 5.32　人民南历史文化街区建筑高度控制图

历史文化街区 GIS 数据平台。通过调研对街区范围内的 1705 处建筑和 81 条（段）街巷建立现状数据库。如图 5.34 所示，在现状数据库的支持下，叠加保护要求，将传统保护规划成果导入平台管控指标，明确了精准的保护范围和分区保护管控要求，严格控制街巷格局、建筑高度、建筑整治更新等要素，形成规划数据库，为规划建设的精准化管理提供关键性依据。如图 5.35 所示，在规划数据库形成之后，任意选择一处建筑，都能迅速查阅其整治方式和规划建议，也可以进行空间查询分析、图表统计、属性录入等操作，实现了

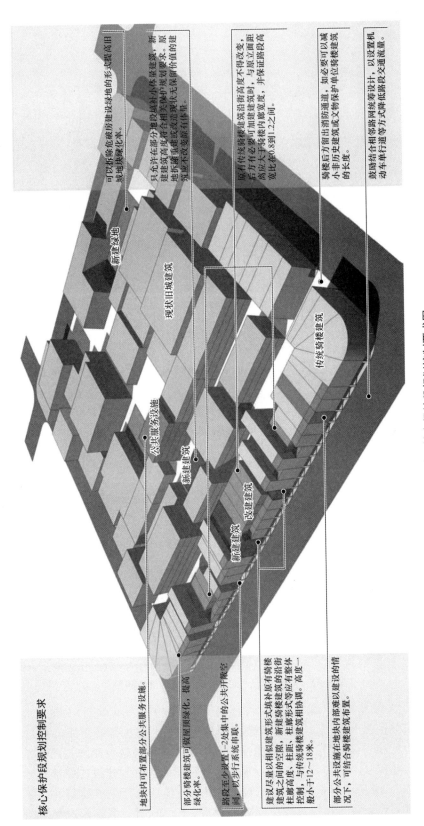

核心保护段规划控制要求

地块内可布置部分公共服务设施。

部分骑楼建筑可做屋顶绿化，提高绿化率。

路段至少设置1~2处集中的公共开敞空间，以步行系统串联。

建议尽量以相似形式填补形式缺失的骑楼建筑，新建骑楼建筑的沿街柱廊之间的空隙、柱距、柱廊高度等应有整体控制，与传统骑楼建筑相协调。高度一般小于12~18米。

部分公共设施在地块内部难以单独建设的情况下，可结合骑楼建筑布置。

新建绿地

现状旧城建筑

公共服务设施

新建建筑

改建建筑

新建建筑

传统骑楼建筑

可以拆除危破房建设绿地的形式提高旧城地块绿化率。

只允许在部分地段或关天保护规划要求，新建筑高度符合相关保护规划要求。原地拆除重建或改造现状无保留价值的建筑不致变原有体量。

原有传统骑楼建筑沿街高度不得改变，与原立面宽度。后方有必要可加建建筑时，同应放大于骑楼内廊宽度，宽比在0.8到1.2之间。

骑楼后方留出消防通道，如必要可以减少建筑小单位对历史文物保护式单位降低骑楼建筑的长度。

鼓励结合相邻路网统筹设计，以设置机动车单行道等方式降低路段交通流量。

图 5.33 骑楼街核心保护段规划控制要求图

街区从地块层面到建筑层面的精准化管理。进一步可利用数据库信息，对重点建筑和重点地段编制面向实施的图则。

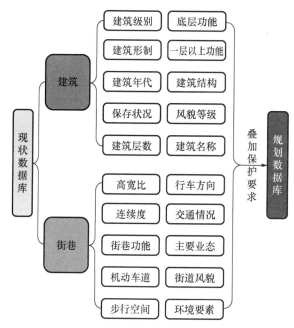

图5.34　现状数据库的建立过程示意图

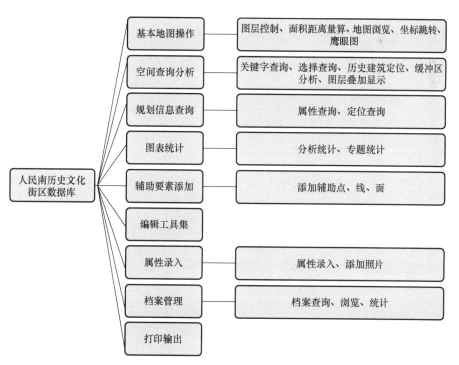

图5.35　数据库应用操作示意图

4. 保护规划实施

(1) 实施时序。

街区将在保护好历史文物资源的基础上，以重点项目建设为契机，与社区微改造相结合，实现"点—线—面"的分期保护与开发，在规划期限内逐步实现规划目标。

第一阶段：2018 年以前，对遭到破坏的不可移动文物进行抢救性修缮，完善配套设施。选取人民南路典型骑楼建筑，探索保护性建筑活化利用策略。

第二阶段：2018—2020 年，推进状元坊片区、安业里片区微改造，实现小规模渐进式更新，整治环境，完善设施，逐步整合和调整建筑功能，实现业态提升。

第三阶段：2020 年以后，通过整合完善全域的交通系统和慢行系统，解放路—人民南高架桥，并在竖向方面创新设计，在保护近现代遗产的前提下，实现地区品牌的打造。

(2) 实施保障。

由于人民南历史文化街区横跨了广州市荔湾区、越秀区两个行政区，保护涉及文物、规划、建设、国土、房管、园林和环保等多个部门，因此规划提出应建立规划管理联动机制，完善政府部门协作机制，形成行政合力。

在街区整治与房屋拆迁中应充分考虑并保障当地居民的权益，加强沟通协作。引入"社区规划师"，引领社区保护与公众参与，发挥群众自治组织和民间社团的作用，倡导政府治理和社会自我调节、居民自治之间的良性互动。在土地开发利用过程中，工程实施之前应注意对可埋藏地带进行考古调查或勘探、发掘。

对于历史文化街区保护资金，由市和区人民政府分别设立专门账户，专款专用。拓展资金来源渠道，组建多元化的投资融资体系，建立政府引导、政策保证、市场化运作的招商引资机制。

5.3.2 福州三坊七巷历史文化街区保护与更新

【福州三坊七巷】

1. 项目概况

三坊七巷历史文化街区（图 5.36、图 5.37），位于福州古城中轴线的西侧，由三个坊、七条巷和一条中轴街肆组成，分别是衣锦坊、文儒坊、光禄坊、杨桥巷、郎官巷、塔巷、黄巷、安民巷、宫巷、吉庇巷和南后街。它是《福州历史文化名城保护规划（2012—2020）》中确定的 3 个历史文化街区之一，是福州历史文化名城中古城风貌的核心组成部分。

由于 1940—1970 年间街区内人口与社会的剧烈变化，以及此后街区内社会资本投入的长期匮乏，在未对街区进行保护与更新之前，三坊七巷曾是城市之中的破旧衰败之地。街区人口膨胀，居住密度过高，人均居住面积只有大约 15.4 平方米，整个街区处于超负荷状态；工厂侵占街区，深宅大院、名人故居内违法搭盖严重，古建筑损坏严重；环境恶劣，基础设施条件极差，电线如蜘蛛网密布，消防隐患突出。保护更新前的三坊七巷环境如图 5.38 所示。

【图5.36彩图】

图 5.36 三坊七巷区位示意图

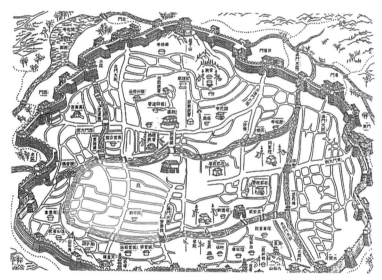

【图5.37彩图】

图 5.37 清代三坊七巷街区位置

图 5.38 保护更新前的三坊七巷环境

1993 年，三坊七巷被以"旧城改造"的名义出让给房地产公司，面临整体拆除的风险。20 世纪 90 年代末期，地块西北角已经被四幢高层住宅占据，实际上只剩下"二坊五巷"。如果不进行抢救性的保护和修缮，整个街区可能会被快速淹没在城市开发的洪流中。2005 年，地块出让合同中止，当地政府启动了保护计划咨询。2006 年，三坊七巷古建筑群被列为全国重点文物保护单位，对保护利用工作起到了巨大的推动作用。2006—2013 年，福州市按照"政府主导，居民参与，实体运作，渐进改善"的指导思路进行了三坊七巷的保护与更新工作。

2015 年 7 月，《三坊七巷历史文化街区保护规划（修编）》获得福建省人民政府批复，成为三坊七巷历史文化街区保护和发展的依据。规划坚持"保护为主、抢救第一、合理利用、加强管理"的总方针，旨在打造集居住、文化、商业、旅游等于一体，具有浓厚福州传统建筑、文化特色的典型里坊式历史文化街区。

2015 年，三坊七巷保护规划及实施工程获得亚太地区文化遗产保护奖，联合国教科文组织这样评价："街区的保护修复依照国际准则，进行了大量文献研究和实地调查，无论在单体建筑还是整体景观的尺度上，都体现了保护规划的精细和全面。"

2. 街区历史沿革与文化价值特色

三坊七巷位于福州城市中心，起源于晋，形成于唐、五代时期，至明清时达到鼎盛。历经千年，三坊七巷整体坊巷格局至今尚存，结构清晰。

（1）里坊制度活化石。

三坊七巷的名称"三坊"和"七巷"，指的是它从唐宋时期延续至今的鱼骨状街巷格局，整个街区以南后街为南北主轴线，东西平行排列十条坊巷。坊中巷道相连，形成了坊中有巷、巷巷相通的棋盘状格局（图 5.39）。整个区域由道路划分出若干区块，每个区块又被划分为若干个宅院，形成有机的街巷肌理特征（图 5.40）。三坊七巷街区因完整保留了早在北宋时期就已逐渐消亡的古代城市里坊制度格局，所以被誉为"里坊制度活化石"。

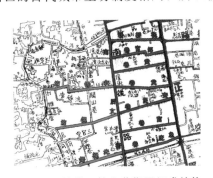

图 5.39　清代三坊七巷街区组成结构

（2）明清建筑博物馆。

三坊七巷自晋、唐形成时起，一直是福州传统士大夫的聚居地。三坊七巷核心区现存保留较为完好的明清古建筑 159 处，包括全国重点文物保护单位 15 处，省、市、区级文物保护单位 14 处。在一个街区内，拥有如此集中的文物保护单位，在全国实属罕见，被誉为"明清建筑博物馆"。古建筑是三坊七巷街区的亮点，是景区内主要的物质文化遗产，如波涛连绵起伏的风火墙、寓意深远的墙头灰塑、精美绝伦的雕梁画栋、高雅别致的古典园林，共同构成了闽都民居的独特艺术形式（图 5.41）。

图 5.40　三坊七巷鸟瞰（局部）

图 5.41　三坊七巷中的水榭戏台

（3）近代名人聚居地。

三坊七巷街区历史积淀深厚，自唐代以来就逐渐成为士大夫活动中心，孕育了众多闽都文化的巨匠先贤，萦绕在坊巷间的文化基因一代代地在书墨浓香中延续下来，具有独一无二的文化特色与文化景观。特别是近现代以来，三坊七巷走出了林则徐、严复、林觉民、冰心等 150 多位在中

【三坊七巷中的
严复故居】

国近现代史上有着重要影响的风云人物，因此，三坊七巷也被称作"近代名人聚居地"（图 5.42）。正所谓"一片三坊七巷，半部中国近现代史"。街区内还有大量非物质文化遗产的活态存在，如福州民俗元宵灯市、中秋"摆塔"、社火等。三坊七巷是福州人文荟萃的缩影，是福州市民的精神家园。

（a）林则徐纪念馆　　　　　（b）严复故居　　　　　（c）林觉民、冰心故居

图 5.42　三坊七巷历史文化街区中的名人故居

3. 规划内容与特色

（1）坚持规划引领文化遗产保护，有序开展保护更新工作。

通过政府组织、部门指导、地方调查、强强合作、专家领衔、公众参与，将《三坊七巷历史文化街区保护规划（修编）》和《福州市三坊七巷文化遗产保护规划》同时编制，确保保护更新工作有章可循，深度落实保护思路和措施。

规划充分利用长达七年的资料积累，在文物、街道、勘察等多部门配合下开展资料整理和现场调查，实现对 3000 多户居民的全入户调查，分院落调查摸清街区的人口、分户数、产权等情况；引入先进的地理信息系统（GIS）、三维激光扫描等技术，普查和记录街区点状传统建筑遗存的空间属性和风貌特征，落实确定了 28 处文物点、34 处保护建筑和 97 处历史建筑；对所有建筑分别按照年代、材质、结构、高度、层面等分析进行风貌界定；详细调查了各项配套设施、道路交通及各项市政工程设施；对历史、文化及六类非物质文化遗产进行调查，获得了对非物质形态价值的评价。

规划预先开展了街区策划研究、国内外比较分析研究、建筑遗存调研、古建筑专项研究、市政基础设施专项研究和测绘 GIS 等专项研究。规划特别针对南后街的交通组织、南街与南后街立面设计、总体设计、滨河景观带、排污工程等难点和重点进行了多方案比选和实施性设计。

（2）保护规划体系。

规划基于整体性、真实性保护理念，首先确定了以整个古城为背景空间的保护规划框架，将街区保护置于"两山、两塔、两街区"范围内协调和衔接，确定了"一带、两街、三坊七巷"的功能结构体系。

"一带"：指沿安泰河的滨水休闲风情带。通过滨河风貌整治，形成以休闲为主要功能，具有古城滨水风貌的城市滨水风情带。

"两街"：一是发展南后街传统特色商业带，以吸引国内外游客为主，展示福州传统工艺品、地方土特产、传统名点菜肴以及地方民俗风情，并重点扶持南后街花灯灯市；二是打造南街商业更新发展带，重点发展文化、休闲、餐饮和购物等功能，结合历史文脉保护和城市发展需要，整治环境、整合资源，通过对传统业态的完善与更新，对新型商业进行创新性导入，提升商业品质，增添文化品位。

"三坊七巷"：指历史文化街区的主体部分，将形成以居住功能为主体，集名人故居、历史博物馆、展览馆、文化展示、休闲、商业、旅游等于一体的综合功能片区。

（3）保护区划与控制要求。

规划划定了保护层次和范围，包括核心保护区、建设控制地带和环境协调区。其中，核心保护区面积 28.88 公顷，建设控制地带面积 19.78 公顷，环境协调区面积 24.27 公顷。对于不同层次的区域提出了相应的保护和控制的要求。

【图5.43彩图】

规划要求严格保护构成街区历史风貌的各个要素以及传统巷道的尺度和断面，重点保护好现存较为完整的"后街三坊七巷"的"鱼骨状"街巷格局和空间形态特征，保护闽山巷等传统支巷。核心保护区范围内重点保持街区传统空间形态及建筑格局，保持古坊巷原有的空间尺度，整治改造与历史风貌有冲突的建（构）筑物和环境要素，修整或更新的建筑应采取院落形式，延续传统肌理，如图 5.43 所示。建设控制地带内新建、改建、扩建建筑，在建筑高度、体量、饰面材料以及色彩等方面必须与传统建筑风貌相协调，以取得与核心保护区之间的建筑风貌和谐。对不符合要求的现状建筑要加以整治，以保持与整体建筑风貌的和谐。

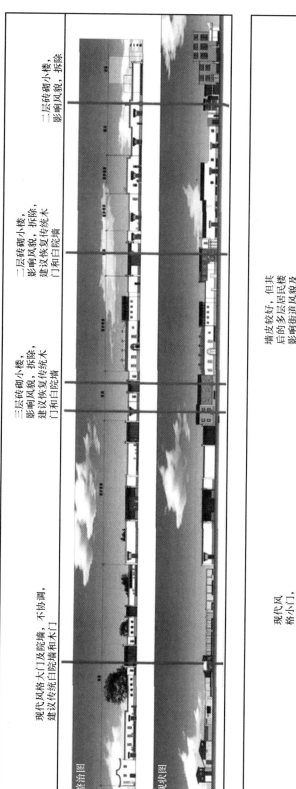

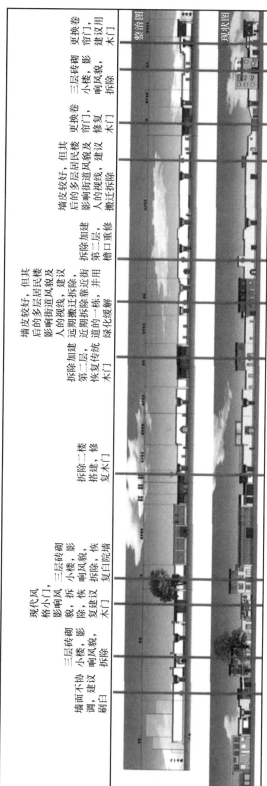

图5.43 福州三坊七巷历史文化街区保护规划——坊巷立面整治示例（宫巷）

（4）活化利用传统技艺修缮修复传统建筑。

根据建筑的等级、质量、风貌等的综合调查评估，将历史文化街区内的建筑物、构筑物分成修缮、维修改善、局部改善、更新、暂留5种保护与整治的方式措施。针对如何保护、抢救并且合理利用街区之中留存的大量明清时期建筑的问题，保护规划中整理归纳出各个时代的营造特色、构件样式、配方工艺、修造做法等，对修复、保护工艺进行了详尽的调查、再现，作为保障文物修复、保持原状的依据，确保建筑修复的真实性以及完整性，如表5-3所示。

表5-3　古建筑修复、改造分级与技术方案框架

结构等级	保护类别		
	格局完整的名人故居、明清古建筑等	格局较完整的名人故居、明清古建筑等	格局不完整的名人故居、明清古建筑等
结构完好、安全	完善内部配套设施	局部修缮、完善内部配套设施	还原格局、全面修缮、完善内部配套设施
结构较完好、安全	局部结构加固、完善内部配套设施	局部结构加固、局部修缮、完善内部配套设施	局部结构加固、还原格局、全面修缮、完善内部配套设施
结构缺损、欠安全	结构全面加固、构件更新、完善内部配套设施	结构全面加固、构件更新、局部修缮、完善内部配套设施	结构全面加固、构件更新、还原格局、全面修缮、完善内部配套设施

4. 保护规划实施

（1）人工环境与物质形态要素的保护实施。

在古河道保护方面，对安泰河进行了河道整治，通过拆违、截污、清淤、引水、补水等措施改善水质，提升河岸的生态景观，如图5.44所示。文物保护单位、历史建筑，以及其他风貌建筑、特色构筑物、环境景观要素等也得到了有效保护。在保护过程中，采用微循环、渐进式、小规模、不间断的模式，有重点、有目标地进行保护更新，同时制定切实有效的原住居民保护措施和政策，促进原住居民的参与积极性。很多居民自觉地参与了修复过程，或者提供建筑资料供修复参考，或者自行出资进行房屋的维修保护。工程中引进和利用传统工艺，如木雕、砖雕、彩绘等，使一些传统的加工工艺得到挖掘、整合与展示。

图5.44　安泰河两岸景观

（2）人文环境和非物质形态要素的保护。

在保护物质文化遗产的同时，街区活态的历史文化也得到保护与传承，非物质文化遗产深深融入人们的生活。

通过保护三坊七巷中的各项民俗活动、民间曲艺、民间工艺、风味饮食等非物质文化遗产，为体验地域文化提供优良的环境条件与载体。通过优惠政策等积极吸引民间手工艺和老字号商家入驻南后街。目前一些具有代表意义的民间艺术，如油纸伞、寿山石刻、软木画等已相继入驻，米家船、永和鱼丸、同利肉燕等老字号商铺也陆续回归，还原了南后街原有的商业街市功能。

在物质环境要素保护的基础之上，构建文化展示集群，建设国内第一个城市社区博物馆，并借助名人故居、三坊七巷美术馆、福州漆艺博物馆、闽都民俗文化大观园等各类展馆综合展示街区文化特色，例如在水榭戏台、小黄楼，地方戏曲闽剧、评话等保持常态化演出，让这些文物保护院落充满生机活力。此外，以还原三坊七巷传统民俗为重点，结合民俗节日，积极开展各种特色活动以展示闽都特色文化，使街区逐渐成为福州传统文化的展示中心和交流平台，如开展元宵灯会、中秋"摆塔"、妈祖巡游等活动，将静态展示与动态参与相结合，多方位、多层面展示三坊七巷的传统文化特色和福州历史底蕴，如图5.45所示。

(a) 闽剧表演　　　　　(b) 永安二十八宿灯的展演活动　　　(c) 三坊七巷中的福州油纸伞

图 5.45　三坊七巷中的闽都特色文化展示

（3）政策保障与技术支持。

为更好地开展保护与更新工作，福州市政府成立了三坊七巷管委会，先后批准颁布了《福州市三坊七巷、朱紫坊历史文化街区保护管理办法》《福州市三坊七巷历史文化街区古建筑搬迁修复保护办法》《三坊七巷保护修复资金管理使用方法》《三坊七巷文物保护管理细则》等一系列规范性文件，尤其是《三坊七巷古建筑修缮导则》中整理归纳出各个时代建筑的营造特色、构件样式、配方工艺、构造做法等，对保护修复工艺进行了详尽的调查，使其成为保障文物修复的营造基础。

5.3.3　苏州古城平江历史文化街区保护与更新

1. 项目概况

平江历史文化街区（图5.46）位于苏州古城东北隅，是《苏州历史文化名城保护规划（2013—2030）》中确定的9个历史片区之一，也是苏州古城内历史格局最为完整、规模最大、最具水乡特色的街区。街区东临古城护城河，西至林顿路，南至干将东路，北至白塔

【苏州古典
园林—耦园】

东路，总占地面积 116 公顷，包括 6 个居住街坊。街区内分布着 20 多条街巷，"二纵四横"河道贯穿其中，至今保持了自唐宋时期以来"水陆结合、河街平行"的双棋盘街坊格局，是江南水乡的典型代表。街区拥有世界文化遗产古典园林—耦园（图 5.47）以及各级文物与历史建筑 100 多处，显示着深厚的文化底蕴。城墙、河道、桥梁、民居、园林、寺观、古井、古树、牌坊等历史文化遗存类型丰富且为数众多，是全面保护苏州古城历史风貌的核心地区。

【图5.46彩图】

图例

古城范围
历史文化街区范围
规划范围
城环
街环

图 5.46 平江历史文化街区区位图

图 5.47 苏州古典园林——耦园

1997 年，苏州市政府编制完成了平江历史文化街区第一轮保护规划。2000 年以后，随着苏州新区的建设效应逐步显现，古城保护压力得到缓解，苏州开始进入完善城市功能和提升城市品质的发展阶段。2002 年，作为街区保护整治的先导性试验工程，平江路风貌保护与环境整治工程启动。2004 年，在建筑风貌整治的基础上，又开始逐步调整平江路两侧功能。新的功能以文化型商业服务为主，以原有传统院落为单位，将现代城市新的功能融入历史空间环境中，既保持了功能上的活力，又保持了风貌的协调一致。

平江历史文化街区作为古城风貌和传统文化的重要留守地及空间载体，先后荣获国家传统建筑文化保护示范工程、中国城市遗产保护经典案例、"国家古城旅游示范区"等多项荣誉，受到世界城市遗产保护领域专家和学者的高度认可与评价。联合国教科文组织"亚太文化遗产保护荣誉奖"评委会曾评价平江历史文化街区的平江路改造项目"是城市复兴的一个范例，在历史风貌保护、社会结构维护、实施操作模式等方面的突出表现，证明了历史街区是可以走向永续发展的"。

2. 街区特色分析

平江历史文化街区主要由街坊组成，并被水系平行分隔。纵向的内城河、平江河和横向的胡厢使河、柳枝河、新桥河、悬桥河组成了"二纵四横"的河网结构。街巷依水而生，河网并行，如图 5.48 所示。

图 5.48　平江历史文化街区街巷与河道景观

街区的道路等级可划分为"街—巷—弄"三级，南北以平江路为街，东西为巷，巷中有弄，它们共同构成了平江历史文化街区的街巷空间格局。平江历史文化街区是苏州现存最完整、规模最大的历史文化街区，堪称苏州古城精华的缩影，活的"宋平江图"。2014 年，它作为"中国大运河苏州段"的重要节点之一被列入世界文化遗产名录。

3. 规划内容与特色

（1）规划框架。

平江历史文化街区的保护规划通过规划研究、规划编制、规划实施和规划管理，建立了四个层面的规划框架。

① 深入的历史文化研究。

保护规划区别于其他规划的显著特点就是在编制前必须进行更为深入的历史文化研究，即对历史文化资源进行深入挖掘，理清其历史脉络，为准确评价其历史文化价值提供依据。

② 全面的现状综合调查。

除了文献资料的研究之外，保护规划还需要对历史文化街区进行全面、综合的现状分析，包括对街区每一条街巷、水系、文物古迹的调查，甚至对每一栋建筑的风貌、年代、质量、使用性质和产权等方面的评价，以及对居民的人口户数、意愿调查等。这些材料不仅为研究和规划设计提供了第一手基础资料，其本身也是记录街区发展历程的珍贵档案。

③ 整体的保护发展规划。

规划的技术路线围绕保护与发展两个方面，相互依存，共为促进。保护是发展的前提，发展是保护的提升。街区保护层面主要研究历史环境和文化遗产的保护和修复，街区发展层面则研究如何在城市的发展变化中实现历史街区的永续利用，即改善人居环境、提高生活质量、促进城市经济、创造地区活力等问题。

④ 及时的规划实施反馈。

规划实施是历史街区保护的难点与重点所在。在规划深化阶段，部分重点地段的整治工作已开始，在实施及管理中遇到的技术、政策等方面的问题都会及时反馈到规划编制中，有效增强了规划的针对性和时效性。

（2）保护区划与内容。

① 保护区划。

在对街区历史沿革、功能演变、空间形态演变、历史街巷、历史建筑及历史人物进行深入研究的基础上，对街区的现状用地、居住人口、交通状况、历史文化资源分布情况，以及建筑年代、风貌、质量等方面进行了翔实的调研，本着简化和统一保护层次的原则，划定了街区的核心保护范围与建设控制地带。其中，核心保护范围面积 48.4 公顷，是以平江路及与之联系的河街为主的整体风貌完整的区域；建设控制地带面积 67.6 公顷，是除核心保护范围以外的用地。规划对于不同层次的区域提出了相应的保护和控制的要求。

② 整体历史环境与风貌的保护。

基于整体保护的观念，街区历史环境的保护既包括各种类型的物质空间环境，同时也涵盖丰富的社会人文环境。前者是街区保护的重点，后者是街区保护的难点。

街区物质空间环境的保护与整治内容主要包括：河街并行的双棋盘街坊格局；序列有致的街巷河道体系；桥头河埠、水井牌坊的开放空间；错落有致的街道河道空间界面；别有天地的庭院园林空间以及市政设施的环境风貌整治等。尤其是与当地生活方式联系在一起的特色空间和要素的保护与恢复是街区环境风貌保护的重要内容。

街区社会人文环境的保护包括社会生活、文化艺术、民风民俗、传统产业等的保护与延续。社会人文环境的保护是街区真正走向永续发展的内涵和动力，是维系社区居民精神归属的根基，必须在完整保护的基础上，使其永续利用。永续利用并不是原有功能的消极延续，而是要改善街区的生活环境，提高街区的生活质量。

③ 建筑风貌的保护。

建筑是构成历史街区风貌的主体，本着保护街区环境风貌和空间格局的原则，充分考虑现状和可操作性，规划中对街区内所有建筑分为文物建筑、历史建筑、一般建筑和新建建筑四大类，并分别提出相应的保护与整治模式，积极探索多样的建筑风貌保护方法，如表 5-4 所示。

表5-4　平江历史文化街区建筑保护与整治模式

分类	文物建筑	历史建筑	一般建筑		新建建筑	
			与历史风貌无冲突	与历史风貌相冲突	形似历史风貌	神似历史风貌
措施	修缮	改善	保留	整饬、拆除	新建	新建

建筑风貌保护的宗旨是最大限度地恢复建筑的历史格局,最大限度地保存建筑的历史信息,以建筑历史格局与风貌决定其后续功能利用,而不是根据建筑功能利用改变甚至破坏建筑历史格局与风貌。对于文物建筑,遵循"不改变原状"的原则进行修缮。对于历史建筑,坚持"最大程度的保护,最低程度的限制"的原则,根据它的价值与现状实施不同级别的保护措施。对于重要历史建筑,参照文物建筑进行。对于一般历史建筑,则根据其建筑构件毁损的情况分为镶嵌式修缮和脱胎式修缮两种方式。对街区内除文物建筑和历史建筑外的所有一般建筑,根据其风貌特征采用不同的修缮方式。与历史风貌无冲突的一般建筑,予以合理保留。与历史风貌相冲突的一般建筑,近期内不具备拆除条件的予以立面改造、平顶改坡顶、降层等措施;具备拆除的条件,则予以拆除。对于规划拆除的建筑,大部分情况要重新建造,对新建建筑有两种不同的风貌保护理念:一是采取新建筑与历史风貌形似的方式,即以现代的材料去建造传统形式的建筑;二是采取新建筑与历史风貌神似的方式,即以现代的材料和形式去营建建筑,在空间布局、高度体量、比例尺度、色彩等方面与历史环境相协调。

④ 保护规划刚性与弹性的结合。

在规划的刚性和弹性探索方面,重点解决城市紫线的刚性划定与土地使用的弹性控制问题。保护规划将城市紫线的概念拓展至所有历史文化遗存的保护界线,保护对象包括了各级文物保护单位、历史建筑、历史环境要素(古桥梁、古驳岸、古牌坊、古砖刻门楼、古井和古城墙遗址等)。在土地使用调整上,更多考虑为街区的未来发展留有空间上的余地和使用功能上的弹性,因此规划着重控制和调整两类用地:一类是文物古迹用地,另一类是更新发展用地。图5.49所示为苏州平江历史文化街区用地规划图。

【图5.49彩图】

一方面,规划将现状各种使用性质的文物建筑统一划归文物建筑用地,目的在于强化文物建筑的重要性,优先恢复其原有的使用功能,在不破坏历史建筑原有空间特色的条件下鼓励各种建筑功能活化利用。

另一方面,规划提出"更新发展用地",主要包括街区内所有工厂用地、特殊用地、棚户区居住地,目的在于通过地块更新为街区保护提供后备拓展空间,不规定其具体用地性质,只提供用地兼容性和规划要点,为不可预测的未来留有余地。同时,规划还规定了更新发展用地必须由政府统筹安排,严格控制其开发容量与环境风貌,优先满足街区文物古迹修复拓展、公共服务设施配套等用地要求。

4. 保护规划实施

平江历史文化街区保护规划实施的主要经验在于探索政府、专家、社会三方力量统一的实施模式。促进形成"政府理性执政,专家科学指导,社会广泛参与"的多方合作机制,政府是历史街区保护的主要责任者。

规划实施按照"政府推动、市场运作、政策扶持、部门支持"的模式进行,各级政府

图 5.49　苏州平江历史文化街区用地规划图

职能部门依据各自职责，负责具体保护与建设管理工作。在保护工程的实施中，技术人员全程提供咨询服务，加强设计与实施的技术衔接，定期对实施工程进行检查。同时，建立历史文化街区专家咨询委员会，对街区保护建设与管理中的重大问题进行论证，监督保护与整治规划的实施。规划在编制阶段就开始鼓励公众参与，及时反映和听取社会各阶层关于街区保护与发展的建议。建筑的保护与整治工程采取公示方式，所采取的房屋不落地的征收办法得到了居民的理解和支持。在重要历史建筑的修缮和利用上，成功运用市场运作方式吸引社会资本的参与，引导形成历史文化街区特有的文化产业品牌。

5.4　专题研究：广州历史文化名城保护规划与实施路径

5.4.1　广州名城概况

1. 广州城市发展沿革

（1）古代时期（公元前214—公元1840年）。

广州在秦朝时期确定城市选址，此后2234年"千年城址不变"，而且自建城以来，一直围绕着江河水系，寻求着城水共生共存之道，也不断突破着城市发展的边界，古代广州城址变迁如图5.50所示。"云山珠水""六脉皆通海，青山半入城"，概括了广州这座山水城市历史上的自然景观和城市格局。

【南国商都话广州】

【图5.50彩图】

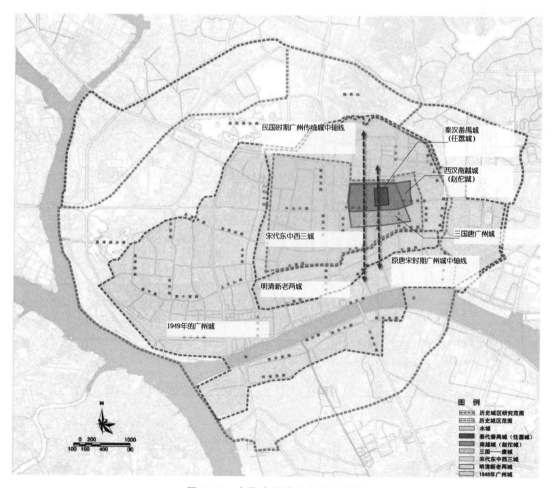

图5.50　古代广州城址变迁示意图

广州建城最早可以追溯到公元前214年，秦始皇在岭南设南海、桂林、象郡三郡。任嚣为南海郡尉后，在白云山和珠江之间南越人的聚居地建番禺城，作为南海郡的郡治，又称"任嚣城"。公元前204年，赵佗立南越国，以"任嚣城"为核心扩建城垣，兴建南越国宫署，提升了广州的政治和军事地位。公元前111年，汉武帝灭南越国，把岭南的首府设在苍梧郡（今广西梧州一带）的治所广信城，广州仍称南海郡。公元210年，交州刺史步骘来到番禺，"观尉佗旧治处，负山带海，博敞渺目，高则桑土，下则沃野"，深觉此处"宜为都邑"，便将交州治所从现梧州一带迁到广州，恢复了广州的岭南政治中心地位。

唐代，广州为岭南道道治，依托港口的优势发展对外贸易，与扬州、汴州一同成为了全国最大的三个商业城市。唐代的广州港已发展成可容大小海船近千艘的港口，官方首设市舶使于广州，并开辟了长达14000千米的通向波斯湾的航线，史称"广州通海夷道"。由于"海上丝路"的兴旺，数万外商涌到广州，为此官府专门在城西建立了蕃坊作为外国人聚集区。

宋代，随着广州经济的发展、人口的增加，迎来城市建设的高峰期。经过对城垣的多次修缮，陆续加筑子城、东城、西城，形成了"三城并立"的城市格局，并在珠江沿岸形成了沿江商业区。此外，在宋代还进行了大规模的濠河建设，玉带河、南濠、六脉渠等河涌水道都在这个时期成形或得到疏浚。濠河的建设既具有重要的军事防范意义，又能够防洪、排水、蓄水，更重要的是为城内航运发展提供了条件。水道与商业街市结合成为宋代广州城的重要格局特色。

明代，广州为广东省城，设布政使司，是广东的军事政治经济中心。明洪武三年，由于城市发展的需要，阻隔在子城和东城、西城之间的城墙被拆除，部分河涌也被填平，实现了"三城合一"。之后，"辟东北山麓以广之"，将越秀山一带纳入广州城，并修筑"五层楼"（即镇海楼），成为全城的制高点。明中后期，为了保护沿江商业区，在原宋代所建的雁翅城基础上加筑城墙，这一带形区域被称为"新城"，也称"外城"。越秀山部分纳入广州城内，与宋代形成的六脉渠共同呈现出"六脉皆通海，青山半入城"的空间格局。

清中叶以后，广州成为"一口通商"的口岸城市，城市的发展突破了原有城墙的限制，沿着珠江两岸和西关快速发展。十三行在城墙外的城西兴起，当时的珠江上百舸争流，江畔西式建筑林立，往来商人络绎不绝，也带动了西关、河南（南华西一带）的发展。

（2）近代时期（1840—1949年）。

1840年，清政府在中英鸦片战争中失败。1842年8月签订不平等的《南京条约》。根据《南京条约》，广州在1843年7月27日开埠，成为中国近代第一个对外开放的口岸。鸦片战争之后的晚清时期，广州的建设有所发展，沙面租界的建设、现代马路的出现和西关住宅区的发展在当时有较大的影响。

1918年，广州市政公所成立，作为一个以海外留学生为主的市政管理机构，他们积极将西方城市建设理念与管理方式、方法应用于广州的城市建设。1918年，广州市政公所决定拆城墙、修马路，拆除旧城墙和13个城门，修筑长10千米、宽25—33米的新式马路。随着拆城墙、修马路，骑楼也发展起来，形成了广州近代商业街形态，如图5.51所示。

1921年，广州在中国首度设市，市政建设随之开启。1932年，由一批具有留洋背景的城市管理者和设计者（程天固）牵头组织编制完成了广州首个现代意义上的城市总体规划——《广州市城市设计概要草案》，涉及道路系统、公园、公用事业、排水渠等10个子项规划，确定了城市空间向东扩展的战略，适应了特定时期的建设需要。民国期间，广州城市东部区域出现了东山别墅群、五山高校群、黄埔港群，功能上互为依托，为城市向东

(a) 19世纪广州的大北古城墙

(b) 1920年拆墙扩建的广州永汉路

(c) 民国时期的广州骑楼

图 5.51 广州城墙、马路与骑楼

发展构建了良好框架。在西方文化和本地文化的双重影响下，近代广州形成了多元拼贴的城市空间格局，如图 5.52 所示。

图 5.52 近代广州空间格局示意图

（3）现代时期（1949 年以后）。

1949 年中华人民共和国成立以后，广州市城市跨江发展，城市主要沿珠江水系前后航道进行扩张，形成了现在的广州中心城区。同时，广州沿着珠江干流向东、西、南三个方向也产生了节点跨越式发展。

然而，长期以来广州市中心城区发展受到山水自然格局、单一中心的城市结构和行政区划三个方面的制约，无法支持城市空间的进一步拓展。2000 年 6 月，番禺、花都撤市设区，为广州城市空间的拓展和城市的可持续发展提供了新的契机。面对新的背景的变化及各方面的增长需求，广州适时启动了战略规划的编制工作，提出城市空间结构应从单中心向多中心转变，从沿珠江发展转变为"南拓、北优、东进、西联"的空间发展战略。自然格局上，广州从传统"云山珠水"格局跃升为具有"山、城、田、海"特色的大山大水格局，如图 5.53 所示。2000 年战略规划以后，广州市沿着珠江水系的脉络拉开城市空间格局，逐步形成了多中心组团式的网络型城市框架，如图 5.54 所示。

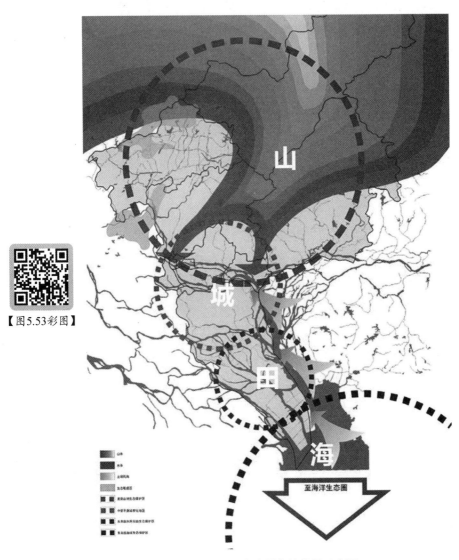

【图5.53彩图】

图 5.53　现代广州自然格局示意图

　　2009 年，广州启动了新一轮的城市总体发展战略规划，在原"南拓、北优、东进、西联"的基础上，增加了"中调"战略，形成了城市发展的"十字方针"，并完成从"空间拓展"到"优化提升"，从"战略拓展"到"战略聚焦"的思路转变；聚焦高端要素，打造国际金融城、琶洲互联网创新集聚区、中新广州知识城等重大平台；同时，聚焦航空、航运、科技创新三大战略枢纽；最后，聚焦南沙副中心，着力打造国家新区与自贸试验区"双区"叠加，形成自贸试验区与国家自主创新示范区的"双自"联动。

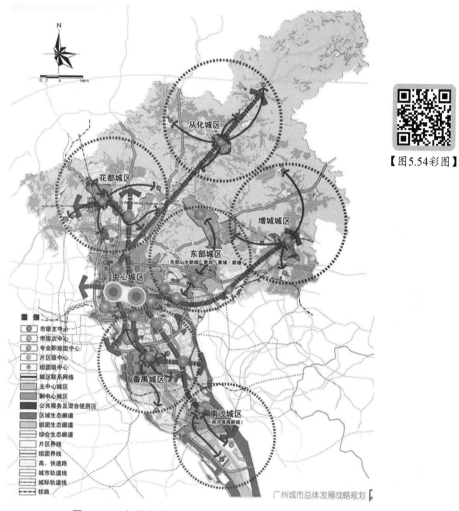

【图5.54彩图】

图5.54 广州多中心组团式的网络型城市框架

2016年，《广州市城市总体规划（2011—2020）》获国务院批复，确立广州城市性质为：广东省省会，国家历史文化名城，我国重要的中心城市，国际商贸中心，国际综合交通枢纽。

历经千年发展，广州目前全域总面积7434平方千米。《广州市人民政府工作报告（2022年）》这样描述今后五年的目标任务："国家中心城市和综合性门户城市建设再上新水平，国际商贸中心、综合交通枢纽、科技教育文化中心功能持续增强，粤港澳大湾区核心引擎作用不断彰显，省会城市服务保障全省发展大局能力进一步提升，国际大都市建设扎实推进，推动实现老城市新活力、'四个出新出彩'取得重大成就。"

2. 名城保护40年的"广州历程"

广州是国家首批历史文化名城，一直以来高度重视历史文化遗产保护利用工作，逐步建立起较为完备的保护机制，形成了广泛参与、共管共享的保护氛围，基本保存了"千年古城云山珠水"的整体风貌格局。

广州历史文化名城保护工作历程如图5.55所示。

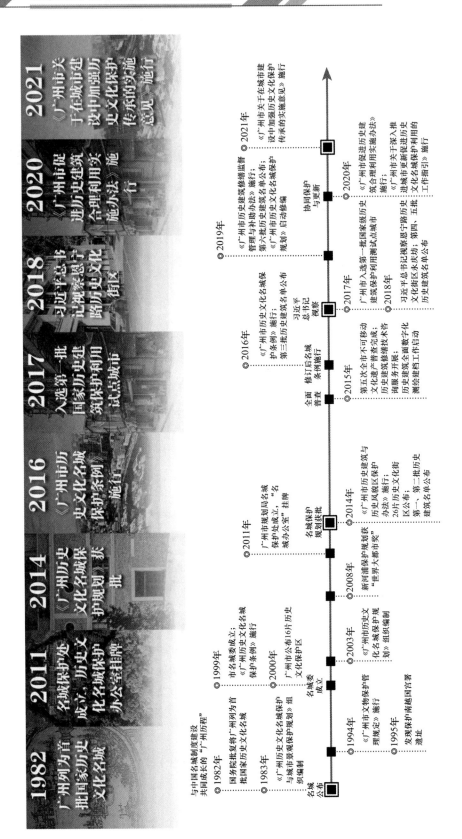

图 5.55 广州历史文化名城保护工作历程示意图

1982 年 2 月 8 日，国务院公布广州为首批国家历史文化名城。1983 年，广州市政府组织编制《广州市历史文化名城保护与城市景观保护规划》，提出点、线、面结合的保护体系。1984 年，保护规划的核心内容被纳入国务院批复实施的《广州市城市总体规划（1981—2000 年）》之中。自此以后，国家历史文化名城的定位均被纳入广州城市总体规划的城市性质之中。

1994 年，广州公布实施了《广州市文物保护管理规定》，填补了文物保护方面地方性法规的缺位。1999 年，《广州市历史文化名城保护条例》正式施行。广州市政府根据该条例批准成立了广州市历史文化名城保护委员会（简称"名城委"）。2000 年，广州公布了16 片历史文化保护区。2003 年，广州启动《广州市历史文化名城保护规划》的编制，开展整个市域层面的历史文化遗产筛查评估工作。2008 年，新河浦保护规划获得"世界大都市奖"。2011 年，名城保护职能由市文广新局文物处调整至市规划局，成立了市名城保护处，广州市的名城委制度确立，名城委重新启动运作。

2013—2014 年，"金陵台、妙高台强拆事件""沥滘村联合上书反对自家房屋被挂牌为历史建筑""冠英书院起火事件"等新闻报道激起广泛的社会讨论，引发对名城保护的反思，推动了《广州市历史文化名城保护条例》的修订工作。

2014 年 11 月，《广州市历史文化名城保护规划》获广东省政府批准实施，公布了第一、二批历史建筑名单以及 26 片历史文化街区。同年，《广州市历史建筑与历史风貌区保护办法》施行，为街区尺度、单体建筑尺度的历史文化保护提供依据。

2015 年，由广州市政府组织开展的广州市历史上规模最大、范围最广、内涵最丰富的不可移动文化遗产普查完成，明确并扩大了法定保护对象，丰富了广州历史文化保护的内涵，为历史文化名城保护工作打下坚实基础；历史建筑全面数字化测绘建档工作启动；历史建筑修缮技术咨询服务开展。2016 年，修订后的《广州市历史文化名城保护条例》施行；第三批历史建筑名单公布。

2017 年，广州入选第一批国家级历史建筑保护利用试点城市，为此制定完成了《广州市历史建筑保护利用试点工作方案》。2018 年，习近平总书记视察恩宁路历史文化街区永庆坊；广州公布了第四、五批历史建筑名单。2019 年，《广州市历史建筑修缮监督管理与补助办法》公布实施；第六批历史建筑名单公布；《广州市历史文化名城保护规划》启动修编。

2020 年，《广州市促进历史建筑合理利用实施办法》公布实施；《广州市关于深入推进城市更新促进历史文化名城保护利用的工作指引》出台，明确了广州在新时期城市更新工作中历史文化保护传承的各项要求。

2021 年 11 月，《广州市关于在城乡建设中加强历史文化保护传承的实施意见》正式印发实施，这是新时代广州城乡历史文化保护传承工作的纲领性文件。《广州市关于在城乡建设中加强历史文化保护传承的实施意见》将改善民生作为优先事项，特别指出要在历史文化名镇名村、传统村落、历史文化街区、历史风貌区增加公共开放空间，补齐配套基础设施和公共服务设施短板，完善文化展示、传统居住、特色商业、休闲体验、文创办公等城市功能，切实提升城市居民的幸福感。

5.4.2 广州历史文化名城保护规划

广州历史文化名城保护规划自 2003 年 11 月开始编制，先后经历了前期调研、初步成果、专项问题研究、完善报批四个阶段，在 2014 年 11 月经广东省人民政府批准实施。这是广州第一版历史文化名城保护规划，经过 11 年的探索，规划在广州市域范围内建立了系统的历史文化名城保护体系，确立了名城保护工作的基本方向。同时规划的编制也见证了我国名城保护制度逐步完善的过程。在编制初期，规划在国内名城保护领域较早地建立了完整的保护体系，提出"整体保护"的理念，并形成以"价值特色"引领的保护思路；通过划定历史城区保护范围，推动历史城区职能转变，协调保护与发展的关系。在深化完善阶段，加强规划的可操作性，与制度建设互动，为名城管理依法行政提供可靠依据；妥善协调"建筑控高"的历史难题，在市场经济压力下保护名城风貌；与社会各界互动，形成广泛的公众参与基础。

1．规划主要内容

本次规划范围为广州市域，包括 10 个市辖区和 2 个县级市（增城、从化）。

（1）名城价值与特色。

规划系统梳理了广州的历史发展脉络、城市沿革和现存的历史文化资源，深入挖掘文化内涵，提炼出广州历史文化名城的九大核心价值与特色，提出九大保护主题，明确了广州历史文化名城保护与传承的内容与方向，如表 5-5 所示。

表 5-5　广州历史文化名城价值与特色及保护主题

序号	九大核心价值与特色	九大保护主题
1	悠久的历史文化和丰富的文物古迹	历史悠久古都城
2	丰富的岭南文化和重要的文化地位	岭南中心文化城
3	辉煌的港口历史和著名的贸易口岸	丝绸海路港口城
4	光荣的革命传统和众多的革命史迹	革命策源英雄城
5	独特的岭南山水和优美的水乡田园	田园风光山水城
6	千年的商业发展和多样的商业街	千年发展商业城
7	改革开放的前沿城市	改革开放前沿城
8	全国著名的华侨城市	全国著名华侨城
9	文化多元、风貌多样的活态遗产城市	多元文化遗产城

（2）名城保护层次与结构。

规划建立了"市域—历史城区—历史文化街区和历史风貌区、历史文化名镇名村和传统村落—不可移动文物和历史建筑—非物质文化遗产"5 个层次的历史文化名城保护体系（图 5.56），并建立了全要素的保护名录。

① 市域层次。

规划提出了"一山、一江、一城、八区域"的整体保护战略（图 5.57），以保护"云山珠水"的城市格局和"山、水、城、田、海"的自然地理环境格局，为当时正在进行的广州城市总体发展战略规划和新一轮的总体规划注入了区域文化遗产与特色的重要内容和视角。

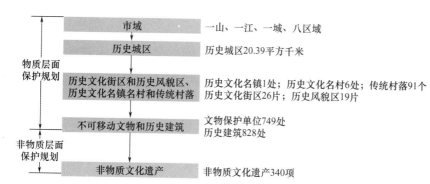

市域	一山、一江、一城、八区域	
历史城区	历史城区20.39平方千米	
历史文化街区和历史风貌区、历史文化名镇名村和传统村落	历史文化名镇1处；历史文化名村6处；传统村落91个历史文化街区26片；历史风貌区19片	
不可移动文物和历史建筑	文物保护单位749处历史建筑828处	
非物质文化遗产	非物质文化遗产340项	

物质层面保护规划

非物质层面保护规划

图 5.56 广州历史文化名城保护体系示意图

从化市历史村镇主题区域

珠江

三元里抗英斗争主题区域

白云山及北部山区

历史城区

珠江沿岸工业遗产主题区域

越秀南先烈路革命史迹主题区域

黄埔港丝绸海路主题区域

长洲岛军校史迹主题区域

莲花山自然人文主题区域

沙湾镇岭南市镇主题区域

图　例

一山
一江
一城
八个主题区域
市界
区界

图 5.57 广州市域整体保护战略示意图

215

"一山"是指白云山以及向北延伸的九连山脉（广州段），"一江"是指珠江及其大小河涌，"一城"是指历史城区，"八区域"指八个主题区域：莲花山自然人文主题区域，从化市历史村镇主题区域，沙湾镇岭南市镇主题区域，黄埔港丝绸海路主题区域，长洲岛军校史迹主题区域，越秀南先烈路革命史迹主题区域，三元里抗英斗争主题区域，珠江沿岸工业遗产主题区域。

② 历史城区层次。

历史城区的保护是广州历史文化名城保护规划的核心和重点。

规划根据历史地图、保存现况和管理实际，划定了广州历史城区的范围界线（图5.58），主要是20世纪50年代以前发展成形的广州旧城区。

【图5.58彩图】

图 5.58　广州历史城区的范围界线

广州历史城区的保护结构为"一城、两带、多区"（图5.59）。"一城"是指历史城区，"两带"是指城市传统中轴线、珠江两岸景观带，"多区"是指历史城区内的23片历史文化街区。这一结构既涵盖了历史城区内的主要文化遗产，又为历史城区特色的传承指明了方向。

规划将历史城区的功能定位为：广州市的政治、经济、文化中心，集行政办公、商贸、旅游、文化游憩、休闲购物、娱乐、居住等于一体的城市综合功能区。今后历史城区应保留传统、发展特色商业，发展和完善文化、娱乐、居住和高端商贸业职能。为此，要积极完善居住基础设施与公共服务设施，大力改善人居环境。与此同时，在历史城区内，要弱化行政职能，合理调控人口规模；限制人流、物流量大的功能与设施的发展与引入，

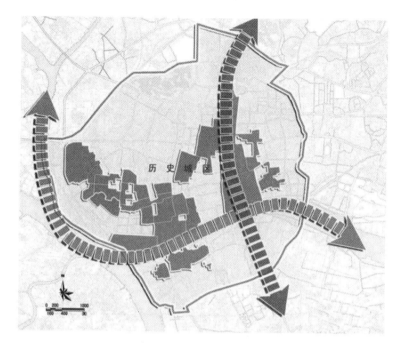

【图5.59彩图】

图 5.59 广州历史城区的保护结构

逐步迁出大型商贸批发市场、工业企业等；合理控制大型学校及医疗设施用地的增加。

除此之外，规划结合广州城市遗产与特色面临的主要问题，还开展了重点地区、要素等的保护与建筑高度控制，其中包括：广州传统中轴线、珠江两岸景观带、23 片历史文化街区、古城轮廓、骑楼街、传统街巷、历史水系、线性空间和文物古迹等。

③ 历史文化街区和历史风貌区、历史文化名镇名村和传统村落层次。

规划新增 17 片历史文化街区，划定 19 片历史风貌区。明确划定的保护范围面积近 670 公顷，明确了核心保护范围和建设控制地带。在此基础上，提出历史文化街区保护措施与区划管理规定，加强街区与风貌区保护管理工作的对接与落实。

规划加强传统村镇的保护，首次提出了广州市域内历史村镇保护的体系。首先，规划按照《历史文化名城名镇名村保护条例》等相关法律法规，提出了严格保护 7 个历史文化名镇、名村的总体要求。其次，在深入挖掘、细致评估的基础上，规划还提出将 91 个有价值的传统村落纳入保护范围。目前，已经有 6 处村落进入中国传统村落保护名录。

④ 不可移动文物和历史建筑层次。

规划在全国较早地明确提出了广州历史建筑的认定标准。根据此标准，截至 2022 年 7 月，广州共公布了七批历史建筑名单，共 828 处历史建筑纳入其中，充分体现了广州城市发展历程。在建筑类型上，涉及文化、商业、居住、制造业、交通运输仓储业等多个特色行业，见证了广州多行业的发展。

⑤ 非物质文化遗产层次。

广州市非物质文化遗产丰富，涉及多个方面，包括民间文学、传统音乐、传统舞蹈、传统戏剧、传统技艺、传统医药、民俗等。这些非物质文化遗产的保护还包括对传承人的支持与培育机制的建立，承载非物质文化遗产的空间、场所的保护，以及相关的研究、宣传和教育要求等。

2. 规划创新

(1) 规划成果创新。

经过详尽的调查研究，深入挖掘历史文化信息，不断总结完善，多次征求各方意见，完成了广州名城保护规划的开创性工作。

① 归纳整理、总结提炼价值特色，明确了以价值特色引领的保护理念。

规划从自然环境、人文环境、建设环境三个方面进行全面的历史文化价值评估，从城市历史地理的角度研究历史与文化，提炼出广州历史文化名城的九大核心价值与特色，从而引领出九大保护主题，奠定了广州历史文化名城保护的指导思想。

② 全域梳理、系统构建保护体系，建立了"整体保护"的思想理念。

规划从历史文化的演变过程以及全覆盖的资源现状调查评估两个方面，研究历史文化遗产的保护对策，构建了物质文化和非物质文化遗产保护紧密结合的，"城、镇、村"和"名城、街区、文物保护单位"之全域"整体保护"的框架体系。

③ 勇于实践、促进理论凝练升华，探索了法律法规制度建设经验。

规划提出的"整体保护"思想理念和以"价值特色"引领各项空间要素保护的规划理念，已纳入2008年颁布的《历史文化名城名镇名村保护条例》和2014年颁布的《历史文化名城镇村街区保护规划编制审批办法》以及2018年颁布的《历史文化名城保护规划标准》中。规划在2004年提出的格局、街巷、水系等保护要素以及历史地段、非物质文化遗产的保护思想和保护方法，已成为国内历史文化名城保护规划的普遍做法。

(2) 规划技术方法创新。

规划是在保护与发展矛盾日趋尖锐的背景下编制的，因此强调创新规划技术方法，旨在解决规划管理的现实难题，其成果主要体现在以下四个方面。

① 推动历史城区职能重大转变，从根本上解决了广州名城保护的巨大压力。

规划提出疏解与功能调整的措施，成功引导了太古仓码头仓储物流用地的转型与活化利用、十三行大型专业批发市场外迁等方面转型的成功实施。

② 创新历史城区的划定方法，解决了旧城开发项目规划审批的争议。

规划是国内较早将"历史城区"这一概念转化为规划工具的先行性实践，提出了"历史格局＋现状评估＋风貌评价"的综合划定标准，清晰划定了历史城区的范围界线，解决了广州旧城保护管理边界的争议。

③ 创新解决建筑控高的历史难题，在市场经济压力下坚守住了建筑限高的底线。

规划经过对建筑高度的评估论证，提出历史城区按三个层次进行高度控制（图5.60）。核心保护范围内新建或扩建的建筑高度控制在12米以下；建设控制地带内新建或扩建的建筑高度控制在18米以下；环境协调区内新建或扩建的建筑高度控制在30米以下。

但是，大量历史已审批项目成为制约历史城区建筑控高的核心难题。为确保历史城区建筑高度"控制在30米以下"，规划针对历史遗留问题，采用历史排查方法，梳理出历史城区自改革开放以来所有的历史审批项目一千多宗，经过国土、规划等多部门联合，通过"技术评估＋经济评估＋行政影响评估"，逐项排查。经过四年多的分析、论证，最终在2012年广州市名城委主任扩大会议上明确了按照历史遗留问题的五项处理原则划分项目类型，根据不同类型明确对接管理要求（图5.61），要求"相关建筑指标不宜全部依据历史审批"，通过赎回开发权等方式化解了历史问题。

【图5.60彩图】

图 5.60 广州历史城区建筑控高规划图

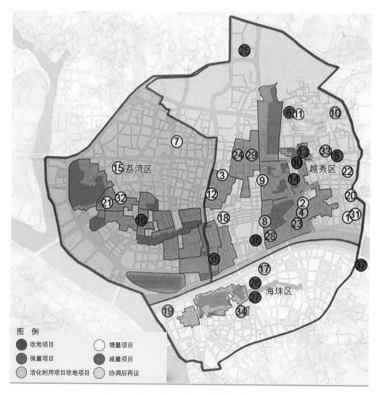

【图5.61彩图】

图 5.61 历史城区对接管理要求

④ 创新功能复合的保护方法，成功引导保护项目实施。

规划结合防灾、休闲等方面的城市发展需求，因势利导，引导近期重点保护项目的实施。突出的例子是历史水系的恢复工程。广州历史城区内共有水系17条（图5.62），总长约37千米。规划提出以水为脉，实现历史城区结构性保护，并引导了东濠涌整治工程、荔枝湾涌的"揭盖复涌"工程（图5.63）。

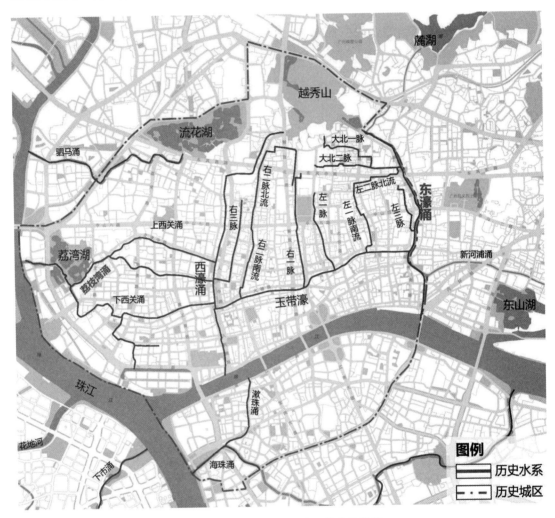

图5.62 广州历史城区水系分布示意图

图5.63 荔枝湾涌的"揭盖复涌"工程

改造前　　　　　　　　　　　改造后

图 5.63　荔枝湾涌的"揭盖复涌"工程（续）

（3）广泛的社会参与。

规划的目标不仅仅是编制一个专业性的保护规划，更是成为一个面向社会公众的教育读本，开辟了一个全民参与的公共课堂，唤起了广州全社会保护历史文化名城的意识和自觉性，吸引了市民监督规划编制的全过程，提升了市民对文化遗产的认知、文化自信和自豪感，进而促进了城市文化的传承和发展。

① 广泛吸纳社会各界的意见。

规划落实了自 2003 年以来，三届广州市政府建设"世界文化名城"的愿景，纳入了考古、文物等知名专家提出的关于完整保护地上、地下文物的严格要求，吸收了市民关于改善生活环境的真切诉求。在社会宣传方面，委托广告公司进行专业运作，发放简易读本，举办"专家访谈会""共同规划日"和现场咨询活动，吸引公众、主流媒体长期关注并报道。

② 发动民间保护组织参与。

规划鼓励打造全社会参与名城保护的公众参与平台。在规划编制期间，广州民间文物保护协会、广州河南地小组、"古粤秀色"、广州古都学会等群众性团体相继自发成立，历史文化保护志愿者队伍兴起，积极参与到名城保护的工作中。他们在挖掘历史文化资源、监督名城保护工作等方面发挥了重要作用。比如在民间组织的呼吁下，恩宁路被列为广州市第 23 片历史文化街区，多处粤剧名伶旧居被列为重点保护对象。

（4）与制度建设互动。

针对以往历史文化保护中屡禁不止的建设性破坏等问题，在编制过程中，规划充分利用广州市的地方立法权，同步推进名城保护制度建设，进一步强化规划的法律地位，同时在推进保护制度的建设中检验规划的可靠性。这主要体现在以下三个方面。

① 实施严格的组织制度，确保规划的严肃性。

在 11 年的编制完善过程中（图 5.64），规划先后组织了 4 次市级审查、4 次高规格的专家审查论证，近 20 次正式征集和协调部门及区县意见，并持续征求社会公众意见。2012 年以来，收到 416 条意见并全部协调落实。

② 同步指导名城保护工作，在实践中检验规划的可操作性。

在规划编制期间，城市管理部门利用规划成果同步指导全市范围内的历史文化保护规划工作和历史文化保护项目的实施，总结其中的经验和教训，并将它们再纳入规划成果中，从而降低了规划批准后的实施风险。例如，在规划管理部门的领导下，规划编制人员参与审查陈家祠、大小马站书院群等全市重点保护项目，总结其中土地、风貌、交通控制

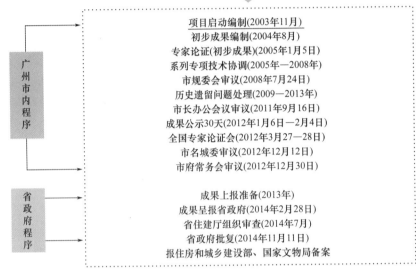

图 5.64　广州历史文化名城保护规划编制过程

等方面的实施问题和解决方案，最终将相关内容纳入本规划的保护内容和保护措施中。

③ 参与历史文化名城保护制度建设，强化规划成果的法规性。

在规划编制过程中，结合保护规划内容，编制组协助制定《广州市历史文化名城保护条例》《历史建筑和历史风貌区保护办法》《历史城区建设项目遗留问题规划处理方案》《第三届广州市历史文化名城保护委员会组成及议事制度》，并把制度建设的核心内容纳入广州历史文化名城保护规划。

5.4.3　保护实施路径

1. 完善分类保护名录。

（1）加强整体格局保护。

广州以"云山珠水"为自然山水格局，通过城市总体规划、总体城市设计和名城保护规划等顶层规划设计，把名城保护作为城市发展的重要战略，坚持积极保护、全面保护。以白云山、珠江和历史城区为空间框架，塑造"山、江、林、城、田、花、海"并存、特色鲜明的城市风貌。

（2）建立保护名录实施分类保护。

保护规划在实施过程中，先后通过 5 次全市文化遗产普查，摸清家底。形成了包括 1 个历史城区，26 片历史文化街区，19 片历史风貌区，7 个名镇名村，91 个传统村落，29 处全国重点文物保护单位，48 处省级、347 处市级、325 处区级文物保护单位，3090 处尚未核定公布为文物保护单位的不可移动文物，817处历史建筑，340项非物质文化遗产项目在内的保护名录；分类施策，实行全要素保护。

（3）重点实施历史城区保护。

保护规划划定了历史城区20.39平方千米的保护范围，在实施中以历史城区作为历史文化名城的核心载体，对历史城区内的街区、传统街巷、文物保护单位、历史建筑等文化遗存实施严格保护，并已基本完成市级以上文物保护单位的两线划定、历史建筑建档、保护标志的设置以及各层次保护规划的编制。

2. 强调文化传承发展

（1）推进海上丝绸之路申遗。

广州会同南京、宁波、上海等23个城市组建了联合申遗城市联盟，签署了联盟章程，积极推进海上丝绸之路史迹保护和联合申报世界文化遗产工作。通过举办国际学术研讨会、开展"丝路花语—海上丝绸之路文化之旅"活动，以"一个展览、一个备忘、一个演出"的方式开启了广州与海上丝绸之路沿线各地文化交流互鉴活动。

（2）弘扬红色革命精神。

制定《关于进一步加强红色革命史迹保护利用工作的若干措施》，以中共三大会址纪念馆、广州起义纪念馆等为依托，开办"新时代红色文化讲习所"，弘扬革命传统、传承中华文化核心价值。

（3）振兴乡村文化。

梳理《广州市乡村可开发文物建筑资源目录》，制定《广州市推进乡村振兴战略文物保护利用专项规划》，积极推进乡村文物保护开发利用。

3. 构建名城保护框架

（1）构建政策法规体系。

在国家层面和广东省层面的政策法规的基础上，以《广州市文物保护管理规定》《广州市历史文化名城保护条例》等为主线，配套制定了可操作的配套文件与技术指引，如图5.65所示。

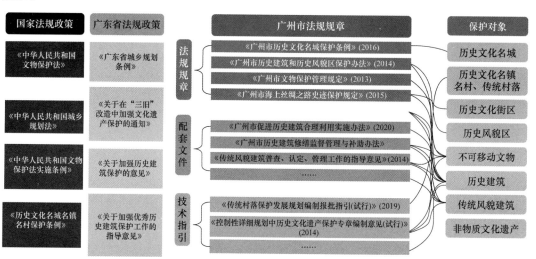

图5.65　广州历史文化保护的政策法规体系

（2）规划体系衔接。

关注广州市城市总体规划与广州历史名城保护规划的衔接；重点关注历史文化街区保护规划和相关控制性详细规划的衔接；也关注历史名城保护规划与城市更新类规划的衔接。如图 5.66 所示。

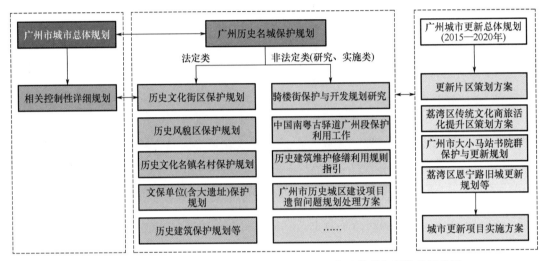

图 5.66　城市总体类规划—名城保护类规划—更新总体类规划的协同传递

（3）完善技术规范。

制定了历史建筑三维测绘扫描省级标准、历史建筑修缮图则、老旧小区品质化微改造规划指引等，为历史建筑修缮、标准化管理和街区的保护利用规划编制提供技术支撑。

4. 创新保护工作机制

（1）保护工作机构。

市、区层面分别成立了文物管理和名城保护委员会，实行公开透明的两级审议机制，研究审议文物保护和历史名城保护重大项目。在基层设立了文物监督员和名城志愿者团队，让保护工作的具体要求可以快速、准确、高效地传达到基层。

（2）协同高效的工作机制。

强调协同管理、部门联动。一方面通过《名城保护条例实施方案》对规划、房屋、文物、城管、更新等相关部门责任逐一细化明确；另一方面注重压实区政府为保护属地主体的责任，启动了市级以上文物保护单位保护管理协议书签订工作，构建了"横向到边、协同联动，纵向到底、层层落实"的分工机制。在市、区文物管理和名城保护委员会两级审议机制的基础上，构建起"市—区—街道—社区"四级联动工作机制，形成市区齐抓共管、多部门密切配合的联防联控强大合力，如图 5.67 所示。建立了广州市文化遗产信息管理平台和"多规合一"平台，积极推广历史建筑数字化智能化保护利用实践，现已完成815处、面积约223万平方米的历史建筑，15片、面积约150公顷的历史文化街区以及长75千米的传统街道立面的三维数字化测绘和制图建档，为保护传承工作提供基础数据保障，实现多部门的互联互通，由此提高了工作效率。

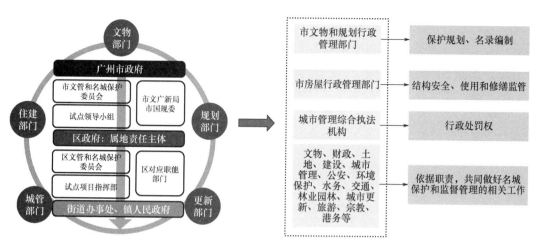

图 5.67　保护工作机构工作机制示意图

（3）设立文物保护专项补助资金。

广州对不可移动文物修缮保护进行常态化补助，自 2014 年设立以来，已对 618 个文物保护修缮、保养项目进行了补助，补助经费共 1.85 亿元。

5. 盘活历史文化资源

（1）加强文物、历史建筑的保护和利用。

推出了恩宁路永庆坊（图 5.68）、民间金融街、人民南骑楼街等一批优秀的历史文化保护精品项目。除此之外，举办了"广府庙会""飘色巡游"等文化品牌活动，让文脉传承，让城市发展有质感、有温度；推进南粤古驿道、"最广州"等线型项目，让全市历史文化资源串起来、活起来。

【广州永庆坊】

改造前　改造后

改造前　改造后

图 5.68　恩宁路永庆坊活化利用

225

（2）打造一批有影响力的文化景点。

市域层面以古驿道文化线路的修复为抓手，串联沿线传统村落，助力乡村振兴和精准扶贫。老城区以挖掘"广州味道"的城市文化和记忆资源为抓手，在文物和历史建筑集中区域策划建设"最广州"文化步径，打造一批"既能喝凉茶、又能叹咖啡"的优秀文化景点。恩宁路、盐运西、深井村等项目利用"党建引领、共同缔造"议事平台和共同缔造工作坊，带动居民、村民和社会组织的共同参与，贯彻落实了党的十九大报告提出的"打造共建共治共享的社会治理格局，推动社会治理中心向基层转移"要求，有力推动了街区和历史建筑修缮保护利用。

6. 推进全民广泛参与

除体制、机制、数字赋能等领域不断创新突破外，广州还不断完善发动群众参与城乡历史文化保护传承工作。目前，广州已组织招募 102 名"名城守护官"志愿者和 344 名社区设计师，成立名城保护联盟，并号召更多人参与到名城保护志愿服务，共同守护广州历史文化遗产，守护城市记忆和乡愁印象。

以多样化活动为平台，实现全民参与共同保护。举办历史文化遗产保护论坛，组织入社区、入户宣传服务，推出微信公众号"名城广州"，增设文物保护单位和历史建筑导览二维码。通过发放历史建筑地图、专家讲课、社区讨论、专业培训、项目大师设计等接地气的活动，广州市提升了全社会的保护意识，引导全民参与共同保护。

本 章 小 结

历史文化名城保护规划是城市总体规划的前提和基础，也是城市总体规划的重要组成部分。不同的历史文化名城在保护规划编制的探索过程中有交流学习，也根据自身的历史文化价值特色有所创新。这些保护规划编制实践为我国的历史文化名城保护规划技术理论的形成、发展与逐步完善做出了贡献，形成了一批可复制、可推广的保护利用经验。形成了从全城到历史文化街区、历史地段、历史建筑、文化氛围，从物质文化遗产到非物质文化遗产全系统保护体系的构建。

思考与讨论题

1. 《历史文化名城保护规划标准》的内容要点与特征有哪些？

2. 国土空间规划体系下，如何更好地进行历史文化遗产保护传承工作？试着谈谈你的观点。

3. 2006—2013 年，福州市进行了三坊七巷的保护与修复，你认为其中有哪些值得推广的经验？

参 考 文 献

张松，2006. 历史城市保护规划与设计实践 [C]. 上海：同济大学出版社.

中国文物学会传统建筑园林委员会，2011. 建筑文化遗产的传承与保护论文集 [C]. 天津：天津大学出版社.

王玲玲，2006. 历史文化名城保护规划的发展与演变研究 [D]. 北京：中国城市规划设计研究院.

蒂耶斯德尔，等，2006. 城市历史街区的复兴 [M]. 张玫英，董卫，译. 北京：中国建筑工业出版社.

郭黛姮，高亦兰，夏路，2006. 一代宗师梁思成 [M]. 北京：中国建筑工业出版社.

李和平，肖竞，2014. 城市历史文化资源保护与利用 [M]. 北京：科学出版社.

李其荣，2003. 城市规划与历史文化保护 [M]. 南京：东南大学出版社.

李勤，胡炘，刘怡君，2019. 历史老城区保护传承规划设计 [M]. 北京：冶金工业出版社.

林隽，陈志敏，陈戈，2021. 面向活力全球城市的广州城市设计探索 [M]. 北京：中国建筑工业出版社.

林奇，2001. 城市意象 [M]. 方益萍，何晓军，译. 北京：华夏出版社.

陆地，2004. 建筑的生与死：历史性建筑再利用研究 [M]. 南京：东南大学出版社.

潘安，郭惠华，许滢，等，2017. 羊城春秋：广州城市历史研究手记 [M]. 北京：中国建筑工业出版社.

仇保兴，2014. 风雨如磐——历史文化名城保护 30 年 [M]. 北京：中国建筑工业出版社.

齐康，1997. 城市环境规划设计与方法 [M]. 北京：中国建筑工业出版社.

清华大学建筑学院，2007. 城市规划资料集：第八分册　城市历史保护与城市更新 [M]. 北京：中国建筑工业出版社.

阮仪三，李红艳，2016. 真伪之问：何谓真正的城市遗产保护 [M]. 上海：同济大学出版社.

沈俊超，2019. 南京历史文化名城保护规划演进、反思及展望 [M]. 南京：东南大学出版社.

单霁翔，2006. 城市化发展与文化遗产保护 [M]. 天津：天津大学出版社.

单霁翔，2009. 文化遗产保护与城市文化建设 [M]. 北京：中国建筑工业出版社.

单霁翔，2015. 历史文化街区保护 [M]. 天津：天津大学出版社.

王卉，2019. 历史与传承·历史街区规划设计 [M]. 北京：中国建筑工业出版社.

王景慧，阮仪三，王林，1999. 历史文化名城保护理论与规划 [M]. 上海：同济大学出版社.

韦峰，2020. 历史街区保护更新理论与实践 [M]. 北京：化学工业出版社.

伍江，王林，2007. 历史文化风貌区保护规划编制与管理 [M]. 上海：同济大学出版社.

西村幸夫，2007. 再造魅力故乡：日本传统街区重生故事 [M]. 王慧君，译. 北京：清华大学出版社.

张凡，2006. 城市发展中的历史文化保护对策 [M]. 南京：东南大学出版社.

张松，2001. 历史城市保护学导论：文化遗产和历史环境保护的一种整体性方法 [M]. 上海：上海科学技术出版社.

张松，2007. 城市文化遗产保护国际宪章与国内法规选编 [M]. 上海：同济大学出版社.

张松，2016. 当代中国历史保护读本 [M]. 北京：中国建筑工业出版社.

张松，2020. 城市保护规划：从历史环境到历史性城市景观 [M]. 北京：科学出版社.

周俭，张恺，2003. 在城市上建造城市：法国城市历史遗产保护实践 [M]. 北京：中国建筑工业出版社.

周岚，2011. 历史文化名城的积极保护和整体创造 [M]. 北京：科学出版社.

曹昌智，2009. 中国历史文化遗产的保护历程 [J]. 中国名城，(6)：4 - 9.

陈刚，马忠华，陈绍康，等，2012. 名城保护 30 年的道路回顾与展望 [J]. 中国名城，(9)：46 - 50.

戴湘毅，朱爱琴，徐敏，2012. 近 30 年中国历史街区研究的回顾与展望 [J]. 华中师范大学学报（自然科学版），46（2）：224 - 229.

董卫，2018. 基于文化自信的文化遗产保护再思考 [J]. 城市规划，42（3）：103 - 104.

郭亮，粟桫桐，孙永生，等，2019. 广东省历史建筑保护与共享平台研究与应用 [J]. 地理空间信息，17

（9）：46 - 49，10.

霍晓卫，阎照，张晶晶，2018. 德国历史城镇遗产保护 [J]. 中国名城，（12）：65 - 72.

姜岩，孙婷，董钰，等，2022. 国土空间规划体系下历史文化遗产保护传承专项研究及西安实践 [J]. 规划师，38（3）：110 - 116.

赖寿华，孙永生，冯萱，2015. 广州历史建筑保护的制度性障碍 [J]. 城市观察，（01）：99 - 106.

兰伟杰，胡敏，赵中枢，2019. 历史文化名城保护制度的回顾、特征与展望 [J]. 城市规划学刊，（2）：30 - 35.

李和平，张栩晨，2019. 城市历史景观视角下的历史文化名城保护研究：以河北明清大名古城为例 [J]. 小城镇建设，37（1）：102 - 112.

李巍，杨承兴，王录仓，等，2020. 魅力国土空间：重塑区域特色的国土空间规划策略 [J]. 自然资源学报，35（3）：501 - 512.

林林，2016. 中国历史文化名城保护规划的体系演进与反思 [J]. 中国名城，（8）：13 - 17.

刘晖，万谦，2008. 论现行历史文化名城保护规划体系的完善 [J]. 华中建筑，（3）：160 - 163.

龙小凤，2010. 西安历次城市总体规划理念的转变与启示 [J]. 规划师，26（12）：40 - 45.

马璇，张一凡，2016. 我国城市总体规划实施评估工作评析及建议：基于省市调研的若干思考 [J]. 中国名城，规划师，32（3）：34 - 41.

闫怡然，李和平，2018. 传统风貌区的价值评价与规划策略：以重庆市大田湾传统风貌区为例 [J]. 规划师，34（2）：73 - 80.

仇保兴，2012. 中国历史文化名城保护形势、问题及对策 [J]. 中国名城，（12）：4 - 9.

沈承宁，2007. 论南京城墙之历史价值与世界文化遗产之申报 [J]. 现代城市研究，（6）：47 - 55.

苏倍庆，魏来，张爱华，2015. 南京老城区城市形态演化研究 [J]. 城市发展研究，22（3）：1 - 7.

孙永生，2012. "三旧"改造背景下对广州历史风貌区保护的思考：以上下九步行街区为例 [J]. 华中建筑，30（4）：87 - 90.

汪长根，周苏宁，徐自健，2013. 现代化进程中的古城保护与复兴：苏州古城保护30年调研报告 [J]. 中国文物科学研究，（4）：6 - 12.

王建国，杨俊宴，2017. 历史廊道地区总体城市设计的基本原理与方法探索：京杭大运河杭州段案例 [J]. 城市规划，41（8）：65 - 74.

王世福，陈丹彤，2019. 从名城保护到文化兴湾的广州思考 [J]. 城市观察，（05）：18 - 28.

吴欣玥，2017. 成都历史文化名城保护规划编制创新探索 [J]. 规划师，33（11）：135 - 140，153.

相秉军，2017. 关于《广州历史文化名城保护规划》的评价意见 [J]. 城乡规划，（1）：62.

相秉军，杨自安，顾卫东，2000. 中日传统城市景观的保护、再生与创造：以京都和苏州为例 [J]. 现代城市研究，（5）：39 - 41，44 - 63.

阳建强，2012. 快速城市化背景下的历史城市保护 [J]. 北京规划建设，（6）：31 - 33.

阳建强，2015. 新型城镇化背景下的南京历史文化名城保护 [J]. 西部人居环境学刊，30（1）：7 - 10.

杨涛，2020. 国土空间规划视角下的国家文化遗产空间体系构建思考 [J]. 城市规划学刊，（3）：81 - 87.

张杰，霍晓卫，张飏，等，2017. 广州历史文化名城保护规划的创新和实践探索 [J]. 城乡规划，（1）：51：61.

张泉，俞娟，庄建伟，2014. 历史文化名城保护规划编制创新探索：以苏州历史文化名城保护规划为例 [J]. 城市规划，38（5）：35 - 41.

张松，2011. 历史文化名城保护制度建设再议 [J]. 城市规划，35（1）：46 - 53.

张松，2013. 中国历史建筑保护实践的回顾与分析 [J]. 时代建筑，（3）：24 - 28.

张松，2018. 城市文化的传承与创生刍议 [J]. 城市规划学刊，（6）：37 - 44.

张松，薛里莹，2010. 日本的历史风致保护立法及对我国的启示 [J]. 城市规划学刊，（6）：102 - 108.

赵勇，唐渭荣，龙丽民，等，2012. 我国历史文化名城名镇名村保护的回顾和展望 [J]. 建筑学报，（6）：

12 - 17.

赵中枢，2001. 从文物保护到历史文化名城保护：概念的扩大与保护方法的多样化［J］. 城市规划，
　　（10）：33 - 36.

成都市规划设计研究院，2012. 成都市域历史文化保护和利用体系规划［Z］.

南京市规划局，南京市规划设计研究院，东南大学城市规划设计研究院，南京市城市规划编制研究中心，
　　2012. 南京历史文化名城保护规划（2010—2020）［Z］.

苏州市规划局，苏州市规划设计研究院，2007. 苏州历史文化名城保护规划（2007—2020）［Z］.

苏州市规划局，苏州市规划设计研究院，2013. 苏州历史文化名城保护规划（2013—2030）［Z］.

西安市规划局，西安市文化局，西安市规划设计研究院，2006. 西安城市总体规划（2004—2020）［Z］.

北京市人民政府，2017. 北京城市总体规划（2016 年—2035 年）［Z］.

成都市规划和自然资源局，2021. 成都历史文化名城保护规划（2019—2035）［Z］.

西安市人民政府，2021. 西安历史文化名城保护规划（2020—2035 年）［Z］.